ネットワーク
コーディング

トレイシー・ホー, デズモンド・S・ラン 著

河東晴子, 松田哲史, 矢野雅嗣, スピトラーナ・ビエトレンコ 訳

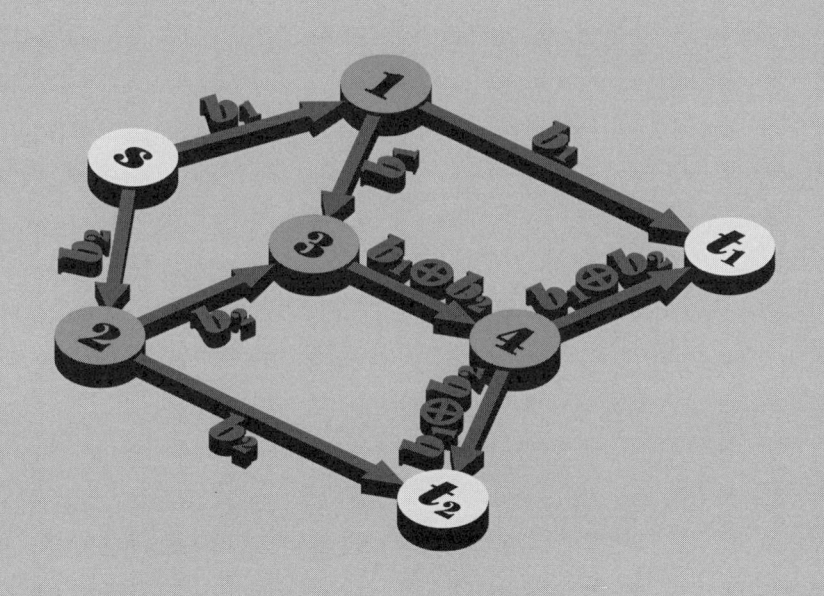

TDU 東京電機大学出版局

Network Coding: An Introduction
by Tracey Ho, Desmond S. Lun
Copyright © 2008 by Cambridge University Press.
Translation Copyright © 2010 by Tokyo Denki University Press.
All rights reserved.

ネットワークコーディング

　ネットワークコーディングはネットワーク通信容量の限界の拡大を実現する可能性を秘めた技術であり，通信ネットワークの設計，運用，理解の方向に大きな影響を与えることは間違いない．本書はこの新しい分野の理論，応用，課題，将来指針の統一的かつ直感的な全体像を示す最初の本として，無線通信関係者必携の書である．

　概念と実用技術を説明することにより，Ho と Lun は技術指向のアプローチをとり，基本概念，モデル，理論，結果の革新的な部分を網羅し，完全な証明とともに詳述している．数学的基盤，実際的アルゴリズムに加え，コード選定，セキュリティ，ネットワーク管理等の課題もすべて記されている．鍵となる話題であるセッション間（非マルチキャスト）ネットワークコーディング，損失有りネットワーク，損失無しネットワーク，サブグラフ選定アルゴリズムについても詳細に議論されている．その結果，本書はネットワークコーディングの権威ある入門書となっており，研究活動だけでなく無線システム設計関係者の実務に役立つ知識を与えるであろう．

　各章は独立しているので，読者は理論的限界や実装等，その興味に応じて関連する部分を参照することができる．本書は，大学院生，電気・情報工学の研究者，通信産業界の実務者とって欠かすことのできないものである．

　トレイシー・ホー（Tracey Ho）はカリフォルニア工科大学電気工学・情報科学科の助教授である．2004 年に MIT で電気工学・情報科学科の Ph.D. を取得．2005 年にはテクノロジーレビューから 35 歳以下のトップ 35 人の技術革新者の一人に指名された．

　デズモンド・ラン（Desmond Lun）は MIT・ハーバード広域研究所の情報生物学者およびハーバード大学医学部研究員である．2006 年に MIT で電気工学・情報科学科の Ph.D. を取得．

目次

第1章 ネットワークコーディングとは? ························ *1*
  1.1 ネットワークコーディングとは?   *1*
  1.2 ネットワークコーディングは何のために行うか?   *3*
    1.2.1 スループット   *3*
    1.2.2 頑健性 (Robustness)   *6*
    1.2.3 複雑さ (Complexity)   *9*
    1.2.4 安全性 (Security)   *10*
  1.3 ネットワークモデル   *10*
  1.4 本書の概要   *14*
  1.5 注釈と参考文献   *15*

第2章 損失無しマルチキャストネットワークコーディング ············ *17*
  2.1 基本ネットワークモデルとマルチキャストネットワークコーディング問題の定式化   *17*
  2.2 遅延無しスカラ線形ネットワークコーディング   *18*
  2.3 可解性とスループット   *22*
    2.3.1 ユニキャストの場合   *22*
    2.3.2 マルチキャストの場合   *23*
    2.3.3 複数ソースノードからのマルチキャスト   *24*
    2.3.4 最大スループットの特長   *25*
  2.4 マルチキャストネットワークコード構成   *26*
    2.4.1 集中管理多項式時間構成   *26*
    2.4.2 ランダム線形ネットワークコーディング   *30*
  2.5 パケットネットワーク   *34*
    2.5.1 パケットネットワークのための分散ランダム線形ネットワークコーディング   *35*

目次

2.6 巡回路を含むネットワークと重畳ネットワークコーディング ... 38
    2.6.1 重畳ネットワークコーディングの代数的表現 ... 39
2.7 相関のあるソース過程 ... 43
    2.7.1 同時ソース-ネットワークコーディング ... 43
    2.7.2 ソースコーディングとネットワークコーディングの分離 ... 46
2.8 注釈と参考文献 ... 47
2.A 附録: ランダムネットワークコーディング ... 48

第3章 セッション間ネットワークコーディング ... 59
3.1 スカラおよびベクトル線形ネットワークコーディング ... 60
3.2 分割コーディング問題の定式化 ... 62
3.3 線形ネットワークコーディングの不十分さ ... 63
3.4 情報理論的な手法 ... 67
    3.4.1 複数のユニキャストネットワーク ... 70
3.5 構成的な手法 ... 71
    3.5.1 有線ネットワークにおける対ごとの XOR コーディング ... 71
    3.5.2 無線ネットワークにおける XOR コーディング ... 72
3.6 注釈と参考文献 ... 77

第4章 損失有りネットワークにおけるネットワークコーディング ... 79
4.1 ランダム線形ネットワークコーディング ... 82
4.2 コーディング定理 ... 83
    4.2.1 ユニキャストコネクション ... 84
    4.2.2 マルチキャストコネクション ... 98
4.3 ポワソントラヒックにおける独立一様分布の損失の場合の誤り指数 ... 99
4.4 注釈と参考文献 ... 101

第5章 サブグラフ選択 ... 103
5.1 フローに基づく方法 ... 104
    5.1.1 セッション内コーディング ... 105
    5.1.2 処理制限コーディング ... 130
    5.1.3 セッション間コーディング ... 131
5.2 待ち行列長に基づく手法 ... 135
    5.2.1 複数マルチキャストセッションのためのセッション内ネットワークコーディング ... 136

   5.2.2 セッション間コーディング *150*
 5.3 **注釈と参考文献** *151*

第 6 章　敵対的な誤りに対するセキュリティ …… *153*
 6.1 **誤り訂正** *154*
   6.1.1 集中制御ネットワークコーディングにおける誤り訂正の限界 *154*
   6.1.2 分散ランダムネットワークコーディングと多項式複雑度の誤り訂正 *167*
 6.2 **敵対的誤りの検知** *174*
   6.2.1 モデルと問題定式化 *174*
   6.2.2 検知確率 *176*
 6.3 **注釈と参考文献** *179*
 6.A **付録: 敵対的誤り検知の結果の証明** *179*

用語解説 …… *185*

参考文献 …… *188*

索引 …… *198*

序文

ネットワークコーディングの背後にある基本的な考えは非常に単純である．本書で定義されているように，ネットワークコーディングはパケットの中身に符号化を施す以上の何ものでもない．従来の蓄積転送型アーキテクチャで通常許されていた複製，転送に限られた機能ではなく，パケットの中身に任意の変換を施すのである．単純ではあるが，ネットワークコーディングは歴史的にほとんど行われてこなかった．理由は簡単で，ネットワークの歴史を支配してきた伝統的な有線技術では，ネットワークコーディングは非常に実用的で有益とは言えないからである．

今日，我々は新技術のみならず新サービスの出現を見ている．これらの新技術・新サービスのための新たなネットワークプロトコルの設計においては，慣れているからといって旧来のプロトコルを単純に転用するということのないように注意しなければならない．新たな状況には，これまで用いられてこなかった別のアイディアがより良い解につながるということも考えなくてはならない．

ネットワークコーディングはこのようなアイディアとしてたいへん有望に見える．特に，種々の理論的かつ実験的な研究により，ネットワークコーディングをマルチホップ無線ネットワークやマルチキャストセッションの提供に使用すると，大幅な利得が得られると提案されている．これらは，間違いなく急速に新興する技術やサービスの例である．これらの研究に後押しされた例をあげると，マイクロソフト社はネットワークコーディングをそのアバランシュプロジェクトのコア技術として採用した．アバランシュプロジェクトはピアツーピアによるファイル配信システムの研究開発プロジェクトで，ネットワークコーディングがマルチキャストサービスに及ぼす利益を活用するものである．このように，ネットワークコーディングの機は熟したといえよう．

次に本書を執筆した動機を述べる．我々は，ネットワークコーディングがパケットネットワークの将来の設計に寄与するところは大きいと感じている．また，この可能性の実現を助け，拡大しているこの分野の研究を後押ししたいと考えている．ゆえに，我々は本書の読者層として二つを想定した（二者は別個とは限らない）．第一は適用が

主目的の実用者,第二はネットワークコーディングの特性の更なる理解が主目的の理論家である.本書は理論的であるにもかかわらず,我々は両者のうちの前者に重きを置いた.我々はネットワークコーディングの装置化を考えている人々に分かりやすいように理論を説明したつもりである.我々の考えでは,その目的は重要であるにもかかわらず彼らは冷遇されてきたからである.理論家は,実用者と対照的に厚遇されている.本書の他にも,ネットワークコーディングの重要な理論的研究結果の概要は,二つの非常に優れた概説に記されている.Yeung らによる Netowrk Coding Theory [144, 145],および Fraguouli と Soljanin による Network Coding Fundamentals [44] である.実用者には,Fraguouli と Soljanin の概説 Network Coding Applications [45] が良いだろう.

我々の記述は実質的には我々の博士論文 [55, 90] から取られたもので,我々が個人的に参加していた仕事へのバイアスが見られる.しかしながら,我々はネットワークコーディングの主たる業績のほとんどが,本文中で説明あるいは言及されるよう努力した.注釈や各章末の発展文献に記載したものもある.必然的に,仕方なく省略した部分があることも,あらかじめお詫びしておく.

大雑把にいえば,我々は本書を電気工学または情報科学の基礎知識を持つどんな読者にも理解できるようにしたつもりである.この分野の読者にとっては,我々が用いる代数手法や最適化技術等の数学的方法の中になじみの薄いものもあるかもしれない.我々はこれらの手法の説明はしていないが,要所で適当な教科書を紹介している.

我々は,本書の作成の過程でお世話になった数多くの方々に謝意を表したい.中でも我々双方の博士とポスドクの指導教官であった Muriel Médard と Ralf Koetter に感謝する.彼らは個人としても職業人としても模範的お手本であった.ネットワークコーディングに関して我々と共同で研究を行った素晴らしいグループの人々にもお礼を言いたい.Ebad Ahmed, Yu-Han Chang, Supratim Deb, Michelle Effros, Atilla Eryilmaz, Christina Fragouli, Mario Gerla, Keesook J. Han, Nicholas Harvey, Sidharth (Sid) Jaggi, David R. Karger, Dina Katabi, Sachin Katti, Jorg Kliewer, Michael Langberg, Hyunjoo Lee, Ben Leong, Petar Maymounkov, Payam Pakzad, Joon-Sang Park, Miranjan Ratnakar, Siddharth Ray, Jun Shi, Danail Traskov, Sriram Vishwanath, Harish Viswannatha, Fang Zhao である.一般的にネットワークコーディング学界は才能豊かで友好的,知的刺激を受けながら活動できる.このような環境を作り出しているすべてのメンバに感謝したい.我々は本書の草稿に有意義な提案と意見をくれた Tao Cui, Theodoros Dikaliotis, Elona Erez にも感謝したい.さらに,二つのグループにも感謝したい.彼らなしには本書は作成されなかった.第

■序文

一は出版を行なった Cambridge University Press と Apatara の素晴らしい専門家集団，特に Phil Meyler, Anna Littlewood, Daisy Barton, Kenneth Karpinski である．第二は，大学院課程と本書執筆中に愛情を注ぎ支えてくれた我々の家族である．

Tracey Ho
Desmond S. Lun
2007 年秋――――――――――――――――――

訳者序文

 ネットワークコーディングは 2000 年の論文から端を発した新しい技術である．本文中に説明されているように，最初に注目された効果はマルチキャスト通信における伝送効率向上であったが，その後，符号化冗長性の付加による耐障害性の向上にも大きな効果があることがわかった．さらに，無線の同報性を利用すればさらなる効果が得られることもわかってきた．また，コーディング演算で元の情報が露見しないことによる秘匿性の向上効果も得られる．このようにネットワークコーディングには，研究が進めば進むほど効果が明らかになるであろう理論研究分野としてのポテンシャルがある．

 一方，ネットワークコーディングには，実用手段としての期待も大きい．欧米では，大規模ネットワークでのマルチキャスト，狭帯域無線環境下での高信頼通信等，従来方式では所望の性能が達成できない分野での通信を実現する方式として，実験が進められている．しかし，数多くの研究者がネットワークコーディングに興味をもっているにもかかわらず，その理論的な記述からくるとっつきにくさにはばまれて，二の足を踏んでいるのも事実である．本書は，そのような研究者や技術者に，ネットワークコーディングを使ってもらうために記された本である．ネットワークコーディング理論の詳細が難しいからといって，ネットワークコーディングを使わないのは，あまりにももったいない．理論の詳細を理解しなくても，各自の要求に合わせたシステムを構成し，大きな効果をあげることができるのである．この楽しさに日本の研究者にも参加してもらいたいと思い，日本語で最初のネットワークコーディングの本として本書の翻訳を思い立った．

 本書は著者達の MIT における博士課程での研究を元にしたものであり，何年もの講義の経験に基づいて練られたタイプの教科書ではない．そのため，多少あら削りなところもある．しかし，若い天才研究者達による，理論展開の緻密さと，実用性を考えた発想の大胆さの組合せは素晴らしい．MIT の中でも，シャノンのいた名門研究室 LIDS ならではの実力と自信に基づくものである．まずその息吹を感じていただく助

■訳者序文

けとなるように，本書のなかで，初読の際には読み飛ばしても差し支えない部分を次にあげる．大筋の理解には不要な詳細記述，あるいは特定のアプリケーションに関わる記述は，2.6 節，2.7 節，3.4 節，4.3 節，5.1.1.2 項，5.1.1.4 項，5.1.1.5 項，5.2 節，6.2 節である．

　本書の翻訳のきっかけは，著者のホー先生の研究室の博士課程のスビトラーナ・ビエトレンコが，インターンとして 2008 年の夏に三菱電機（株）情報技術総合研究所に滞在して，ネットワークコーディングの実用性の評価を行ったことである．この際，ネットワークコーディングの日本語の教科書がなく，説明に不便だったので，ちょうど出版されたばかりの本書を翻訳することにした．難解な部分はカリフォルニア工科大学（Caltech）に戻ったスビトラーナと相談し，ホー先生とも打合せをして翻訳を進めた．

　最後に，本書の作成にあたってお世話になった多くの人々に心から感謝の意を表したい．まず，親切な助言をくれた Caltech トレイシー・ホー，MIT ミュリエル・メダール，UCLA マリオ・ジャーラ各教授に感謝する．またスビトラーナの日本での研究に際し御尽力いただいた Caltech・日本インターンシッププログラム関係者各位，三菱電機（株）の松山浩司，坂爪暁彦，宮田裕行，伊東健治各氏に感謝する．また，同じ研究グループで常に鋭い指摘をしてくれた同社寺島美昭，荒谷和徳，高橋岳宏，川島佑毅各氏に感謝する．また，前面後面から我々の研究をサポートしてくれた同社本島邦明，村田篤，城倉義彦，山田敬喜，三堀隆，千葉勇，真庭久和各氏に感謝する（これらの所属は当時のものである）．さらに出版経験のない我々に親切してくれた東京電機大学出版局の菊地雅之氏に感謝する．また数学的記述について全面的な助言をくれた東京大学数理科学研究科河東泰之教授に感謝する．

訳者代表 河東晴子

第1章

ネットワークコーディングとは?

ネットワークコーディングは研究の分野として歴史が浅い．Ahlswede, Cai, Li, Yeung [3] の論文の発表が一般的にネットワークコーディングの「誕生」とされているが，これは 2000 年に過ぎない．そのためネットワークコーディングに関しては，多くの若い分野と同様，その素晴らしさへの期待と本当に使えるのかという疑いが交錯して，少なからず混乱している．この混乱を解くことが本書の主な目的の一つである．ゆえに，我々は地道にネットワークコーディングの定義から始めることにする．

1.1 ネットワークコーディングとは?

ネットワークコーディングの定義は明白ではない．定義の候補，すなわちこれまでに使われてきた定義はいくつもある．

元祖の論文 [3] の中で Ahlswede, Cai, Li, Yeung は「ネットワークのノードにおける符号化をネットワークコーディングと呼ぶ」と述べている．ここで彼らが意味する符号化とは，任意の入力から出力への規則的対応である．これは最も一般化されたネットワークコーディングの定義である．しかし，これではネットワークコーディングの研究を従来のネットワークあるいは複数端末の情報理論と区別できない．こちらはずっと古い分野で，難しい未解決の課題に満ちている．我々は本書をネットワーク情報理論にささげるつもりはないので，我々に適した定義をもう少し探してみる（ネットワーク情報理論は既刊書は多く，例えば [27（Chapter 14）] がある）．

Ahlswede らの論文が大多数のネットワーク情報理論の論文と異なることを特徴付けているのは，各ノードが他の全ノードに対して任意の確率的な影響を及ぼす一般的なネットワークを対象としているのではなく，誤りのないポイントツーポイントリンクで相互接続されているノードから構成されるネットワークを対象としている点である．すなわち Ahlswede 達のネットワークモデルは，ネットワーク情報理論で通常研

究されているモデルの一つの特別な場合である．しかし，このモデルは今日のネットワークによく合致するもので，誤り無しでビットを運搬する「管」に物理層を抽象化できるなら，基本的にすべての有線ネットワークはこのモデルに帰着できる．

次に，もう一つのネットワークコーディングの定義の候補は，**誤り無しリンクから構成されるネットワーク内のノードにおける符号化**である．この定義は，ネットワークコーディングの機能を，雑音のあるリンクのためのチャネルコーディングの機能と区別するものである．同様に，ネットワークコーディングを独立した圧縮不可能なソースプロセスととらえることにより，ネットワークコーディングの機能をソースコーディングの機能と区別することができる．この定義はよく用いられ，これによれば，ネットワークコーディングの研究はネットワーク情報理論の一つの特殊な場合に帰着される．この特別の場合は，実は 2000 年よりも以前から研究されていた（例えば [51, 131] 参照）．こう言ってしまうと，ネットワークコーディングの新規性が部分的に否定されることにもなるが，我々の定義の議論をさらに深化させていこう．

ネットワークコーディングの研究の多くは，特定の形のネットワークコーディングの周辺に集中している．それは**ランダム線形ネットワークコーディング**である．ランダム線形ネットワークコーディングは，「各コーディングノードで更新される」「各発信元プロセスごとの係数からなるベクトル」を保持する単純なランダム化されたコーディング方式として参考文献 [58] で提案された．言い換えれば，ランダム線形ネットワークコーディングでは，ネットワークを通して伝送されているメッセージにある程度の付加情報が同伴している必要がある．それは，この場合は係数のベクトルである．今日の通信ネットワークには，このような付加情報を簡単に付加でき，さらに誤り無しのリンクから構成される広範に使用されているネットワークのタイプがある．それがパケットネットワークである．パケットでは，このような付加情報または追加情報をパケットヘッダに格納することができる．もちろん，追加情報をパケットヘッダに格納することは，今日普通に行われている（例えば，順番の番号はよくパケットヘッダに納められて順序制御に使われている）．

さらに三番目のネットワークコーディングの定義は，**パケットネットワークのノードにおける符号化**である．ここでは，データがパケットに分割され，ネットワークコーディングがパケットの中身に施される．もう少し一般的に言うならば，物理層より上位でのコーディングである．これは，通常は物理層でのコーディングを取り扱うネットワーク情報理論とは異なる．本書ではこの定義を用いることにする．パケットネットワークに範囲を限定することによって，我々の視野を不必要に狭めてしまう場合もあり，パケットネットワーク以外の用途への言及が不足する可能性もある．しかしな

がらこの定義は，我々の議論を実用に適した具体的な設定に基づく足が地に着いたものとすることができる有益なものである．

1.2 ■ネットワークコーディングは何のために行うか?

さて，定義の準備が整ったところで，ネットワークコーディングの使い方の議論に進もう．ネットワークコーディングはスループット，頑健性，複雑さ，安全性を向上できる．次に，これらの各評価要素について述べる．

1.2.1 ■スループット

最もよく知られているネットワークコーディングの使用法で，説明も一番簡単なものはスループットの向上である．このスループットの利得は，パケット伝送をより効率的に利用すること，すなわちより多くの情報をより少ないパケットで通信することによって得られる．この利得を表す最も有名な例は，Ahlswede ら [3] による有線ネットワークでのマルチキャスト問題の検討である．彼らの例は，通常，バタフライネットワークと呼ばれているが（図 1.1），1 ソース（発信元）から 2 シンク（宛先）へのマルチキャストを示している．両方のシンクとも，ソースノードのメッセージをすべて知りたがっている．この容量の限られたネットワークモデルで要求されているマルチキャストコネクションを確立するためには，途中のノード（ソースでもシンクでもない）の一つが伝統的なパケットネットワークのルーティングの規範，すなわち途中のノードが許されているのは受信パケットのコピーを作成して出力するだけという規範

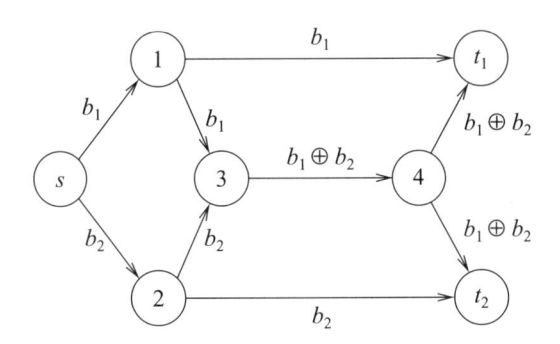

図 1.1　バタフライネットワーク．このネットワークでは，各アークは 1 個のパケットを高信頼で運搬できる有向リンクである．2 個のパケット b_1 と b_2 がソースノード s に存在し，これらの二つパケットの内容を両シンクノード t_1 および t_2 と通信する．

を破り，コーディング演算を施すことをしなければ無理である．途中のノードは，二つの受信パケットを受け取り，これら二つの2進和あるいはXORを取って一つの新たなパケットを生成し，この結果を出力するのである．ゆえに二つの受信パケットの中身がベクトルb_1とb_2で，それぞれが複数ビットから構成されているとすると，出力パケットはb_1とb_2のビットごとのXORをとった$b_1 \oplus b_2$となる．各シンクはそれぞれが受信したパケット群にさらなるコーディング演算を施すことにより復号する．シンクt_1は，b_1と$b_1 \oplus b_2$のXORをとってb_2を復元する．同様にシンクt_2は，b_2と$b_1 \oplus b_2$のXORをとってb_1を復元する．ルーティングの場合は，例えばb_1とb_2をt_1に通信できるが，そうするとt_2へはb_1またはb_2の一つしか通信できなくなる．

バタフライネットワークは人為的なものではあるが，重要な点を説明している．それは，ネットワークコーディングは有線ネットワークにおけるマルチキャストのスループットを向上することができるという点である．バタフライネットワークで用いられた9本のパケット伝送により2個のパケットの中身を通信することができる．コーディングを使用しないとすれば，これら9本のパケット伝送では同じだけの情報を通信することはできず，追加に伝送を行うという補助が必要となる（例えば，ノード3から4への追加伝送）．

ネットワークコーディングは有線ネットワークのマルチキャストのスループットを増加することができるが，このスループットの恩恵はマルチキャストや有線ネットワークに限られたものではない．バタフライネットワークの簡単な変形により，コーディング有りでは二つのユニキャストコネクションが確立できるが，コーディング無しではできないという例を導くことができる（図1.2）．この例は，二つのユニキャストコネクションを含んでいる．これまで検討されてきた損失無しの有線ネットワーク内でのユニキャストでは，最低二つのユニキャストコネクションがなければネットワークコーディングのスループット利得は得られない．具体的には2.3節で明らかにするが，損失無しの有線ネットワーク内の単一のユニキャストコネクションでは，ネットワークコーディングがルーティングに対して優位なスループットを得ることはできない．

ネットワークコーディングを無線ネットワークに拡張することもできる．それどころか無線ネットワークでは，ネットワークコーディングがルーティングに対して優位なスループットを得ることのできる例を見つけることがさらに容易になる．確かに，無線対応版のバタフライネットワーク（図1.3）および変形バタフライネットワーク（図1.4）はオリジナルより少ないノード数で構成される．オリジナルがそれぞれ7ノードと6ノードであるのに対し，無線対応版は6ノードと3ノードである．前述の例と同様にこれらの例は，求める通信目標がルーティングでは達成できないが，コーディ

1.2 ■ ネットワークコーディングは何のために行うか？

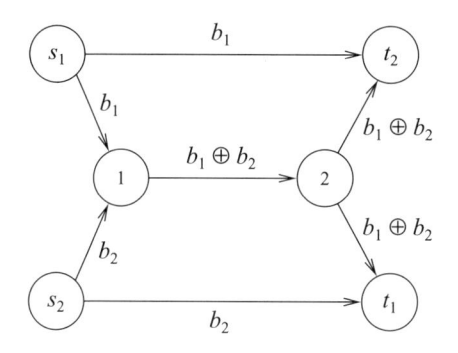

図 1.2 変形バタフライネットワーク．このネットワークでは，各アークは 1 個のパケットを高信頼で運搬できる有向リンクである．1 個のパケット b_1 がソースノード s_1 に存在し，シンクノード t_1 と通信する．また，1 個のパケット b_2 がソースノード s_2 に存在し，シンクノード t_2 と通信する．

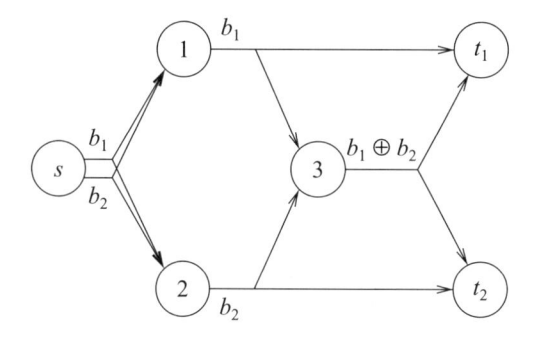

図 1.3 無線バタフライネットワーク．このネットワークでは，各アークは 1 個のパケットを 1 個以上のノードに高信頼で運搬できる有向リンクである．2 個のパケット b_1 と b_2 がソースノード s に存在し，これらの二つパケットの内容を両シンクノード t_1 および t_2 と通信する．

ングでは達成できるという場合を示している．これらの無線の例で異なっているのは，パケット伝送が単一ノードから他の単一ノードに対して行われると仮定するのではなく，パケット伝送が単一ノードから発して複数ノードに到達することを許容している点である．そこで我々は，伝送をアーク（arc, 辺）で表す代わりにハイパーアーク（hyperarc, 超辺）を用いる．ハイパーアークとはアークを一般化したもので，複数の終端ノードを有する．

　これまでにあげた例からわかることは，損失や誤りが無くても一つ以上の同時存在マルチキャストコネクション，あるいは二つ以上の同時存在ユニキャストコネクショ

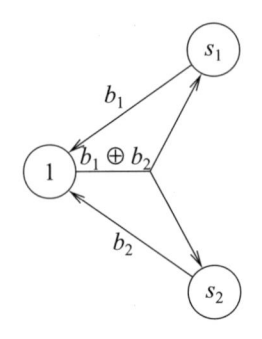

図 1.4 変形無線バタフライネットワーク．このネットワークでは，各アークは 1 個のパケットを 1 個以上のノードに高信頼で運搬できる有向リンクである．1 個のパケット b_1 がソースノード s_1 に存在し，ノード s_2 と通信する．また，1 個のパケット b_2 がソースノード s_2 に存在し，シンクノード s_1 と通信する．

ンに適用された場合には，ネットワークコーディングは優位なスループットを得ることができるということである．これは，パケット伝送が単に単一ノードから他の単一ノードへ向けられた場合（有線ネットワーク）でも，パケットが単一ノードから他の一つ以上のノードへ向けられた場合（無線ネットワーク）でも成り立つ．しかし，これらの例は見るからにわざとらしく実効性に乏しい例であり，果たしてネットワークコーディングを一般化できるのか，もしできるとすればどこまでできるのかという疑問がわくのも普通である．本書のこれ以降の部分の多くは，ネットワークコーディングに関するこれまでの観察を一般化して，さらに一般的な場合に拡張することに費やされる．

1.2.2 ■頑健性（Robustness）

1.2.2.1　パケット損失に対する頑健性

話を進める前に，パケットネットワークの重要な課題について述べておく．これまでの議論では触れずにきたが，特に無線パケットネットワークではより重要であるパケット損失の問題である．パケット損失は，ネットワークの様々な原因で発生する．例えばバッファ溢れ，リンク切断，衝突等である．これらの損失には数々の対処法がある．おそらく最も正統的な方法は，TCP で使われているような送達確認のシステムの設定である．シンクでパケットが受信されたらソースにメッセージを返信し，ソースはある特定のパケットに対して確認を受信しなかったらパケットを再送するというものである．ときどき使われる他の方法として，チャネルコーディング，特に**消失訂正**

符号 (erasure coding) がある．消失訂正符号はソースノードで施され，パケットにある程度の冗長性を付加することにより，シンクで受信されるパケットが送信パケットの一部のみであったとしてもメッセージの修復が可能となる．

消失訂正符号はソースノードで施されるコーディングである．途中のノードで施されるコーディングはどうだろうか？ 言い換えれば，ネットワークコーディングはどうだろうか？ ネットワークコーディングはパケット損失に対抗するために有効なのだろうか？ 実は有効なのである．理由は非常に簡単な例で示すことができる．図 1.5 に示す単純な 2 リンク縦列ネットワークを見てみよう．このネットワークでは，パケットはノード 1-2 間のリンクでは確率 ε_{12}，ノード 2-3 間のリンクでは確率 ε_{23} で失われる．消失訂正符号はノード 1 で施され，単位時間あたり $(1-\varepsilon_{12})(1-\varepsilon_{23})$ パケットのレートで情報を通信することができる．本質的には，ノード 1-3 間には損失確率が $1-(1-\varepsilon_{12})(1-\varepsilon_{23})$ の消失チャネルが一つあるということであり，その最大容量 $(1-\varepsilon_{12})(1-\varepsilon_{23})$ は適切な符号設計により達成（あるいは近接）可能である．しかしこのシステムの真の最大容量はもっと大きい．ノード 1-2 間のリンクに一つの消失訂正符号を施し，ノード 2-3 間のリンクに別の消失訂正符号を施したとする．すなわち，ノード 2 で完全な復号と再符号化を行う二段階の消失訂正符号を行うとしたら，単位時間あたりのレートでの情報通信可能レートは，ノード 1-2 間は $(1-\varepsilon_{12})$，ノード 2-3 間は $(1-\varepsilon_{23})$ となる．ゆえに，ノード 1-3 間の情報通信可能レートは $\min(1-\varepsilon_{12}, 1-\varepsilon_{23})$ であり，これは通常 $(1-\varepsilon_{12})(1-\varepsilon_{23})$ より大きい．

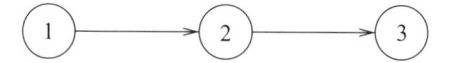

図 1.5　2 リンク縦列ネットワーク．ノード 1 と 2 は，それぞれ単位時間当たり 1 パケットを各々の出力リンクに投入する能力がある．

それならば，なぜこの方法がパケットネットワークで使われないのだろうか？ 主たる原因は遅延である．消失訂正符号の各段階では，ブロック符号にしろ畳込み符号にしろ一定量の遅延が伴う．各段階の復号装置は一定数のパケットを受信してはじめて復号を開始できるからである．ゆえに，消失訂正符号化がリンクごと，あるいはコネクションごとに施されたとすると遅延の総和は大きくなってしまう．しかし，追加の消失訂正符号の適用はネットワークコーディングの一つの特別な形に過ぎない．これは，途中のノードで施されたコーディングである．ゆえに，ネットワークコーディングはパケット損失に対する頑健性を提供するために使用することが可能で，これはスループット利得に換算することができる．しかし，我々がネットワークコーディングに

第 1 章 ■ ネットワークコーディングとは?

求めるものはスループットの増加だけではない．消失訂正符号をもう一段階追加するだけというのにとどまらない方法を求めている．我々が求めているネットワークコーディング方式は，途中のノードで追加の符号化を行うが**復号は行わなくてよい**ものである．第 4 章で，ランダム線形ネットワークコーディングが符号化方式に対するこのような要求を満たすものであることを説明する．

損失はネットワークコーディングの課題に新たな側面を加える．損失が存在する場合は，一つのユニキャストコネクションでも利得が得られる．損失は無線ネットワークにつきものであるが，損失を考慮するとネットワークコーディングはますます無線に適したものとなる．我々が議論したもう一つの無線ネットワークの特性は，放送型リンク（複数の終端ノードに達するリンク）の存在である．さらに，損失型と放送型の組合せも可能である．

図 1.6 では，2 リンク縦列ネットワークの一変型を示す．我々はこれをパケット中継チャネルと呼んでいる．ここでは，ノード 1 から出たリンクはノード 2 に達しているだけではなく，ノード 3 にも達している．しかしながら，パケット損失によりノード 1 から送信されたパケットはいつもノード 2 やノード 3 に受信されるわけではない．ノード 1 から送信されたパケットがノード 2 とノード 3 に受信されるパターンは，ノード 2 とノード 3 のどちらでもない，ノード 2 のみ，ノード 3 のみ，ノード 2 と 3 の双方，の四つであり，そのいずれであるかは確率的に決められる．ノード 1 から送信されたパケットがノード 2 に受信される確率は $p_{1(23)2}$，ノード 3 に受信される確率は $p_{1(23)3}$，ノード 2 と 3 の両方に受信される確率は $p_{1(23)(23)}$ とする（パケットが完全に無くなってしまう確率は $1 - p_{1(23)2} - p_{1(23)3} - p_{1(23)(23)}$）．ノード 2 から送信されるパケットに関しては，パケットがノード 2 から送信されてノード 3 に受信される確率を p_{233} とする（パケットが完全に無くなってしまう確率は $1 - p_{233}$）．ネットワークコーディング，特にランダム線形ネットワークコーディングでは，このような場合に最大到達可能スループット（最小カット容量（min-cut capacity）として知られている）が得られ

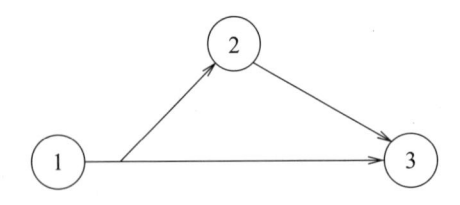

図 1.6 パケット中継チャネル．ノード 1 と 2 はそれぞれ単位時間当たり 1 パケットを各々の出力リンクに投入する能力がある．

る．これは，この場合は $\min(p_{1(23)2} + p_{1(23)3} + p_{1(23)(23)}, p_{1(23)3} + p_{1(23)(23)} + p_{233})$ である．

　これは並みの芸当ではない．第一に，ネットワーク情報理論の観点からは，単純で最大容量を達成できるネットワークコードが存在するかどうかも明らかではない．第二に，無線パケットネットワークへの一般的なアプローチとは大きく異なる方法である．一般的なルーティング手法では無線パケットネットワークを，有線パケットネットワークを拡張したものとして扱うことが提唱されている．ゆえに，情報は経路に沿って送信されることになっている．この場合で言えば，情報をまずノード1からノード2に送信して，次にノード3に送信する，またはノード1からノード3に直接送信する，あるいはもっと複雑な方法として，これらの組合せで送信することになっている．ネットワークコーディングでは，このような経路にしばられる必要はない．ノードによって特定のコネクションの情報伝送が行われるが，これらのノードが同一経路上にある必要はない．そこでルーティングの再考が必要となる．この再考の結果がサブグラフ選定であり，第5章で検証する．

1.2.2.2　リンク障害に対する頑健性

　ランダムなパケット損失に対する頑健性のほかに，ネットワークコーディングは非エルゴード的なリンク障害の保護にも有効である．運転中の経路の保障では，主フローとバックアップフローがそれぞれのコネクションで伝送されており，再ルーティングが不要なため，リンク障害時は非常に高速な復旧が可能である．しかしながらこの方法では，ネットワークトラフィックは倍増してしまう．これに対してネットワークコーディングでは異なるフロー間でのネットワーク資源を共有することができるので，通信資源の利用効率が向上できる．個々のマルチキャストセッションでは，任意の再ルーティングにより復旧可能なすべての障害パターンの集合に対して再ルーティングすることなく，その集合内のどの障害パターンからも復旧することができるような静的ネットワークコーディングの解が存在する [82]．

1.2.3 ■複雑さ（Complexity）

　最適なルーティングを行うことによりネットワークコーディングと同様の性能に達することができる場合もあるが，最適ルーティングの解を求めるのは難しい．例えばマルチキャストルーティングのための最小コストサブグラフ選定はシュタイナー木（Steiner tree）を必要とし，集中管理の場合でさえも複雑である．一方，対応するネットワークコーディングの問題は線形最適化であり，複雑度の低い分散法での解決も可能であ

る.これについては 5.1.1 節で述べる.

ネットワークコーディングはまた,現実的な制限から準最適解を使わざるを得ない場合についても,大きく性能を向上することが示されている.例えば,ゴシップ型のデータ配布 [32] や 802.11 無線アドホックネットワークである [74].これらについては,3.5.2.2 節の中で述べる.

1.2.4 ■安全性(Security)

セキュリティの観点から見ると,ネットワークコーディングには長所と短所がある.もう一度バタフライネットワークを見てみよう(図 1.1).ある敵がパケット $b_1 \oplus b_2$ だけを何とか手に入れることができたとする.パケット $b_1 \oplus b_2$ だけからではその敵は b_1 も b_2 も手に入れることができない.ゆえに,これは安全な通信の一方法である.この例では,ネットワークコーディングはセキュリティを向上させている.

別の場合として,ノード 3 が悪意を持ったノードで,$b_1 \oplus b_2$ を送出せずに $b_1 \oplus b_2$ に見せかけたパケットを送出したとする.パケットはルーティングされるのではなく符号化されているので,このような不正パケットの検出は難しい.この例では,ネットワークコーディングは結果的にセキュリティ上の欠点となり得る.ネットワークコーディングのセキュリティの問題は第 6 章で述べる.

さて,我々はネットワークコーディングの恩恵を説明する数々の単純な例を示した.これらの例は,典型的なパケットネットワークにある程度は当てはまるが,その原理が実際の設定でどのように活かされるのかは疑問である.もっと一般的な場合については,次節で示すモデルを使用して述べる.

1.3 ■ネットワークモデル

パケットネットワーク,特に無線パケットネットワークはとてつもなく複雑であり,それ相応に正確なモデル化は難しい.それに加えてネットワークコーディングは種々の方法で適用されているので,常に同じモデルを用いるのは得策ではない.しかしながら我々が使用するすべてのモデルに共通する側面があるので,これからそれについて説明する.使用する各種モデルの特徴的な側面は,必要に応じて議論する.

我々のモデルの出発点として,多数のコネクションまたはセッションを確立したいものと仮定する.これらのコネクションは,ユニキャスト(単一ソースノード,単一シンクノード)またはマルチキャスト(単一ソースノード,複数シンクノード)とする.マルチキャストコネクションでは,全シンクノードはソースノードから発せられた同

一のメッセージを知りたがっている.これらのコネクションは我々が通信したいと考えるパケットと既知または未知のレートで対応付けられている.ゆえに,我々のモデルでは輻輳制御を考慮していない.すなわち,我々のモデルはコネクションのレートを調整しなくてはならないということを考慮していない.我々は,輻輳制御は別個の問題であり本書の範囲外であるが,容易にモデルに組み込むことができると考えている(例えば [25, 135] を参照).

我々はネットワークのトポロジを有向ハイパーグラフ $\mathcal{H} = (\mathcal{N}, \mathcal{A})$ で表す.ただし,$\mathcal{N}$ はノードの集合,$\mathcal{A}$ はハイパーアークの集合である.ハイパーグラフはグラフを一般化したもので,アークの代わりにハイパーアークを用いる.ハイパーアークは (i, J) の対で,始点ノード i は $\mathcal{N}$ の要素であり,終点ノードの集合 J は $\mathcal{N}$ の空でない部分集合である.各ハイパーアーク (i, J) は,ノード i から空で無い集合 J のノードへのブロードキャストリンクを表す.特別な場合として J の要素が j 一つだけの場合は,ポイントツーポイント(P to P)リンクとなる.そしてハイパーアークは単純なアークとなり,$(i, \{j\})$ の代わりに (i, j) と書くこともある.もしネットワークがポイントツーポイントリンクのみから構成されているとすると(有線ネットワークのように),$\mathcal{H}$ は普通のグラフとなるので $\mathcal{H}$ の代わりに $\mathcal{G}$ と表すこともある.ハイパーアーク (i, J) で表されるリンクは,損失が無い場合とある場合がある.すなわち,パケット消失をこうむる場合もこうむらない場合もある.

所望のコネクション(単数でも複数でも)を確立するためには,ハイパーアークにパケットを投入する.ハイパーアーク (i, J) にパケットが投入される平均レートを z_{iJ} とする.ベクトル z は $z_{iJ}, (i, J) \in \mathcal{A}$ から構成され,パケットがネットワークのすべてのハイパーアークに投入されるレートを定義する.この抽象モデル化では,待ち行列に関する説明を陽にはしていない.我々は,待ち行列はこのモデル化からは隠蔽されているレベルで行われていると仮定する.ただし,z は制約付きの集合 Z の範囲内にあり,ネットワークのすべての待ち行列が安定しているとする.有線ネットワークでは,リンクは通常は独立で,制約付きの集合 Z は $|\mathcal{A}|$ 個の制約の直積集合(Cartesian product)として分解(decompose)される.無線ネットワークでは,リンクは通常相互依存しており,Z の形は複雑となり得る(例えば [28, 72, 73, 79, 137, 141] 参照).当面は Z に関して,正象限の凸部分集合で原点を含むこと以外には何の仮定もおかない.

$(\mathcal{H}, Z)$ 対は容量付のグラフを定義し,我々の自由になるネットワークを表す.それは物理的なネットワーク全体の場合もあるし,物理ネットワークの部分的ネットワークの場合もある.するとベクトル z はこの容量付グラフの部分集合,すなわち実際に

使用中の部分と考えることができる．我々はこれを所望のコネクションに対する**コーディングサブグラフ**と呼ぶ．コーディングサブグラフがハイパーアークへのパケット投入レートを定義するだけでなく，これらの投入が行われる時間をも特定するものと仮定する．ゆえに，ルーティングやスケジューリングの伝統的なネットワーク問題は，コーディングサブグラフ選択問題の特定の部分問題となる．

前節で論じた例は，コーディングサブグラフの事例を与える．これらの事例ではパケットは既に投入されたとして，どうしたらこれをできるだけ効率的に使用することができるかを考えることが課題である．損失無しネットワークのコーディングサブグラフを表す最も単純な方法は，おそらく，一定時間内の各パケット伝送を個別のハイパーアークで表すことである．図 1.1 − 1.4 はこの例である．図 1.3 で示したように並行したハイパーアークを用いてもよい（二つのハイパーアーク $(s, \{1, 2\})$ がある）．これは，一時間間隔内に同一ノードによる複数のパケット送受信を表現している．一ノードでのコーディングは図 1.7 に示されている．サブグラフのこの形式を**静的サブグラフ**と呼ぶ．静的サブグラフでは，時間は陽には表現されておらず，イベントは瞬時に発生したように見える．おそらく現実では，リンク沿いにパケットを伝送するにはある程度の遅延があり，リンクからのパケット出力は入力に比べて遅れている．ゆえに静的サブグラフは，ある程度の時間的詳細を隠蔽していることになる．この解決は難しくはないが，気に留めておく必要はある．さらに，対象を非巡回グラフに限定する必要がある．なぜなら，巡回グラフでは瞬間的なパケットのフィードバックが発生してしまうからである．これらの制限はあるものの，静的サブグラフは我々の議論の大部分で事足りるので，損失無しネットワークを論じる第 2 章ではほとんど静的サブグラフが使用されている．

損失のあるネットワークでは，時間の課題の重要性は増す．一般的に損失有りネット

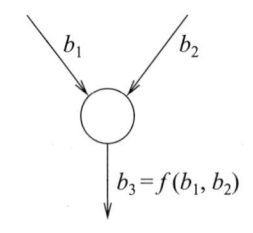

図 1.7　静的サブグラフのノードにおけるコーディング．2 個のパケット b_1 と b_2 は，それぞれ別の入力アークで運ばれる．出力アークは b_1 と b_2 の関数である一つのパケットを運搬する．

ワークで用いられるネットワークコードは，損失無しネットワークで用いられるものよりずっと長い．すなわち，一つのコーディングブロックがずっと多くのソースパケットを含む．別の見方をすれば，損失有りネットワークのネットワークコーディングで考慮する必要がある時間間隔は，損失無しネットワークの場合よりもずっと長い．そうなると，一つのコーディングノードでのコーディングと時間の相互作用を検証する必要が生じる．このために，我々は静的サブグラフを**時間拡張サブグラフに拡張**する．

時間拡張されたサブグラフは，パケットの投入および受領点を表すだけでなく投入と受領が行われた時刻をも表す．我々は成功した受信のみを描く．ゆえに損失有りネットワークでは，時間拡張サブグラフは，実はあるコーディングサブグラフで繰り広げられるランダムなパケット送受の集合のある一つの要素を表していることになる．例えば，図 1.7 ではパケット b_1 は時刻 1 で受領され，パケット b_2 は時刻 2 で受領され，パケット b_3 は時刻 3 で投入されたと仮定しよう．時間拡張サブグラフでは，これらの投入と受領を図 1.8 に示すように表す．この例では時刻として整数値を使用したが，同様にして実際の時刻の値を用いることも容易にできる．このようにして，ある同じノードの複数の事例を手に入れた．各事例は，そのノードの異なる時刻を表している．これらの事例を合わせると無限の容量をもつリンク群となり，ノードがパケットを保持できることがわかる．損失有りネットワークを論じる第 4 章で時間拡張サブグラフを使用する．

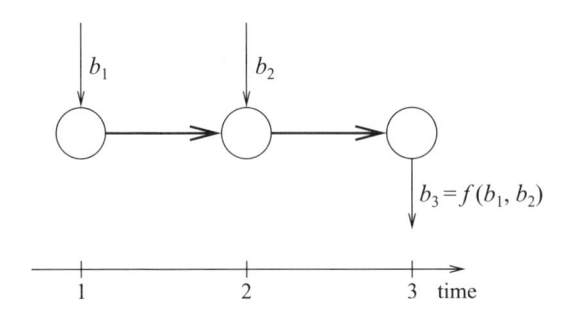

図 1.8 時間拡張されたサブグラフのノードにおけるコーディング．パケット b_1 は時刻 1 で受信され，パケット b_2 は時刻 2 で受信される．太い水平なアークは容量が無限大であり，ノードに蓄えられるデータを表す．時刻 3 には，パケット b_1 と b_2 を使って b_3 を形成することができる．

1.4 ■ 本書の概要

まず第2章は，ネットワークコーディング理論が最初に発展した損失無し有線ネットワークでのマルチキャストの設定から始める．この設定におけるネットワークコーディングの使用法を説明する第一の例は，バタフライネットワーク（図1.1）である．第2章では，この例から得られる考察を一般的なトポロジに拡張する．マルチキャスト問題でネットワークコーディングが発揮できる能力を説明し，これを発揮するための手段として確定的（deterministic）コーディングとランダムコーディングの両方について論じる．理論的議論においては，静的サブグラフを用いる．これは前述のように時間的詳細を隠蔽するモデルであるので，この理論が実際のパケットネットワークにどのように適用できるのかは即座に明らかではない．パケットネットワークでは，通常，動的な振舞いが重視されるからである．2.5節でパケットネットワークを取り上げて論じ，ランダムネットワークコーディングが動的な設定でも無理なく適用できることを示す．ここで論じた戦略は第4章で再考する．第2章の終わりで，損失無しマルチキャスト時の基本的理論の他の二つの拡張，すなわち巡回路のあるネットワークの場合（静的サブグラフでの瞬時フィードバックの問題を思い出して欲しい）および複数のソースの過程が相互に関係する場合を示す．

第3章では，我々の議論を損失無し有線ネットワークの非マルチキャスト問題に拡張する．すなわち，複数のコネクションを確立しようとしている状況を考える．ここでは変形バタフライネットワーク（図1.2）のように，別々のコネクションからのパケットを一緒にコーディングすることを考えている．このタイプのコーディングを**セッション間**（inter-session）**コーディング**と呼んでいる．これと対比するのは，各コネクションを分離して個別に扱う場合（単一コネクションのみを考慮した第2章の場合のように）であり，これを**セッション内**（intra-session）**コーディング**と呼んでいる．通常，線形ネットワークコーディングでは十分な性能が得られず，非線形コーディングが必要な場合もあることを示す．線形構造のないコードの形成は困難であるので，セッション間コードの形成は通常，準最適（suboptimal）な手法が中心で，無視できない程度の性能向上が得られている．これらの方法のいくつかを第3章で述べる．

第4章では，損失有りネットワークを取り上げる．ランダム線形ネットワークコーディングがどのように損失有りネットワーク（例:図1.6のパケット中継チャネル）に適用できるかを示す．また，ランダム線形ネットワークコーディングがこのようなネットワークの単一ユニキャストまたはマルチキャストコネクションにおいて能力の高い

14

戦略であることを示す．さらに，コーディング遅延により誤り確率が減少する速度を定量的に示す誤り指数を導出する．

第2章から第4章では，コーディングサブグラフは定義済と仮定していた．第5章では，適切なコーディングサブグラフを選定する問題を扱う．そこではフローベースと待ち行列長ベースの二つのタイプの取組が取り上げられている．フローベースの方法による通信の目的はある与えられたフロー速度のコネクションを確立することであり，待ち行列長ベースの方法ではフロー速度は存在してはいるが未知である．セッション内コーディングにおけるサブグラフ選定を中心にして説明するが，セッション間コーディングのサブグラフ選定の方針についても論じる．

第6章では，敵対的な誤り（adversarial error）に対抗するセキュリティを取り上げる．この問題は，ネットワークコーディングの全ノードが信用できる訳ではないオーバーレイネットワークへの適用のために検討された．ゆえにここでの手法は，悪意のノードが誤りを付加した場合に訂正または検出することができるようになっている．

1.5 注釈と参考文献

誤り無しネットワークは以前から取り上げられており，文献としては Han[51] や Tsitsiklis[131] がある．Ahlswede et al.[3] は，誤り無しネットワークにおけるマルチキャスト問題に取り組んだ．その論文は，彼らの特定のネットワークトポロジに関する先駆的検討 [118, 143, 148, 149] を受け，途中のノードでのコーディングが一般的に損失無しネットワークでのマルチキャストコネクションの最大能力を達成するものであることを示し，この最大能力の意味を説明した．この結果は誤り無しネットワークへの新たな興味を呼び起こし，Li ら [85] と Koetter, Médard [82] によりすぐに強化された．彼らは独立に，線形コード（ノードが施すことを，基本となる有限体上の線形演算に限定しているという意味）が損失無しネットワークのマルチキャストコネクションの最大能力を達成するのに十分であることを示した．

Ho et al.[58] は，ランダム線形ネットワークコーディングを導入した．これは，損失無しパケットネットワークでのマルチキャストの一方法であり，その性質が分析されている．損失無しパケットネットワークのマルチキャストでのランダム線形ネットワークコーディングは [26, 63] でさらに研究された．ランダムネットワークコーディングは，[32] ではデータ配布の方法として，[1] ではデータ蓄積の方法として研究された．[91, 95] では損失有りパケットネットワークでの適用が検討された．ピアツーピアネットワークおよび移動アドホックネットワーク（MANET）においてランダム線

形ネットワークコーディングを使用するプロトコルが，それぞれ [49] と [110] で示されている．

バタフライネットワークが最初に示されたのは [3] である．その変形は，まず [80, 117] で示された．無線バタフライネットワークは最初に [94] で示され，その変形はまず [136] で示された．

我々が用いる静的サブグラフの基本モデルは，基本的には [82] から導出された．時間拡張サブグラフの使用は [134] で最初に示された．

第2章

損失無しマルチキャストネットワークコーディング

マルチキャストとは，同じ情報が複数のシンクノードに伝送される場合を指す．ネットワークコーディングの最初の適用法として発見されたのは，ネットワークコーディングを用いれば雑音無しまたは損失無しのネットワークにおいて理論上の最大マルチキャストレートの達成が可能であるということである．明らかにこのレートは，ソースと各シンク間の個別の最大容量を超えることはない．我々は，ネットワークコーディングにより複数のシンクノードによるネットワーク資源の共同利用が可能になること，従って全シンクで個別に達成可能なレートは全シンクを一緒にした場合にも達成可能であることを解明していく．

記法の凡例

我々は行列を太字の大文字で，ベクトルを太字の小文字で記す．すべてのベクトルは行ベクトルであり，そうでない場合は添字 T で明示する．二つの行ベクトル $\mathbf{x}$ と $\mathbf{y}$ の連結（concatination）は $[\mathbf{x}, \mathbf{y}]$ と記す．各要素（行/列）がネットワークのアークと対応付けられたベクトル（または行列）では，アークのトポロジ的な順序に対応してベクトル要素（行列の行/列）も一貫して順序付けられていると仮定する．

2.1 ■ 基本ネットワークモデルとマルチキャストネットワークコーディング問題の定式化

まず，実際のパケットネットワークの複雑さはさておき，非常に単純なネットワークモデルと問題設定を考える．これらはネットワークコーディングの文献で広く使われており，基本的な洞察を得ていくつかの基本的な結果を導出することができる．この洞察と結果をより複雑なネットワークモデルに後で適用する．

我々が取り上げる基本的な問題は，巡回路無しネットワークでの1ソースマルチキャ

ストである．ネットワークはグラフ $\mathcal{G} = (\mathcal{N}, \mathcal{A})$ で表す．ここで，$\mathcal{N}$ は複数のノードの集合，$\mathcal{A}$ は複数のアークの集合である．また，r 個のソース過程 $X_1, \ldots, X_r$ が存在し，所与のソースノード $s \in \mathcal{N}$ から発している．各ソース過程 X_i は独立したランダムビットの流れで，速度は単位時間あたり1ビットである．

アークは有向であり損失が無い，すなわち完全に信頼できる．各アーク $l \in \mathcal{A}$ は，その始点（発信源）ノード $o(l)$ から終点（宛先）ノード $d(l)$ に，単位時間あたり1ビットを伝送可能である．同じノード対を接続する複数のアークが存在する場合もある．アーク l は $d(l)$ の**入力アーク**あるいは $o(l)$ の**出力アーク**と呼ばれる．ノード v の入力アークと出力アークの集合をそれぞれ $\mathcal{I}(v), \mathcal{O}(v)$ と記す．アーク l 上で伝送されるランダムなビットストリームを**アーク過程**を呼び，Y_l と記す．各ノード v について v の**入力過程**は複数のアーク過程 Y_k であり，これは v の入力アーク k のものである．ここで，$v = s$ の場合は複数のソース過程 $X_1, \ldots, X_r$ となる．ノード v の出力アーク l の各々のアーク過程は，1個またはより多くの v の入力過程（l の入力過程と呼ばれる）の関数である．当面，v の入力過程はすべて l の入力過程であると仮定する[*1]．

すべてのソース過程は，与えられたシンクノードの集合 $\mathcal{T} \subset \mathcal{N} \setminus s$ の各々に通じていなければならない．一般性を損なうことなく，シンクノードは出力アークを持たないと仮定する[*2]．各シンクノード $t \in \mathcal{T}$ はその入力過程の関数として，**出力過程** $Z_{t,1}, \ldots, Z_{t,r}$ を形作ることができる．グラフ $\mathcal{G}$，ソースノード $s \in \mathcal{N}$，ソースレート r，シンクノードの集合 $\mathcal{T} \subset \mathcal{N} \setminus s$ を特定することにより，マルチキャストネットワークコーディング問題が定義される．このような問題の解は，ネットワークノードにおけるコーディング演算およびシンクノードにおける復号演算を定義する．これにより各シンクノードは全ソース過程，すなわち $Z_{t,i} = X_i \ \forall t \in \mathcal{T}, i = 1, \ldots, r$，を完全に復元できる．解が存在するネットワークコーディング問題を**可解** (solvable) という．

2.2 ■ 遅延無しスカラ線形ネットワークコーディング

最も単純な型のネットワークコードである，有限体上の遅延無しスカラ線形ネットワークコーディングを最初に取り上げる．後にわかるように，この型のネットワーク

[*1] 2.5節でモデルをパケットネットワークに拡張してこの仮定を外す．ネットワークコーディングを用いない場合は各アークの入力過程は唯一つである．
[*2] 与えられたネットワークがどのようなものであったとしても，各シンクノード t に仮想シンクノード t' および t から t' への r 個のリンクを追加することにより，この仮定化付き問題に相当するネットワークコーディング問題を設定することができる．

2.2 ■遅延無しスカラ線形ネットワークコーディング

コードは前述の巡回無しマルチキャスト問題における最適スループットの達成には事足りるが,一般的には充分ではない.

ソース過程 X_i またはアーク過程 Y_l に対応する各ビットストリームは m ビットのベクトルに分割される.各 m ビットベクトルは,大きさ $q = 2^m$ の有限体 $\mathbb{F}_q$ の一要素に対応する.その結果,我々は各ソースまたはアーク過程を,複数のビットではなく複数の有限体のシンボルを成分に持つ一ベクトルとみなすことができる.

巡回無しネットワークを対象としているので,アーク伝送遅延を陽に考慮する必要はない.単純に各アーク l の n 番目のシンボルは $o(l)$ がその入力過程の各々の n 番目のシンボルを受信した後にはじめて送信できると仮定する.これは,解析に関する限りは**遅延無し**の言葉の通り,すべての伝送が瞬時かつ同時に行われると仮定することと等価である.この仮定は,依存関係にあるアークの巡回路が存在する場合には安定性問題に通じる.依存関係にあるアークの巡回路とはアークの有向巡回路であり,各々のアークがサイクル内の前のアークから来たデータの関数であるデータを送信する.送信データはサイクル内の前のアークから来るデータだけではなく,その他の入力とともに符号化される場合もある.

スカラ線形ネットワークコーディングにおいて,アーク l で伝送される n 番目のシンボルは $\mathbb{F}_q$ におけるノード $o(l)$ の各入力過程の n 番目のシンボルのスカラ線形関数であり,この関数はすべての n に共通である.ゆえに,複数のシンボルの複数の流れである複数の過程に関する検討を行う代わりに,各過程ごとにただ一つのシンボルを考慮すれば十分である.記述上の利便性のため,本節では以降,$X_i, Y_l, Z_{t,i}$ はそれぞれ対応するソース,アーク,出力過程を示す.

アーク l でのスカラ線形ネットワークコーディングは次式で示される.

$$Y_l = \sum_{k \in \mathcal{I}(o(l))} f_{k,l} Y_k + \begin{cases} \sum_i a_{i,l} X_i & \text{if } o(l) = s \\ 0 & \text{otherwise} \end{cases} \quad (2.1)$$

ただし,$a_{i,l}, f_{k,l}$ は $\mathbb{F}_q$ のスカラ要素((**ローカル**)**コーディング係数**と呼ばれる)で,コーディング演算を規定する.独立したソース過程によるマルチキャストの場合は,各シンクノード t はその出力シンボルをその入力シンボルのスカラ線形組合せで形成するだけでよいということが後にわかる.

$$Z_{t,i} = \sum_{k \in \mathcal{I}(t)} b_{t,i,k} Y_k \quad (2.2)$$

$(a_{i,l} : 1 \leq i \leq r, l \in \mathcal{A})$ と $(f_{k,l} :, l, k \in \mathcal{A})$ のコーディング係数のベクトルをそれ

それ $\mathbf{a}$ と $\mathbf{f}$ と記す．また，$(b_{t,i,k} : t \in \mathcal{T}, 1 \leq i \leq r, k \in \mathcal{A})$ のデコーディング係数のベクトルを $\mathbf{b}$ と記す．

ネットワーク内のすべてのコーディング演算は式 (2.1) の形のスカラ線形演算であるので，帰納的に，各アーク l，Y_l はソースシンボル X_i のスカラ線形関数となる．次の形の式で表される．

$$Y_l = \sum_{i=1}^{r} c_{i,l} X_i \tag{2.3}$$

ただし，係数 $c_{i,l} \in \mathbb{F}_q$ はコーディング係数 $(\mathbf{a}, \mathbf{f})$ の関数である．ベクトル

$$\mathbf{c}_l = [c_{1,l} \ldots c_{r,l}] \in \mathbb{F}_q^r,$$

はアーク l の（グローバル）コーディングベクトルと呼ばれる．これは，ネットワークの各ノードにおけるローカルなコーディング演算の効果を統合した結果として，ソースシンボルから Y_l への最終的な写像を規定する．ソースの出力アーク l のベクトルは $\mathbf{c}_l = [a_{1,l} \ldots a_{r,l}]$ である．ネットワークは巡回路無しであるので，我々はアークの番号をトポロジ的に付けることができる．すなわち各ノードにおいて，全入力アークは全出力アークに比べて小さい番号となるように[*3]，また，式 (2.1) を用いて帰納的にコーディングベクトル $\mathbf{c}_l$ を決定できる．

同様に，出力 $Z_{t,i}$ はソースシンボル X_i のスカラ線形演算である．ゆえに，各シンボル t におけるソースシンボル $\mathbf{x} = [X_1 \ldots X_r]$ から出力シンボル $\mathbf{z}_t = [Z_{t,1} \ldots Z_{t,r}]$ への対応付けは，線形な行列の方程式

$$\mathbf{z}_t = \mathbf{x} \mathbf{M}_t$$

で規定される．$\mathbf{M}_t$ は $(\mathbf{a}, \mathbf{f}, \mathbf{b})$ の関数で，行列の積として計算できる．

$$\mathbf{M}_t = \mathbf{A}(\mathbf{I} - \mathbf{F})^{-1} \mathbf{B}_t^T$$

ここで，各パラメータは次の通り．

- $\mathbf{A} = (a_{i,l})$ は $r \times |\mathcal{A}|$ 行列であり，そのゼロでない要素 $a_{i,l}$ を係数としてソースシンボル X_i を線形に組み合わせると，ソースの出力アーク l（式 (2.1)）を求めることができる．その他の全アークに対応する列はすべてゼロとなる．行列 $\mathbf{A}$ は，ソースシンボルからソース出力アークへの変換行列とみなされる．

[*3] トポロジ的な順番はグラフにより定義される部分的順番の拡張で，一般的に一意ではない．

- $\mathbf{F} = (f_{k,l})$ は $|\mathcal{A}| \times |\mathcal{A}|$ 行列であり，そのゼロでない要素 $f_{k,l}$ を係数としてノード $d(k)$ のアークシンボル Y_k と組み合わせると，出力アーク l のシンボルを求めることができる（式 (2.1)）．$d(k) \neq o(l)$ ならば $f_{k,l} = 0$ である．$n = 1, 2, \ldots$ について，$\mathbf{F}^n$ の (k,l) 番目の要素は，$(n+1)$-ホップ（またはアーク）経路による Y_k から Y_l への対応付けを与える．巡回無しネットワークを考えているので，$\mathbf{F}$ は冪零（nilpotent）である．すなわち，ある n に関して $\mathbf{F}^n = 0$ である．

$$(\mathbf{I} - \mathbf{F})^{-1} = \mathbf{I} + \mathbf{F} + \mathbf{F}^2 + \cdots$$

の (k,l) 番目の要素は，アーク k と l との間の全可能経路による Y_k から Y_l への対応付けの総計となる．ゆえに $(\mathbf{I} - \mathbf{F})^{-1}$ は，各アークからその他の全アークへの変換行列と考えられる．

- $\mathbf{B}_t = (b_{t,i,k})$ は $r \times |\mathcal{A}|$ 行列であり，そのゼロでない要素 $b_{t,i,k}$ を係数としてシンク t がその入力アーク k のシンボル Y_k を線形に組み合わせると，出力シンボル $Z_{t,i}$ を求めることができる（式 (2.2)）．その他の全アークに対応する列はすべてゼロとなる．$\mathbf{B}_t$ はシンク t におけるデコーディング演算を表す転換行列である．

$(\mathbf{a}, \mathbf{f}, \mathbf{b})$ の値，または等価的に $(\mathbf{A}, \mathbf{F}, \mathbf{B}_t : t \in \mathcal{T})$ の値は，スカラ線形ネットワークコードを規定する．スカラ線形解を求めることは，$\mathbf{A}(\mathbf{I} - \mathbf{F})^{-1}\mathbf{B}_t^T = \mathbf{I} \ \forall t \in \mathcal{T}$ となる $(\mathbf{a}, \mathbf{f}, \mathbf{b})$ の値を求めること，すなわち各シンクノードでソースシンボルが正確に復元できることと等価である．

$\mathbf{C} := \mathbf{A}(\mathbf{I} - \mathbf{F})^{-1}$ を定義すると，$\mathbf{C}$ の l 番目の列はアーク l のコーディングベクトル $\mathbf{c}_l$ の転置を与える．

スカラ線形ネットワークコーディングの数学的骨組みを展開したところで，我々はいくつかの基本的な疑問に取り組んで以降の議論を進める．

- マルチキャストネットワークコーディング問題が付与されたとき，我々はその問題が可解となる最大マルチキャストレートをどのようにして決定できるか？
- マルチキャストネットワークコーディングのルーティングに比べたスループットの増加の最大値は？
- 可解マルチキャストネットワークコーディング問題が付与されたとき，どうやって解を求めればよいのか？

2.3 ■ 可解性とスループット

2.3.1 ■ ユニキャストの場合

マルチキャスト問題の可解性 (solvability) を特徴付けるのに役立つ一歩として，ユニキャストの特別な場合，すなわち基本ネットワークモデルにおいて一つのソースノード s と一つのシンクノード t の間をレート r で通信を行う場合を取り上げる．これは，s で発生する r 個のソース過程と単一のシンク t からなるマルチキャストネットワークコード問題の縮退 (degenerate) 形とみなすことができる．

有名なポイントツーポイントコネクションの最大フロー／最小カット定理によれば，次の二つの条件は等価である．

(C1) s と t の間にレート r のフローが存在する．
(C2) s と t の間の最小カットの値は少なくとも r である[*4]．

ネットワークコーディングの構成はもう一つの等価条件を与えるが，これはたやすくマルチキャストの場合に一般化できるので，我々にとって都合のよいものである．

(C3) 転換行列 $\mathbf{M}_t$ の行列式 (determinant) は，多項式の環 (ring) $\mathbb{F}_2[\mathbf{a}, \mathbf{f}, \mathbf{b}]$ においてゼロではない．

定理 2.1：条件 (C1) と (C3) は等価である．

この定理と次の定理の証明には，以下の補題 (lemma) を用いる．

補題 2.1：f を $\mathbb{F}_2$ における変数 $x_1, x_2, \ldots, x_n$ のゼロでない多項式，d を任意の変数に関する f の最大次数とする．そのとき，$\mathbb{F}_{2^m}^n$ における $x_1, x_2, \ldots, x_n$ の値が存在し，$2^m > d$ なる任意の m に対して $f(x_1, x_2, \ldots, x_n) \neq 0$ である．

証明：f を係数が $\mathbb{F}_2[x_1]$ の要素である $x_2, \ldots, x_n$ の多項式と考える．f の係数は次数が最大 d の多項式であるので，$x_1^{2^m} - x_1$（その根が $\mathbb{F}_{2^m}$ の要素）では割り切れない．ゆえに，$x_1 = \alpha$ のときに f がゼロでないような要素 $\alpha \in \mathbb{F}_{2^m}^n$ が存在する．証明は変数についての帰納法にて完了する． □

[*4] s と t の間のカットは，$\mathcal{N}$ を $s \in \mathcal{Q}$ および $t \in \mathcal{N} \setminus \mathcal{Q}$ なる二つの集合 $\mathcal{Q}$ と $\mathcal{N} \setminus \mathcal{Q}$ に分離する．カットの値は，その始点ノードが $\mathcal{Q}$ にあり，終点ノードが $\mathcal{N} \setminus \mathcal{Q}$ にあるアークの数である．

2.3 ■可解性とスループット

定理 2.1 の証明：(C1) が成り立つとすると，s から t への r 個のアーク独立（arc-disjoint）な経路を求めるのに Ford-Fulkerson アルゴリズムを使用することができる．これは $\mathbf{M}_t = \mathbf{I}$ の場合の解に対応する．ゆえに (C3) が成り立つ．反対に (C3) が成り立つとすると，補題 2.1 から，充分に大きい有限体において $\det(\mathbf{M}_t) \neq 0$ となる $(\mathbf{a}, \mathbf{f}, \mathbf{b})$ に対する値が存在する．ゆえに $\tilde{\mathbf{B}}_t = (\mathbf{M}_t^T)^{-1} \mathbf{B}_t$ は $\mathbf{C}\tilde{\mathbf{B}}_t^T = \mathbf{I}$ を満足し，$(\mathbf{A}, \mathbf{F}, \tilde{\mathbf{B}})$ は今取り上げているネットワークコーディング問題の解となり，(C1) が成立する． □

2.3.2 ■マルチキャストの場合

マルチキャストネットワークコーディングの状態の中心的な定理は，もし一つのソースノードと各シンクノードとの間でレート r の個別通信が可能だとしたら，ネットワークコーディングを使うことにより全シンクノードへのレート r での同時マルチキャストが可能であるということである．直感的な証明は，前述のユニキャストの場合の結果を拡張することにより得られる．

定理 2.2：巡回無し遅延無しマルチキャスト問題を考える．ソースノード s から発する r 個のソース過程がシンクノードの集合 $\mathcal{T}$ から要求されている．解が存在する必要十分条件は，各シンクノード $t \in \mathcal{T}$ に対してソースノード s と t の間にレート r 個のフローが存在することである．

証明：次の一連の等価な条件による．

$\forall t \in \mathcal{T}: s$ と t の間にレート r のフローが存在する．
⇔ 多項式 $\mathbb{F}_2[\mathbf{a}, \mathbf{f}, \mathbf{b}]$ の環において，$\forall t \in \mathcal{T}$，転換行列の行列式 $\det \mathbf{M}_t$ がゼロでない．
⇔ 多項式 $\mathbb{F}_2[\mathbf{a}, \mathbf{f}, \mathbf{b}]$ の環において，$\prod_{t \in \mathcal{T}} \det \mathbf{M}_t$ がゼロでない．
⇔ $\prod_{t \in \mathcal{T}} \det \mathbf{M}_t$ がゼロでない値に評価される十分大きい有限体において，$(\mathbf{a}, \mathbf{f}, \mathbf{b})$ に対応する値が存在する．これは，解 $(\mathbf{a}, \mathbf{f}, \mathbf{b}')$ に相当する．なぜなら，各シンク t は出力値 $\mathbf{z}_t$ の対応するベクトルに $\mathbf{M}^{-1}$ をかけることにより，ソースの値 x を復元することができるからである．

ただし，最初のステップは各シンクに定理 2.1 を適用することによって得られ，最後のステップは補題 2.1 から得られる． □

系 2.1：最大マルチキャストレートは，ソースノードと各シンクノードの間の最小カットにおける全シンクノードに対する値の中の最小値である．

2.3.3 ■複数ソースノードからのマルチキャスト

一つのソースノードからのマルチキャストの場合に展開した解析は，複数のソースノードから同じシンクノードの集合に向けたマルチキャストの場合にもそのまま一般化できる．グラフ $(\mathcal{N}, \mathcal{A})$ 上の複数ソースマルチキャスト問題を考える．ここでは，各ソース過程 $X_i, i = 1, \ldots, r$，は一つの共通のソースノードから発せられるのではなく，（異なる場合もある）ソースノード $s_i \in \mathcal{N}$ から発せられる．

一つの取組み方は，$a_{i,l}$ がゼロでない値をとることを X_i が $o(l)$ の場合に限って許容することである．すなわち，式 (2.1) を次式と入れ替える．

$$Y_l = \sum_{i: o(l)=s_i} a_{i,l} X_i + \sum_{k \in \mathcal{I}(o(l))} f_{k,l} Y_k \tag{2.4}$$

もう一つの方法は，複数ソースマルチキャスト問題を同等の単一ソースマルチキャスト問題に変換することである．すなわち，$\mathcal{N}$ に r 個のソース過程が発せられる仮想ソースノード s を追加し，$\mathcal{A}$ に各ソース過程のための X_i 仮想アーク (s, s_i) を追加する．そうすることで，単一ソースノードの場合と似たような解析を行うことにより，定理 2.2 の複数ソース相当のものを得ることができる．

定理 2.3：r 個のソース過程 $X_i, i = 1, \ldots, r$ がそれぞれソースノード $s_i \in \mathcal{N}$ から発せられ，シンクノードの集合 $\mathcal{T}$ から要求されている，グラフ $\mathcal{G} = (\mathcal{N}, \mathcal{A})$ 上で巡回無し遅延無しマルチキャスト問題を考える．各シンクノード $t \in \mathcal{T}$ およびソースノードの各部分集合 $\mathcal{S} \subset \{s_i : i = 1, \ldots, r\}$ に対して，$\mathcal{S}$ と t の間の最大フロー／最小カットが $|\mathcal{S}|$ 以上であることが解が存在する必要十分条件である．

証明：$\mathcal{N}$ に仮想ソースノード s を追加し，$\mathcal{A}$ に各ソース過程 X_i のための仮想アーク (s, s_i) を追加したものを $\mathcal{G}'$ とする．$\mathcal{G}'$ における単一ソースマルチキャスト問題に相当するものに定理 2.2 を適用する．任意の $s \in \mathcal{Q}, t \in \mathcal{N} \setminus \mathcal{Q}$ なるカット $\mathcal{Q}$ に対して，$\mathcal{S}(\mathcal{Q}) = \mathcal{Q} \cap \{s_i : 1, \ldots, r\}$ を $\mathcal{Q}$ 内の実際のソースノードの部分集合とする．$\mathcal{G}'$ 内のカット $\mathcal{Q}$ の値が少なくとも r となる条件は，$\mathcal{G}$ 内のカット $\mathcal{S}(\mathcal{Q})$ の値が少なくとも $|\mathcal{S}(\mathcal{Q})|$ となる条件と等価である．なぜならば，s から $\mathcal{Q}$ の中にない実際のソースノードへのカット $\mathcal{Q}$ を横切る $r - |\mathcal{S}(\mathcal{Q})|$ 個の仮想アークがあるからである．□

2.3.4 ■最大スループットの特長

ネットワークグラフ $(\mathcal{N}, \mathcal{A})$ およびアーク容量 $\mathbf{z} = (z_l : l \in \mathcal{A})$, ソースノード $s \in \mathcal{N}$, シンクノード $\mathcal{T} \subset \mathcal{N} \setminus s$ が付与された場合に, ネットワークコーディングがルーティングに比べてどれだけマルチキャストスループットの点で優れているかは, ネットワークコーディングを使用した場合としない場合のマルチキャスト容量(capacity)の比で定義される. ネットワークコーディング使用時の最大容量は, 最大フロー/最小カット条件で与えられる(系 2.1 による). ネットワークコーディング不使用時の最大容量は, シュタイナー部分木(fractional Steiner tree)のパック数(packing number)と等しい. これは次の線形計画で与えられる.

$$\max_u \sum_{k \in \mathcal{K}} u_k$$
$$\text{subject to} \sum_{k \in \mathcal{K}: l \in k} u_k \leq z_l \ \forall l \in \mathcal{A} \quad (2.5)$$
$$u_k \geq 0 \ \forall k \in \mathcal{K}$$

ただし, $\mathcal{K}$ はネットワーク内のすべての可能なシュタイナー木, u_k は木 $k \in \mathcal{K}$ におけるフローレートである.

与えられた有向ネットワークにおいて, ネットワークコーディングのルーティングに対するマルチキャストスループットの優位性の最大値は, 最小荷重有向シュタイナー木の線形計画緩和(relaxation)の整数ギャップに等しいことが参考文献 [2] に示されている. 特にネットワーク $(\mathcal{N}, \mathcal{A}, s, \mathcal{T})$ で, アーク荷重 $\mathbf{w} = (w_l : l \in \mathcal{A})$ の場合を考える. 最小荷重シュタイナー木問題は次の整数問題として定式化できる.

$$\min_a \sum_{l \in \mathcal{A}} w_l a_l$$
$$\text{subject to} \sum_{l \in \Gamma_+(\mathcal{Q})} a_l \geq 1 \ \forall \mathcal{Q} \in \mathcal{C} \quad (2.6)$$
$$a_l \in \{0, 1\} \ \forall l \in \mathcal{A}$$

ただし, $C := \{\mathcal{Q} \subset \mathcal{N} : s \in \mathcal{Q}, \mathcal{T} \not\subset \mathcal{Q}\}$ は, ソースと少なくとも一つのシンクの間の全カットの集合を示す. また, $\Gamma_+(\mathcal{Q}) := \{(i, j) : i \in \mathcal{Q}, j \notin \mathcal{Q}\}$ はカット $\mathcal{Q}$ の前方アークの集合を示し, a_l はアーク l がシュタイナー木に含まれるか否かを指定する指標(indicator)関数である. この整数問題には, 整数制限 $a_l \in \{0, 1\}$ を線形制限 $0 \leq a_l \leq 1$ と入れ替えることにより得られる整数緩和がある.

定理 2.4：所与のネットワーク $(\mathcal{N},\mathcal{A},s,\mathcal{T})$ に対して，
$$\max_{\mathbf{z}\geq 0}\frac{M_c(\mathcal{N},\mathcal{A},s,\mathcal{T},\mathbf{z})}{M_r(\mathcal{N},\mathcal{A},s,\mathcal{T},\mathbf{z})}=\max_{\mathbf{w}\geq 0}\frac{W_{IP}(\mathcal{N},\mathcal{A},s,\mathcal{T},\mathbf{w})}{W_{LP}(\mathcal{N},\mathcal{A},s,\mathcal{T},\mathbf{w})}$$

ただし，$M_c(\mathcal{N},\mathcal{A},s,\mathcal{T},\mathbf{z})$ と $M_r(\mathcal{N},\mathcal{A},s,\mathcal{T},\mathbf{z})$ は，それぞれネットワークコーディング有りと無しの場合のマルチキャスト容量を示す（アーク容量z）．また，$W_{IP}(\mathcal{N},\mathcal{A},s,\mathcal{T},\mathbf{w})$ と $W_{LP}(\mathcal{N},\mathcal{A},s,\mathcal{T},\mathbf{w})$ は，それぞれ整数問題 (2.6) の最適値とその線形緩和を示す．

整数性ギャップ $\max_{\mathbf{w}\geq 0}\frac{W_{IP}(\mathcal{N},\mathcal{A},s,\mathcal{T},\mathbf{w})}{W_{LP}(\mathcal{N},\mathcal{A},s,\mathcal{T},\mathbf{w})}$ の最大値の決定は，情報科学の長い間の未解決問題である．この整数化ギャップの既知の下限値から，シンクノードが n 個のネットワークのネットワークコーディングのマルチキャストスループット優位性が $\Omega((\log n/\log\log n)^2)$ となりうることがわかる．無向ネットワークの場合は，コーディングと無向シュタイナー木問題の双方向カット緩和の整数化ギャップとの間の最大マルチキャストスループット優位性に類似の対応がある．詳細に興味のある読者は参考文献の [2] を参照．

2.4 マルチキャストネットワークコード構成

続いて，次の質問を取り上げる．可解なマルチキャストネットワークコーディング問題を与えられたとき，どのように解を構成するのだろうか？ここで我々が取り上げているのは一つのマルチキャストセッション，すなわち全シンクノードが同じ情報を要求している場合であることを思い出して欲しい．モデルとなる所与のグラフでは，アークは全容量をこのマルチキャストセッションをサポートするためにささげている．一つのネットワークを共有している複数のセッションがある場合，セッション内ネットワークコーディングの可能な方法の一つは，まず各セッションに**サブグラフ**と呼ばれる元のネットワークの部分集合を割り当て，次に本節で示す手法を適用して，各セッションが自分に割り当てられたサブグラフでコードを構成する方法である．サブグラフ選定の方法は第 5 章で述べる．

2.4.1 集中管理多項式時間構成

次の可解なマルチキャストネットワークコーディング問題を考える．巡回路無しネットワークで，r 個のソース過程と $d=|\mathcal{T}|$ 個のシンクノードがあるとする．次の集中管理アルゴリズムは多項式時間で，有限体 $\mathbb{F}_q(q\geq d)$ 上の解を構成する．

アルゴリズムの主要部とアイディアは以下の通り．

- アルゴリズムは，まず r 個のアーク独立 (arc-disjoint) な経路 $\mathcal{P}_{t,1}, \ldots, \mathcal{P}_{t,r}$ を，ソース s から各シンク $t \in \mathcal{T}$ に向けて見つける．$\mathcal{A}' \subset \mathcal{A}$ をこれらの経路の和の中のアークの集合とする．定理 2.2 から，$\mathcal{A}'$ 内のアークからなるサブグラフがあれば，要求されているマルチキャスト通信を行うには十分である．ゆえに，他のすべてのアークのコーディング係数をゼロに設定することができる．

- アルゴリズムは以下の性質を不変に保ちながら，$\mathcal{A}'$ 内のアーク s のコーディング係数をトポロジ的な順番で設定する．各シンク t に対して，集合 $\mathcal{S}_t$ 内のアーク l のコーディングベクトル $\mathbf{c}_l$ は，$\mathbb{F}_q^r$ の基底 (basis) を形成する．ただし，$\mathcal{S}_t$ は経路 $\mathcal{P}_{t,1}, \ldots, \mathcal{P}_{t,r}$ の各々の経路中のアークのうち，そのコーディング係数が一番最近に設定されたものから構成される．この不変の性質の初期設定は一つの仮想ソースノード s' および s' から s への r 個の仮想アークで，線形独立なコーディングベクトル $[\mathbf{0}^{i-1}, 1, \mathbf{0}^{r-i}], i = 1, \ldots, r$ を付け加えることにより得られる．ただし，$\mathbf{0}_j$ は長さ j の全ゼロ行ベクトルを表す．不変性質は，最終的には各シンクが r 個の線形独立な入力を持つことを保証する．

- コーディング係数の効率的な選定を容易にするために，アルゴリズムは各シンク t およびアーク $l \in \mathcal{S}_t$ に対し，条件

$$\mathbf{d}_t(l) \cdot \mathbf{c}_k = \delta_{l,k} \quad \forall l, k \in \mathcal{S}_t$$

を満たす $\mathbf{d}_t(l)$ を維持する．ただし

$$\delta_{l,k} := \begin{cases} 1, & l = k, \\ 0, & l \neq k. \end{cases}$$

この条件により，$\mathbf{d}_t(l)$ は $\mathcal{S}_t$ 内の l 以外のアークのコーディングベクトルが張る部分空間に直交している．ベクトル $v \in \mathbb{F}_q^r$ がベクトル $\{\mathbf{c}_k : k \neq l, k \in \mathcal{S}_t\}$ と線形独立であることの必要十分条件が $\mathbf{v} \cdot \mathbf{d}_t(l) \neq 0$ であることを思い出して欲しい．これは，v を $\{\mathbf{c}_k : k \in \mathcal{S}_t\}$ に対応する基底で $\mathbf{v} = \sum_{k \in \mathcal{S}_t} b_k \mathbf{c}_k$ と表現し，次のように書けることからわかる．

$$\mathbf{v} \cdot \mathbf{d}_t(l) = \sum_{k \in \mathcal{S}_t} b_k \mathbf{c}_k \cdot \mathbf{d}_t(l) = b_l$$

- 経路 $\mathcal{P}_{t,i}$ 上のアーク l に対し，$\mathcal{P}_{t,i}$ 上の l の直前のアークを $p_t(l)$ と記し，アーク l がいずれかの経路 $\mathcal{P}_{t,i}$ に入っているようなシンク t の集合を $\mathcal{T}(l)$ と記す．上の不変な性質を満たすために，各アーク l のコーディング係数は，コーディング

ベクトル $\mathbf{c}_l$ がすべての $t \in \mathcal{T}(l)$ について $\mathcal{S}_t \setminus \{p_t(l)\}$ 内の全アークのコーディングベクトルと線形独立となるように選択される．または，これと等価な選択の条件は以下の通り．

$$\mathbf{c}_l \cdot \mathbf{d}_t(P_t(l)) \neq 0 \quad \forall t \in \mathcal{T}(l) \tag{2.7}$$

これは，l のランダムコーディング係数を条件 (2.7) が満たされるまで繰り返し選択することにより実現できる．もう一つの確定的な方法は，以下の補題 2.2 をベクトル対の集合 $\{(\mathbf{c}_{p_t(l)}, \mathbf{d}_t(p_t(l))) : t \in |\mathcal{T}(l)|\}$ に適用することである．

補題 2.2：$n \leq q$ とする．$\mathbf{x}_i \cdot \mathbf{y}_i \neq 0 \quad \forall i$ なる変数対の集合 $\{(\mathbf{x}_i, \mathbf{y}_i) \in \mathbb{F}_q^r \times \mathbb{F}_q^r : 1 \leq i \leq n\}$ に対し，$O(n^2 r)$ 回で，$\mathbf{x}_1, \ldots, \mathbf{x}_n$ の線形結合において $\mathbf{u}_n \cdot \mathbf{y}_i \neq 0 \quad \forall i$ なるベクトル $\mathbf{u}_n$ を見つけることができる．

証明：これは次の帰納的手順による．まず，$\mathbf{u}_i \cdot \mathbf{y}_l \neq 0 \quad \forall 1 \leq l \leq i \leq n$ となるベクトル $\mathbf{u}_1, \ldots, \mathbf{u}_n$ を構成し，$\mathbf{u}_1 := \mathbf{x}_1$ を設定する．$\mathcal{H}$ を $\mathbb{F}_q$ の n 個の異なる要素からなる集合とする．$i = 1, \ldots, n-1$ に対して，もし $\mathbf{u}_i \cdot \mathbf{y}_i + 1 \neq 0$ ならば $\mathbf{u}_i + 1 := \mathbf{u}_i$ と設定し，その他の場合は $\mathbf{u}_i + 1 := \alpha \mathbf{u}_i + \mathbf{x}_i + 1$ と設定する．ただし α は

$$\mathcal{H} \setminus \{-(\mathbf{x}_i + 1 \cdot \mathbf{y}_l)/(\mathbf{u}_i \cdot \mathbf{y}_l) : l < i\}$$

内の任意の要素であり，この集合は $|\mathcal{H}| > i$ であるので空でない．これにより以下が保証される．

$$\begin{aligned}
\mathbf{u}_i + 1 \cdot \mathbf{y}_l &= \alpha \mathbf{u}_i \cdot \mathbf{y}_l + \mathbf{x}_i + 1 \cdot \mathbf{y}_l \neq 0 \quad \forall l \leq i, \\
\mathbf{u}_i + 1 \cdot \mathbf{y}_i + 1 &= \mathbf{x}_i + 1 \cdot \mathbf{y}_i + 1 \neq 0.
\end{aligned}$$

各内積は長さ r のベクトルに関係しているので，$O(r)$ 回で見つけられる．各 $\mathbf{u}_i$ は $O(nr)$ 回で，$\mathbf{u}_1, \ldots, \mathbf{u}_n$ は $O(n^2 r)$ 回で見つけられる． $\square$

完全なネットワークコーディング構成アルゴリズムをアルゴリズム 1 に示す．ステップ A の最後で $\mathbf{c}_k \cdot \mathbf{d}'_t(l) = \delta_{k,l} \forall k, l \in \mathcal{S}'_t$ を検証するのは素直な方法である．

アルゴリズム 1: マルチキャスト線形ネットワークコーディング用集中管理多項式時間アルゴリズム構成
Input: $\mathcal{N}, \mathcal{A}, s, \mathcal{T}, r$
$\mathcal{N} := \mathcal{N} \cup \{s'\}$

$\mathcal{A} := \mathcal{A} \cup \{l_1, ..., l_r\}$，ただし $i = 1, ..., r$ に対し $o(l_i) = s'$, $d(l_i) = s$.
各シンク $t \in \mathcal{T}$ に対し，r 個のアーク独立（arc-disjoint）な経路 $\mathcal{P}_{t,1}, ..., \mathcal{P}_{t,r}$ を s' から t に向けて見つける．
有限体の大きさ $q = 2^m \geq |\mathcal{T}|$ を選択
for each $i = 1, ..., r$ **do** $\mathbf{c}_l i := [\mathbf{0}^{i-1}, 1, \mathbf{0}^{r-i}]$
for each $t \in \mathcal{T}$ **do**
    $\mathcal{S}_t := \{l_1, ..., l_r\}$
    for each $l \in \mathcal{S}_t$ **do** $\mathbf{d}_t(l) := \mathbf{c}_l$
for each $k \in \mathcal{A} \setminus \{l_1, ..., l_r\}$（トポロジ的順番に）**do**
    ランダム試行の繰返し，または補題 2.2 の手順を $\{(\mathbf{c}_{p_t(k)}, \mathbf{d}_{t(p_t(k))}) : t \in \mathcal{T}(k)\}$ に施すことにより，$\mathbf{c}_k = \sum_{k' \in Pt(k) : t \in \mathcal{T}(k)} f_{k',k} \mathbf{c}_{k'}$ を $\mathbf{c}_k$ が各 $t \in \mathcal{T}(k)$ について $\mathbf{c}'_k : k' \in \mathcal{S}_t\{p_t(k)\}$ と線形独立になるように選択する．
    for each $t \in \mathcal{T}(k)$ **do**
        $\mathcal{S}'_t := \{k\} \cup \mathcal{S}_t \setminus \{p_t(k)\}$
        $\mathbf{d}'_t(k) := (\mathbf{c}_k \cdot \mathbf{d}_t(p_t(k)))^{-1} \mathbf{d}_t(p_t(k))$
        for each $k' \in \mathcal{S}_t \setminus \{p_t(k)\}$ **do**
        $\mathbf{d}'_t(k') := \mathbf{d}_t(k') - (\mathbf{c}_k \cdot \mathbf{d}_t(k')) \mathbf{d}'_t(k)$
        $(\mathcal{S}_t, \mathbf{d}_t) := (\mathcal{S}'_t, \mathbf{d}'_t)$
return f

定理 2.5：r 個のソース過程と d 個のシンクノードがある巡回路無しネットワークにおける可解なマルチキャストネットワークコーディング問題では，アルゴリズム 1 が $O(|A|dr(r+d))$ 回で確定的に一つの解を構成する．

証明：完全な証明は文献 [70] 参照   □

系 2.2：d 個のシンクノードがある巡回路無しネットワークにおけるマルチキャストネットワークコーディング問題は，大きさ $q \geq d$ の有限体で十分である．

2 個のソース過程の場合は，より厳しい境界である $q \geq \sqrt{2d - 7/4} + 1/2$ が参考文献 [44] に示されている．これは彩色問題の手法による．

2.4.2 ■ランダム線形ネットワークコーディング

高い確率で解を見つける一つの単純な方法は，コーディング係数 $(\mathbf{a}, \mathbf{f})$ を独立に，十分に大きい有限体からランダムに選択することである．

$(\mathbf{a}, \mathbf{f})$ の値は，ネットワークの各アーク l ($\mathbf{C} = \mathbf{A}(\mathbf{I} - \mathbf{F})^{-1}$ の l 番目の列と等しい) に対するコーディングベクトル $\mathbf{c}_l$ の値を決定する．

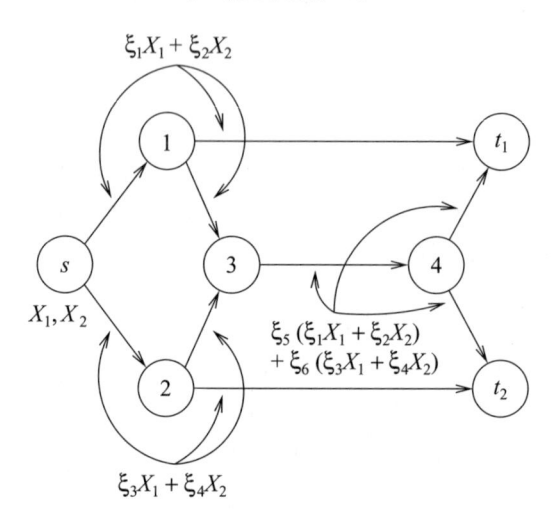

図 2.1 ランダム線形ネットワークコーディングの例．X_1 と X_2 はソース過程であり，受信機に向けてマルチキャストされている．係数 ξ_i はランダムに選択された有限体の要素である．各アークのラベルはそのアークで伝送されている過程を表す．許可を得て [62] から再掲．

必ずしも，常にすべてのアークにランダムコーディングを施さなくてはならないというわけではない．例えば我々の損失無しネットワークモデルでは，入力が一つのノードは図 2.1 のように単純な転送を行うこともできる．あるいは前節のアルゴリズムのように，ソースから各シンクへの r 個の独立経路を見つけたとすれば，コーディングを行うのは異なるシンクへ向けた二つ以上の経路が合流するアークにおいてのみに限定することもできる．我々は適切なマルチキャスト問題において，η 個のアークにおけるランダムネットワークコーディングが解を生み出す確率を評価する．

定理 2.2 の証明から，可解なマルチキャスト問題において変換行列式 (transfer matrix determinants) の積 $\prod_{t \in \mathcal{T}} \det(\mathbf{A}(\mathbf{I} - \mathbf{F})^{-1}\mathbf{B}_t^T)$ は，多項式 $\mathbb{F}_2[\mathbf{a}, \mathbf{f}, \mathbf{b}]$ の環上でゼロでないことを思い出してほしい．$\mathbf{B}_t^T$ の唯一の非ゼロ行はシンク t の入力アークに対応しているものであるので，$\mathbf{A}(\mathbf{I} - \mathbf{F})^{-1}\mathbf{B}_t^T$ が非特異 (nonsingular) であるのは t が

互いに独立なコーディングベクトルを持つ r 個の入力アークによる集合 $\mathcal{J}_t \subset \mathcal{I}(t)$ を有する場合に限る．これは言い換えると，$\mathcal{J}_t$ に対応する $\mathbf{C}$ の r 個の列から形成される部分行列 $\mathbf{C}_{\mathcal{J}_t}$ が特異な場合である．すると各シンク t は，対応する B_t の部分行列を $\mathbf{C}_{\mathcal{J}_t}^{-1}$ と設定することにより復号することができ，$\mathbf{M}_t = \mathbf{I}$ となる．

ランダムコーディングが解を持つ確率の下限値（lower bound）を求めるには，各シンク t に対して集合 $\mathcal{J}_t$ があらかじめ決められていて，他の入力があったとしても復号には使用されないと仮定する．すると解は，$(\mathbf{a}, \mathbf{f})$ の値で次の条件

$$\psi(\mathbf{a}, \mathbf{f}) = \prod_{t \in \mathcal{T}} \det \mathbf{C}_{\mathcal{J}_t} \tag{2.8}$$

がゼロでないことを満たすものに対応する．Schwartz-Zippel 定理（例えば [102] 参照）によれば，$\mathbb{F}_2[x_1, \ldots, x_n]$ における任意の非ゼロ多項式に対し，変数 $x_1, \ldots, x_n$ の値を $\mathbb{F}_{2^m}$ から独立かつ均一にランダムに選択することにより，少なくとも $1 - d/2^m$ の確率で多項式はゼロでない値をとる．ただし，d は多項式の総次数である．この定理を多項式 $\psi(\mathbf{a}, \mathbf{f})$ に適用するためには，その総次数に上限が必要である．我々は各変数の次数をさらに制限することにより，より厳しい上限を得ることができる．

これらの次数の上限は，次の補題から求められる．次の補題は，転換行列 $\mathbf{M}_t = \mathbf{A}(\mathbf{I} - \mathbf{F})^{-1}\mathbf{B}_t^T$ の行列式をよりわかりやすい形で関係する行列

$$\mathbf{N}_t = \begin{bmatrix} \mathbf{A} & \mathbf{0} \\ \mathbf{I} - \mathbf{F} & \mathbf{B}_t^T \end{bmatrix} \tag{2.9}$$

に関して表したものである．

補題 2.3：巡回路無し，遅延無しのネットワークにおいて，受信機 t の転換行列 $\mathbf{M}_t = \mathbf{A}(\mathbf{I} - \mathbf{F})^{-1}\mathbf{B}_t^T$ の行列式は

$$\det \mathbf{M}_t = (-1)^{r(|\mathcal{A}|+1)} \det \mathbf{N}_t$$

と等しい．

証明：

$$\begin{bmatrix} \mathbf{I} & -\mathbf{A}(\mathbf{I}-\mathbf{F})^{-1} \\ \mathbf{0} & \mathbf{I} \end{bmatrix} \begin{bmatrix} \mathbf{A} & \mathbf{0} \\ \mathbf{I}-\mathbf{F} & \mathbf{B}_t^T \end{bmatrix} = \begin{bmatrix} \mathbf{0} & -\mathbf{A}(\mathbf{I}-\mathbf{F})^{-1}\mathbf{B}_t^T \\ \mathbf{I}-\mathbf{F} & \mathbf{B}_t^T \end{bmatrix}$$

であることを思い出して欲しい. $\begin{bmatrix} \mathbf{I} & -\mathbf{A}(\mathbf{I}-\mathbf{F})^{-1} \\ \mathbf{0} & \mathbf{I} \end{bmatrix}$ の行列式は 1 であるので,

$$\begin{aligned}
\det \begin{bmatrix} \mathbf{A} & \mathbf{0} \\ \mathbf{I} & -\mathbf{F}\mathbf{B}_t^T \end{bmatrix} &= \det \begin{bmatrix} \mathbf{0} & -\mathbf{A}(\mathbf{I}-\mathbf{F})^{-1}\mathbf{B}_t^T \\ \mathbf{I}-\mathbf{F} & \mathbf{B}_t^T \end{bmatrix} \\
&= (-1)^{r|\mathcal{A}|} \det \begin{bmatrix} -\mathbf{A}(\mathbf{I}-\mathbf{F})^{-1}\mathbf{B}_t^T & \mathbf{0} \\ \mathbf{B}_t^T & \mathbf{I}-\mathbf{F} \end{bmatrix} \\
&= (-1)^{r|\mathcal{A}|} \det(-\mathbf{A}(\mathbf{I}-\mathbf{F})^{-1}\mathbf{B}_t^T) \det(\mathbf{I}-\mathbf{F}) \\
&= (-1)^{r(|\mathcal{A}|+1)} \det(\mathbf{A}(\mathbf{I}-\mathbf{F})^{-1}\mathbf{B}_t^T) \det(\mathbf{I}-\mathbf{F})
\end{aligned}$$

$\mathbf{F}$ は対角線の上三角がゼロであり, $\det(\mathbf{I}-\mathbf{F}) = 1$ となることから結果が得られる.

□

この補題は, (コード化されていない) ネットワークフローと二部マッチング (bipartite matching) を結びつける伝統的な結果の一般化とみなすことができる. グラフ $\mathcal{G} = (\mathcal{N}, \mathcal{A})$ における大きさ r のフロー $s-t$ の実現可能性をチェックする問題は, 次の二部グラフを構成することにより二部マッチング問題に帰着できる. 二部グラフの一つのノード集合は, 各アーク $l \in \mathcal{A}$ に対応する r 個のノード $u_1, \ldots, u_r$ とノード $v_{l,1}$ を有する. 二部グラフのもう一つのノード集合は, 各アーク $l \in \mathcal{A}$ に対応する r 個のノード $w_1, \ldots, w_r$ とノード $v_{l,2}$ を有する. この二部グラフは以下のものを有する.

- $o(l) = s$ となるように各ノード u_i を各ノード $v_{l,1}$ と結び付けるアーク (ソース s の出力リンクに対応して)
- 全 $l \in \mathbf{A}$ に対し, ノード $v_{l,1}$ を対応するノード $v_{l,2}$ と結び付けるアーク
- $d(l) = o(j)$ であるような各対 $(l,j) \in \mathcal{A} \times \mathcal{A}$ に対して, ノード $v_{l,2}$ を $v_{j,1}$ に接続するアーク (入力リンクに対応して)
- $d(l) = t$ となるように, 各ノード w_i を各ノード $v_{l,2}$ に接続するアーク (シンク t の入力リンクに対応して)

$s-t$ 個のフローが実行可能であることの必要十分条件は, 二部グラフが完全マッチングを有していることである. 式 (2.9) で定義されている行列 $\mathbf{N}_t$ は, 二部グラフが完全マッチングを有するかどうかをチェックするのに使用される Edmonds 行列 (例えば [102] 参照) のネットワークコーディングによる一般化とみなすことができる.

各コーディング係数は $\mathbf{N}_t$ の唯一つの要素内にのみ現れるので，行列式の完全展開（complete expansion）[*5]を用いることにより，次の補題に示すように簡単に $\det \mathbf{N}_t$ の次数上限値を得ることができる．

補題 2.4：η 個のアーク l がランダムに選ばれたコーディング係数 $a_{i,l}$ および/または $f_{k,l}$ を結合しているランダムネットワークコードを考える．N_t の行列式は確率変数 $\{a_{i,l}, f_{k,l}\}$ で最高次数 η を取り，これらの変数の各々において線形である．

証明：アーク l に対応する変数 $a_{i,l}, f_{k,l}$ の各々は，N_t の列 l でただ一回だけ現れる．ゆえに，ランダム係数で結合されているアークに対応する η 個の列のみが変数の項を含む．N_t の行列式は，$r + |\mathcal{A}|$ 個の要素の積の和として書くことができる．このそれぞれの要素は異なる列（および行）に属している．このような積の各々は各変数 $a_{i,l}, f_{k,l}$ について線形であり，これらの変数についての次数は最大 η である．□

$\det \mathbf{C}_{\mathfrak{I}_t}$ がある $\mathbf{b}_t$ に関して，$\det \mathbf{M}_t$ と等しいことに注意して欲しい[*6]．また，補題 2.3 および 2.4 を使用すると，ランダムに選択されたコーディング係数において $\psi(\mathbf{a}, \mathbf{f})$（式 (2.8) で定義）の総次数の最大値は $d\eta$ となり，各コーディング係数の最大次数は d である．ただし，η はコーディング係数がランダムに選択された場合のアークの数，d はシンクノード数である．

定理 2.6：シンクノードが d 個のマルチキャスト問題とネットワークコードを考える．このネットワークコードでは，いくつかのまたはすべてのコーディング係数 $(\mathbf{a}, \mathbf{f})$ は有限体 $\mathbb{F}_q$ からランダムかつ均一に選択される（ただし $q > d$）．残りのコーディング係数があるとすれば，固定されている．もしこの固定されたコーディング係数におけるマルチキャスト問題に解が存在するとしたら，ランダムネットワークコードが解を出す確率は少なくとも $(1 - d/q)^\eta$ となる．ただし，η はランダムコーディング係数 $a_{i,l}, f_{k,l}$ で結合されているアーク l の数である．

証明：付録 2.A を参照． □

定理 2.6 の限界は最悪の場合の値であり，d 個のシンクノードと η 個のリンクと対応するランダムコーディング係数を備えるすべてのネットワークに適用する．多くのネットワークにおいて，解を得られる実際の確率はもっと高い．より厳しい限界値は，ネッ

[*5]行列式を定義通りに展開した式
[*6]ただし，$\mathbf{B}_t$ は t における $\mathfrak{I}_t$ 内のアークから出力への単位写像（mapping）．

トワーク構成の他の条件を考慮することにより得られる．例えば，ネットワーク内により多くの冗長容量を持てば，ランダム線形コードが有効となる確率は増加する [59].

本章の以降の部分では，我々の基本ネットワークモデルおよび損失無しマルチキャスト問題をいくつかの方向に拡張する．すなわち，静的なソースおよびアーク過程から時間変動のあるパケットネットワークへ，巡回路無しネットワークから巡回路有りへ，独立したソース過程から相関のある過程への拡張である．

2.5 ■ パケットネットワーク

2.2 節のスカラ線形ネットワークコードの代数的記述は，2.1 節の理想化された静的なネットワークモデルのために導出されたものであるが，時間によって変化するネットワークにおける有限バッチ（生成）伝送の場合にもそのまま適用できる．この時間変化ネットワークでは，各パケットごとに異なるルーティングやコーディング処理を施される可能性もある

ソースメッセージは，r 個の外来ソースパケットの一群（batch）から構成されているとする．ノード v から送信される各パケットは，1 個以上の構成パケットの線形組合せで形成される．構成要素のパケットは，v を源とするソースパケットまたは前もって v が受信しておいたパケットである．マルチキャスト問題における目的は，各シンクで r 個のソースパケットを再生することである．

有限体 $\mathbb{F}_q$ のスカラ線形ネットワークコーディングでは，各パケットのビットは長さ m のベクトルにグループ化され，このベクトルは $\mathbb{F}_q$ のシンボルと見ることができる（$q=2^m$）．そこで，各パケットを $\mathbb{F}_q$ のシンボルの一ベクトルと考えることができる．このようなベクトルを**パケットベクトル**と呼ぶ．

ソースパケットおよび伝送されたパケットをそれぞれ静的ネットワークモデルのソース過程およびアーク過程と類似（analogous）なものと考えることができる．伝送されたパケットの k 個目のシンボルは，それを構成する各パケットごとの k 個目のシンボルのスカラ線形関数であり，この関数はすべての k に対して同じである．これは，アーク過程 Y_l を静的モデルのノード $o(l)$ の一つ以上の入力過程の線形組合せとして形成したものと類似である．

パケット伝送のシーケンス $\mathcal{S}$ が与えられたとき，対応する静的ネットワーク $\mathcal{G}$ を考えることができる．$\mathcal{G}$ は，$\mathcal{S}$ と同じノード集合および $\mathcal{S}$ での伝送に対応するアークを有する．ただし，$\mathcal{S}$ 内のノード v から w へ伝送される各パケット p に対し，$\mathcal{G}$ は 1 個の単位容量アーク $\bar{p}$ を有しており，v から w へ向いている．ノード v から伝送された

各パケット p がシーケンス内でそれ以前に v が受信していたパケットのみの線形組合せとなることの因果条件は，対応する $\mathcal{G}$ 内の $\tilde{p}$ の入力となり得る v の入力の部分集合上での制約に翻訳できる．これは，2.2 節における我々の以前の仮定，すなわちノード v の各入力は v の各出力アークの入力であるという仮定から離れるものである．アーク k がアーク l の入力アークではないという制約は，コーディング係数 $f_{k,l}$ をゼロに設定するものと等価である．このような制約は，**線グラフ**（line graph）を用いて便利に特定できる．$\mathcal{G}$ の線グラフ $\mathcal{G}'$ は，$\mathcal{G}$ の各アーク l に対し 1 ノード w_l を有し，もし w_k が w_l の入力であればアーク (w_k, w_l) を含む．

2.5.1 ■パケットネットワークのための分散ランダム線形ネットワークコーディング

2.5.1.1 コーディングベクトルによる方法

2.4.2 節のランダム線形ネットワークコーディングの方法は，時間により変化するパケットネットワークのための実用的な分散マルチキャスト技術の基礎を形成する．この方法をパケットネットワークモデルに適用することにより，ノード v により送信される各パケットは，v でそれまでに受信したパケットおよび v で生成されたソースパケットの独立したランダム線形組合せとなる．これらの線形組合せの係数は有限体 $\mathbb{F}_q$ から一様分散にて選択され，同じ線形演算が一パケット内の各シンボルに適用される．

分散設定では，ネットワークノードは独立にランダムコーディング係数を選択し，この係数がネットワークコードやシンクにおいて対応する復号関数を決定する．幸運なことに，シンクノードがどの復号関数を使えばいいかを知るためにこれらの係数のすべてを知る必要はない．シンクは，ソースパケットから自分が受信したパケットまでの線形変換の総計を知っていれば十分である．線形モデルの場合のように，ソースパケットからパケット p までの線形変換の総計は p の（広域（global））コーディングベクトルと呼ばれる．

この情報をシンボルに搬送する便利な方法がある．試験音（pilot tone）を使用したりインパルス応答を見つけたりするのと似たような方法である．添字が $i = 1, 2, \ldots, r$ のソースパケットのひとかたまり（batch）に対し，i 番目のソースパケットのヘッダにそのコーディングベクトルを付け加える．そのコーディングベクトルは，長さ r の単位ベクトル $[0 \ldots 0\ 1\ 0 \ldots 0]$ である．ここでは，i 番目の位置の要素だけがゼロではない．一つのコーディング演算により順次形成される各パケットに対し，同じコーディング演算が，そのコーディングベクトルの各シンボルとパケットのデータシンボ

ルとに施される．ゆえに，各パケットヘッダがそのパケットのコーディングベクトルを含む．

一つのシンクノードは，r個の線形独立なパケットを受信したとき，そのバッチ全体を復号できる．それらのコーディングベクトルは，ソースパケットから受信されたパケットへの転換行列の列を形成する．この行列の逆行列に相当する転換を受信パケットに施すことにより，元のソースパケットを復元することができる．復号の他の方法として，一つずつガウス消去法（Gaussian elimination）を行うこともできる．

各コーディングベクトルの長さは$r \log q$ビットであることを思い出して欲しい．ここで，qはコーディングを行う体の大きさである．コーディングベクトルを各パケットに含めた場合のオーバヘッドの割合は，各パケットのデータ量が多くなれば減少する．ゆえに，大きいパケットではこのオーバヘッドは比較的小さい．小さいパケットではこのオーバヘッドは，体の大きさqあるいはバッチの大きさrを減らすことにより削減することができる（ソースパケットの大きいバッチを小さいバッチに分割し，コーディングは同じバッチ内のパケットでのみ許容することによる）．qやrの減少は，復号の複雑さを低減する効果もある．しかしながら，体の大きさが小さければ小さいほどより多くの伝送が必要となる確率が高くなる．それは，線形従属の伝送をランダムに取り上げてしまう確率が高くなるからである．また，バッチの大きさを小さくすることにより，バースト性あるいはソース速度やアーク容量の変動と折合いを付けながらコーディングを行う能力も小さくなる．バッチ境界の近くのパケットがコーディング無しで伝送されなければならないとすると，結果的にスループットが減少することになる．一例を図2.2.に示す．この例では，ソースノードsはシンクノードyとzにマルチキャストを行っている．平均容量が2の四つのアークには容量が記載されており，それ以外のすべてのアークの平均容量は1である．最適解では，アーク(w,x)はコード化された情報を両受信者に向けて機会あるごとに送信しなければならない．しかしながら，アーク(u,w)，(u,y)，(t,w)，(t,z)の瞬間容量の変動により，1個のバッチでノードwに到着するシンクyのパケット数と，同じバッチでwに到着するシンクzのパケット数が異なることがあり，結果としてスループットの損失が発生する．

このようなトレードオフのため，qとrの適切な値はネットワークやアプリケーションの種類に依存する．これらのパラメータ選択の影響や一般的な性能は，各バッチのサブグラフ（伝送候補）の選択にも依存している[*7]．このようなパラメータの効果は，Chouらにより調査されている[26]．これは，特定の分散ポリシー（いつノードが次

[*7]サブグラフ選択は第5章のテーマである．

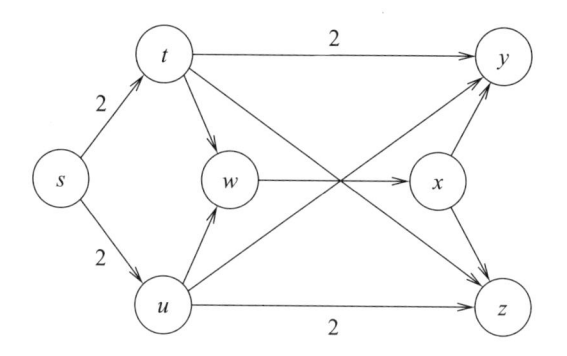

図 2.2 コーディングが一バッチ内のパケット間でのみ発生するように制約することによるスループット損失を説明する例．許可を得て [65] から転載．

のバッチのパケットの送信に切り換えるかを決める) の場合を扱っている．

2.5.1.2　ベクトル空間による方法

分散されたランダム線形コーディングのさらに一般化された方法は，ソースパケットベクトルにより張られたベクトル空間の選択の中で，情報のバッチを符号化する．

特に，$\mathbf{x}_1, \ldots, \mathbf{x}_r$ がソースパケットベクトルを表すとする．これらは，$\mathbb{F}_q$ のシンボルの長さ n の行ベクトルである．我々は，i 番目の列が $\mathbf{x}_i$ となるこの $r \times n$ 行列を $\mathbf{X}$ と表す．シンクノード t を考え，$\mathbf{Y}_t$ をその行が t の受信パケットベクトルで与えられる行列とする．$\mathbf{X}$ と $\mathbf{Y}_t$ は行列の式

$$\mathbf{Y} = \mathbf{G}_t \mathbf{X}$$

により線形に関係付けられている[*8]．ランダムネットワークコードでは，$\mathbf{G}_t$ はネットワークノードのランダムネットワークコーディング係数により決められる．ベクトル空間による方法は，任意の $\mathbf{G}_t$ の値に対して $\mathbf{Y}$ の行空間は $\mathbf{X}$ の行空間の部分空間であるという観察に基づいている．もしシンクが r 個の線形独立なパケットを受信したとすれば，それは $\mathbf{X}$ の行空間を復元できる．

$\mathcal{P}(\mathbb{F}_q^n)$ により，$\mathbb{F}_q^n$ のすべての部分空間の集合，すなわち $\mathbb{F}_q^n$ の射影の幾何学的配列 (projective geometry) を表すとする．この方法では，$\mathcal{P}(\mathbb{F}_q^n)$ の空でない部分集合に対応するコードおよび各コードワード (codeword) は $\mathbb{F}_q^n$ の部分空間である．一

[*8] $\mathbf{G}_t$ は 2.4.2 節で静的ネットワークモデルのために定義された行列 $\mathbf{C}_{\mathcal{I}(t)}$ の転置と類似である．

つのコードワードはパケットの一つのバッチとして伝送される．バッチ内のソースパケットのパケットベクトルは，対応する部分空間あるいはその直交補集合（orthogonal complement）の生成集合を形成する．コードワードがすべて同一次数 r となるコードを考えるのは自然なことである[*9]．前節のコーディングベクトル法は，コードを構成している生成行列が $[\mathbf{U}|\mathbf{I}]$ の形のすべての部分空間である特別な場合であることに注意して欲しい．ただし，$\mathbf{U} \in \mathbb{F}_q^{r \times (n-r)}$ であり，$\mathbf{I}$ は $r \times r$ の（コーディングベクトルに対応する）単位行列である．コーディングベクトル法では，$\mathbb{F}_q^n$ の全 r 次元部分空間の一部分集合のみがコードワードに対応しているので，コードワードの数は（それに伴ってコード速度も）ベクトル空間法に比べて小さい．ただし，パケット長 n がバッチの大きな r に比べて大きくなれば，差異は漸近的に無視できるようになる．

ベクトル空間法の重要な動機付けは，ネットワークでの誤りや消失の訂正に適用できることである．これについては，6.1.2 節の上限の項で簡単に述べる．

2.6 ■ 巡回路を含むネットワークと重畳ネットワークコーディング

基本的なネットワークモデルは巡回路が無く，単純な遅延無しネットワークコーディング手法（2.2 節）を用いることができた．興味のあるネットワークの多くは巡回路を含んでいるが，アーク間の循環的依存を防止するように，ネットワークコーディングサブグラフに制約を設けることにより遅延を考えない方法で処理することができる．例えば，ネットワークコーディングを用いるネットワークを巡回路無しネットワーク線グラフ（2.5 節で定義）に制限することができる．もう一つの制限の形は，前節の有限バッチパケットモデルのような時間的なものである．もし伝送されたパケットにその生成時刻を刻印するとしたら，各伝送パケットは元の構成要素のパケットよりも大きい刻印値を有するので，パケット間の循環的依存は発生しない．これは，概念的にはネットワークを時間的に拡張したとみなすことができる．一般的に，ノード v 個，速度 r の巡回路有りグラフは，ノード κv 個，速度 $(\kappa - v)r$ 以上の時間拡張巡回路無しグラフに変換することができる．この拡張グラフでの通信は，κ 時間分の元の巡回路有りグラフで模擬（emulate）することができる [3]．

図 2.3 のようなある種のネットワーク問題では，ネットワーク線グラフの巡回路無し

[*9]このようなコードは Grassmann グラフ/q-Johnson 法の特別な頂点として記述することができる．詳細は [81] 参照．

2.6 ■巡回路を含むネットワークと重畳ネットワークコーディング

サブグラフをどのようにとっても最適速度は達成できない．この例では，両ソースを同時に両シンクにマルチキャストするには，情報が連続的に両ソースから巡回路（ネットワークの真中の四角形）に投入される必要がある．ネットワークを時間拡張巡回路無しグラフに変換することにより時間変化のある解を得られ，漸近的に最適速度を達成するが，遅延が増加し復号が複雑になるという代償を払う必要がある．このようなネットワークのための別の方法として，重畳（convolutional）コーディングと同じような方法をとることができる．すなわち，遅延を陽に考慮して，異なる時刻の情報を線形に組み合わせる．この方法は**重畳ネットワークコーディング**と名付けられているが，時間的に不変な解による最適速度が達成できる．

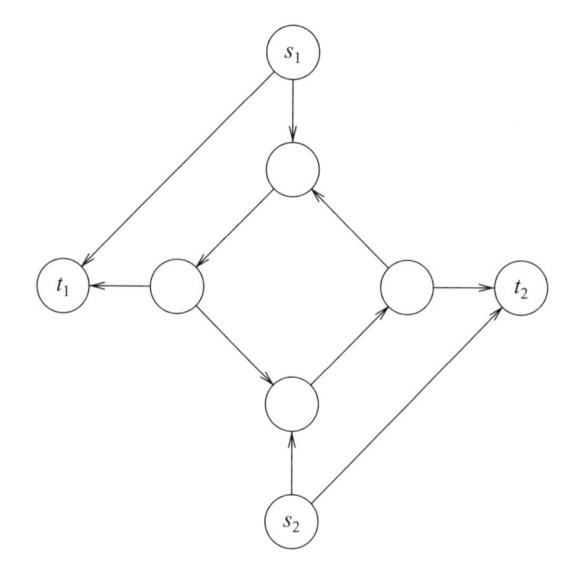

図 2.3　ネットワーク線グラフの巡回路無しサブグラフをどのようにとっても最適速度が達成できないマルチキャスト問題の例．各アークは単位時間当たり 1 パケットの一定速度である [60].

2.6.1 ■重畳ネットワークコーディングの代数的表現

重畳ネットワークコーディングは，2.2 節の遅延無しスカラネットワークコーディングと似たような数学的構成に取り入れることができる．これは，ランダム過程を代数的に表現する，すなわち遅延演算変数 D で単位時間遅延あるいはシフトを表すことによる．

第 2 章■損失無しマルチキャストネットワークコーディング

$$X_i(D) = \sum_{\tau=0}^{\infty} X_i(\tau)D^{\tau}$$

$$Y_l(D) = \sum_{\tau=0}^{\infty} Y_l(\tau)D^{\tau}, Y_l(0) = 0$$

$$Z_{t,i}(D) = \sum_{\tau=0}^{\infty} Z_{t,i}(\tau)D^{\tau}, Z_{t,i}(0) = 0$$

遅延無しスカラ線形ネットワークコーディングの結果は，有限体 $\mathbb{F}_q$ を遅延変数 D の有理関数（rational function）の体 $\mathbb{F}_q(D)$ に置き換えることによりこのモデルに適用することができる．遅延無しの場合と同じように，ソース過程からシンク出力過程への転換行列は行列の積

$$\mathbf{M}_t = \mathbf{A}(D)(\mathbf{I} - \mathbf{F}(D))^{-1}\mathbf{B}_t(D)^T$$

で計算できる．ただし，$\mathbf{A}(D) = (a_{i,l}(D)), \mathbf{F}(D) = (f_{k,l}(D)), \mathbf{B}_t(D) = (b_{t,i,k}(D))$ は，その要素が $\mathbb{F}_q(D)$ の要素からなる行列である．

重畳ネットワークコードの一つの単純な形では，各アークが固定単位遅延を有するネットワークモデルを用いる．より大きな遅延を持つアークは，直列アークにモデル化できる．時刻 $\tau+1$ において各非シンクノード v は，その入力アーク k からシンボル $Y_k(\tau)$ を受信し，かつ/または $v = s_i$ である場合はソースシンボル $X_i(\tau)$ を受信し，これらを線形に組み合わせてシンボル $Y_l(\tau+1)$ を形成し，その出力アーク l に出力する．アーク l での時刻 τ において対応するコーディング演算は式 (2.4) に似ているが，時間遅延がある．

$$Y_l(\tau+1) = \sum_{\{i:s_i=o(l)\}} a_{i,l}X_i(\tau) + \sum_{k \in \mathcal{I}(o(l))} f_{k,l}Y_k(\tau)$$

これは，D を用いて次のように表現できる．

$$Y_l(D) = \sum_{\{i:s_i=o(l)\}} Da_{i,l}X_i(D) + \sum_{k \in \mathcal{I}(o(l))} Df_{k,l}Y_k(D)$$

この場合，非シンクノードのコーディング係数は $a_{i,l}(D) = Da_{i,l}$, $f_{k,l}(D) = Df_{k,l}$ で与えられる．$D = 0$ を考えると，行列 $\mathbf{I} - \mathbf{F}(D)$ は可逆であることがわかる．同期が取れている設定では，この方法では非シンクノードのメモリは必要ない（ただしアーク遅延が変化する現実的な設定ではある種のバッファが必要である．各入力の τ 個目のシンボルを受信した後に初めて各出力の $(\tau + 1)$ 個目のシンボルが送信できるからである）．一方，シンクノードはメモリを必要とする．復号係数 $b_{t,i,k}(D)$ は，通常，D の有理関数であるので，復号のために過去に受信したり復号したシンボルを用いる．対応する式は，

$$\begin{aligned} Z_{t,i}(\tau+1) &= \sum_{u=0}^{\mu} b'_{t,i}(u) Z_{t,i}(\tau - u) \\ &+ \sum_{k \in \mathcal{T}(t)} \sum_{u=0}^{\mu} b''_{t,i,k}(u) Y_k(\tau - u) \end{aligned}$$

および

$$Z_{t,i}(D) = \sum_{k \in \mathcal{T}(t)} b_{t,i,k}(D) Y_k(D),$$

ただし

$$b_{t,i,k}(D) = \frac{\sum_{u=0}^{\mu} D^{u+1} b''_{t,i,k}(u)}{1 - \sum_{u=0}^{\mu} D^{u+1} b'_{t,i}(u)}. \tag{2.10}$$

必要メモリ量 μ は，ネットワークの構成に依存する．有理関数が実現可能（realizable）であることは $D = 0$ のときでも定義されていることであり[*10]，有理関数を要素とする行列が実現可能であるというのはその全要素が実現可能なことである．巡回路無し遅延無しの場合と同様の議論により，定理 2.2 を巡回路有りの場合に拡張できる．

定理 2.7： マルチキャスト問題を考える．ソースノード s から発する r 個のソース過程がシンクノードの集合 $\mathcal{T}$ から要求されている．解が存在する必要十分条件は，各シンクノード $t \in \mathcal{T}$ に対して，ソースノード s と t の間にレート r のフローが存在することである．

証明： 証明は定理 2.2 の場合と似ているが，体（field）が異なっている．単純な単位アーク遅延モデルとネットワークコードを考えると，次の一連の等価な条件が得られる．

[*10]言い換えれば，実現可能な有理関数では分母の多項式の最下位項の係数はゼロではない定数である．

- $\forall t \in \mathfrak{T}: s$ と t の間にレート r 個のフローが存在する.
- $\Leftrightarrow$ 多項式環 $\mathbb{F}_2(D)[\mathbf{a}, \mathbf{f}, \mathbf{b}', \mathbf{b}'']$ において, $\forall t \in \mathfrak{T}$ 転換行列の行列式 $\det \mathbf{M}_t$ は多項式のゼロでない比である.
- $\Leftrightarrow$ 多項式環 $\mathbb{F}_2(D)[\mathbf{a}, \mathbf{f}, \mathbf{b}', \mathbf{b}'']$ において $\prod_{t \in \mathfrak{T}} \det \mathbf{M}_t$ は, 多項式のゼロでない比である.
- $\Leftrightarrow$ m が十分に大きいとき, $\mathbb{F}_2^m(D)$ において $\prod_{t \in \mathfrak{T}} \det \mathbf{M}_t$ がゼロでないような $(\mathbf{a}, \mathbf{f}, \mathbf{b}', \mathbf{b}'')$ の値が $\mathbb{F}_2^m$ において存在する.
- $\Leftrightarrow$ 十分に大きい復号遅延 u に対して, $\mathbf{M}_t = D^u \mathbf{I}$ $\forall t \in \mathfrak{T}$ となる実現可能な行列 $\mathbf{B}_t(D)$ が存在する. □

さらに一般的には,全アークで遅延を考慮する必要はない.情報フローの安定性と因果関係を保証するためには,ネットワーク内のすべての有向の巡回路が少なくとも一つの遅延要素を含んでいさえすればよい.さらに,遅延はリンクでなくノードに対応付けてもよい.重畳ネットワークコーディングの別のモデルではリンクの遅延がないものとし,全遅延をコーディング係数としてネットワークノードに対応付けている.このモデルでは,二つの元を持つ体 $\mathbb{F}_2$ を用いることができる.ノードにおいて遅延またはメモリを有することが,$\mathbb{F}_2[D]$ の多項式であるコーディング係数に対応する.巡回路無しネットワークにおいては,このようなコードは多項式時間で構築可能である.これは 2.4.1 節と類似の方法によるが,不変な性質は次のようになる.各シンク t について,集合 $\mathcal{S}_t$ 内のアークのコーディングベクトルは $\mathbb{F}_2[D]^r$ に拡張される.各アークについて,コーディング係数は $d+1$ 個の値の集合から選択することができる.ただし,d はシンクの数である.前節で考慮したブロックネットワークコードは巡回路無しネットワークの最大容量を達成するが,場合によっては重畳ネットワークコードの方が遅延とメモリの要求が小さくなることもある.一つの理由として,ブロックコードでは各コーディング係数は同一の体から来るのに対し,重畳ネットワークコードでは遅延/メモリの量がコーディング係数ごとに違う可能性があることがあげられる.巡回路有りネットワークの場合はさらに複雑である.コーディング係数設定を行うトポロジ的な順番がよく定義されていないからである.その代わり,[39] に記されたアルゴリズムが,各シンクのサブグラフに対応付けられたコーディング係数を更新する(各シンクのサブグラフは r 個のアーク独立な経路から構成され,対応付けられたコーディング係数はトポロジ的な順番に更新される).

2.7 ■相関のあるソース過程

基本ネットワークモデルでは,ソース過程は独立であった.本節では,相関がある,または同時分散されたソース過程を取り上げる.このような相関は,伝送効率向上に利用できる可能性がある.

相関のあるソースからの損失無しマルチキャスト通信は,Slepian と Wolf による古典的な分散ソースコーディング問題の一般化である.ここでは,相関のあるソースは別々に符号化され,同時に復号される.古典的な Slepian-Wolf 問題は,二つのソースノードの各々から直接アークが一つの共通な受信ノードに向かっているネットワークの特別な場合に相当する.この問題のネットワーク版では,ソースはネットワークコーディングを施すことができる途中のノードのネットワーク上にマルチキャストを行う.結果的に,ランダム線形ネットワークコーディングと非線形復号の一形態は,漸近的に速度最適(rate-optimal)となる.これは,Slepian-Wolf の古典的なランダム線形コーディング解法のネットワークコーディングの一般化,および同時ソース-ネットワークコーディングの一例とみなすことができる.

2.7.1 ■同時ソース-ネットワークコーディング

簡単のため,単位時間あたりそれぞれ r_1 および r_2 ビットの速度を有する二つのソース X_1, X_2 を考える[*11].X_i におけるソースビットは r_i ビットのベクトルにグループ化され,シンボルと呼ばれる.二つのソースが出力するシンボルの連続する対は,独立一様分布(i.i.d.)に従った方法により同じ同時分布(joint distribution)Q から取り出される.

各ソースからの n 個のシンボルに対応するビットブロックに対して,演算を施すベクトル線形ネットワークコードを用いる.特に線形コーディングは,$\mathbb{F}_2$ 内で各ソース X_i からの nr_i ビットにより構成されるブロックに対して施される[*12].c_k をアーク k の容量とする.各ブロックに対し,各ノード v はその出力アーク k の各々に対して,入力ビット(v で生成されたソースビットおよび入力アークから受信したビット)のランダム線形結合として形成された nc_k ビットを送信する.この様子を図 2.4 に示す.$\mathbf{x}_1 \in \mathbb{F}_2^{nr_1}$ および $\mathbf{x}_2 \in \mathbb{F}_2^{nr_2}$ は受信ノードに向けてマルチキャストされているソースビットのベクトルであり,行列 Υ_i はランダムビットの行列である.各アークの容量

[*11]「ソース過程」の代わりに「ソース」と略記する.
[*12]この方法はより大きな有限体でのコーディングにも拡張可能である.

第 2 章 ■ 損失無しマルチキャストネットワークコーディング

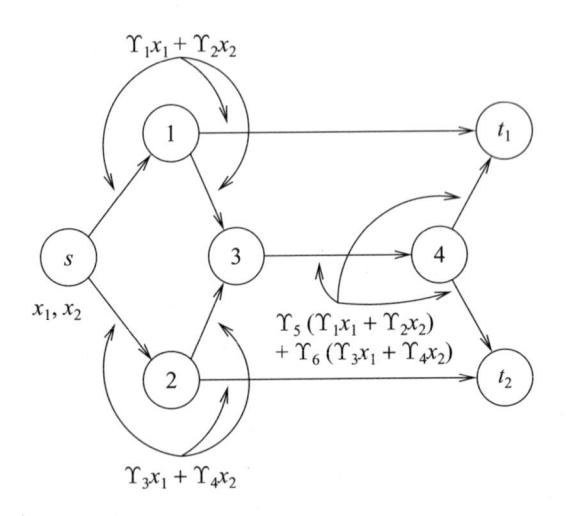

図 2.4 ベクトル線形コーディングを示す例．各アークには伝送中の過程が記されている．許可を得て [62] より転載．

を c とする．行列 Υ_1 および Υ_3 は $nr_1 \times nc$，Υ_2 および Υ_4 は $nr_2 \times nc$，Υ_5 および Υ_6 は $nc \times nc$ である．

復号するために，受信値と矛盾しないすべての可能なソース値の中で，シンクはその受信ビットのブロックを最小エントロピーあるいは最大 Q-確率を有する復号値のブロックに対応付ける（map）．

一シンクの復号誤り確率下限値を与える．m_1 と m_2 をそれぞれ受信ノードと各ソースの間の最小カット容量とする．また，m_3 を受信ノードと両ソースの間の最小カット容量とする．最大ソース-受信ノード経路長を L と記す．ベクトル $\mathbf{x} \in \mathcal{F}_2^{\tilde{n}}$ の型 (type) $P_\mathbf{x}$ は，$\mathbf{x}$ 内の $\mathcal{F}_2$ の要素の相対頻度（frequency）で定義された $\mathcal{F}_2$ 上の分散である．また，同時型（joint types）$P_{\mathbf{xy}}$ も同様に定義される．

定理 2.8：ランダム線形ネットワークコードの誤り確率は最大 $\sum_{i=1}^{3} p_e^i$ である．ただし，

$$\begin{aligned}
p_e^1 &\leq \exp\Bigl\{-n \min_{X,Y} \Bigl(D(P_{XY} \| Q) \\
&\quad + \Bigl| m_1 \Bigl(1 - \frac{1}{n}\log L\Bigr) - H(X|Y) \Bigr|^+ \Bigr) \\
&\quad + 2^{2r_1 + r_2} \log(n+1) \Bigr\}
\end{aligned}$$

2.7 ■相関のあるソース過程

$$p_e^2 \leq \exp\left\{-n\min_{X,Y}\left(D(P_{XY}\|Q)\right.\right.$$
$$\left.+ \left|m_2\left(1-\frac{1}{n}\log L\right)-H(Y|X)\right|^+\right)$$
$$\left.+ 2^{r_1+2r_2}\log(n+1)\right\}$$

$$p_e^3 \leq \exp\left\{-n\min_{X,Y}\left(D(P_{XY}\|Q)\right.\right.$$
$$\left.+ \left|m_3\left(1-\frac{1}{n}\log L\right)-H(XY)\right|^+\right)$$
$$\left.+ 2^{2r_1+2r_2}\log(n+1)\right\}$$

で，X と Y は同時分布（joint distribution）が P_{XY} となるダミー確率変数である．

証明：附録 2.A. を参照. □

一般のネットワークにおける誤差指数

$$e^1 = \min_{X,Y}\left(D(P_{XY}\|Q) + \left|m_1\left(1-\frac{1}{n}\log L\right)-H(X|Y)\right|^+\right)$$

$$e^2 = \min_{X,Y}\left(D(P_{XY}\|Q) + \left|m_1\left(1-\frac{1}{n}\log L\right)-H(X|Y)\right|^+\right)$$

$$e^3 = \min_{X,Y}\left(D(P_{XY}\|Q) + \left|m_1\left(1-\frac{1}{n}\log L\right)-H(X|Y)\right|^+\right)$$

は，Slepian-Wolf ネットワークの場合に帰着する [28]．ただし，$L=1, m_1=R_1, m_2=R_2, m_3=R_1+R_2$．

$$e^1 = \min_{X,Y}(D(P_{XY}\|Q) + |R_1-H(X|Y)|^+)$$
$$e^2 = \min_{X,Y}(D(P_{XY}\|Q) + |R_2-H(X|Y)|^+)$$

$$e^3 = \min_{X,Y}(D(P_{XY}||Q) + |R_1 + R_2 - H(XY)|^+)$$

2.7.2 ソースコーディングとネットワークコーディングの分離

分離したソースコーディングとネットワークコーディングの方法では，まずソースコーディングを施し，各ソースを圧縮されたビットの集合として記述する．次にネットワークコーディングを用いて，結果のビットの部分集合を各シンクに損失無しで伝送する．各シンクはまずネットワークコードに復号し，伝送されたビットを復元する．次にソースコードを元のソースに復号する．このような方法では，既存の複雑性の低いソースコードを用いることも許される．しかしながら，分離したソースコーディングおよびネットワークコーディングは，一般的に最適ではない．これは図 2.5 の例で示される．これは [112] に定式化されている．ここで我々は，結果の直感的理解のための略式説明を示す．ソース s_1 はソース s_2 および s_3 と独立とする．一方，後者二つは相関が高く，これら三つのソースはエントロピー 1 を有しているとする．ε が 0 に近付く限界で，ソース s_2 と s_3 が相互に逆変換可能関数となれば，図 2.6 の変形バタフライネットワークと本質的に等価なものが得られる．ここで，図 2.5 のソース s_2 と s_3 は合わせて図 2.6 のソース s_2 の役割を担う．このようにして，問題は同時ソース-ネットワークコーディング（joint source-network coding）により可解となる．しか

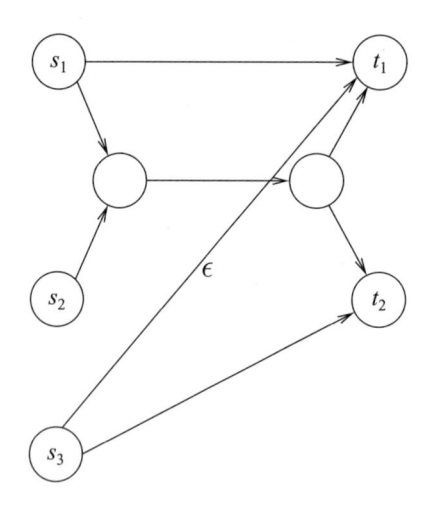

図 2.5 別々のソースコーディングとネットワークコードが準最適となる例．容量が ε となる s_3 から t_1 へのアークを除いて，各アークの容量は $1+\varepsilon$ である．ただし，$0 < \varepsilon < 1$[112]．

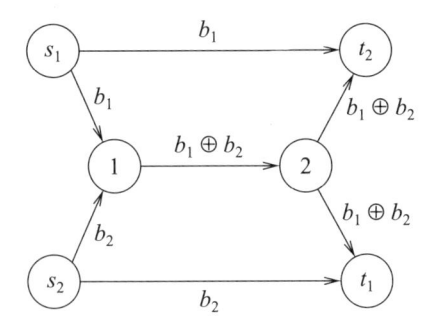

図 2.6 変形バタフライネットワーク．このネットワークではすべてのアークの容量は 1 である．

しながら，これは分離したソース-ネットワークコーディング（separate source and network coding）では可解ではない．シンク t_2 はソース s_2 と s_3 の間の相関に基づき，同時ソース-ネットワークデコーディングを行う必要がある．

2.8 ■注釈と参考文献

ネットワークコードの分野の発祥は，Yeung et al.[148]，Ahlswede et al.[3]，Li et al.[85] の論文である．有名なバタフライネットワークおよびネットワークコーディングによるマルチキャストの最大フロー/最小カット限界は Ahlswede et al.[3] で与えられた．Li et al.[85] は，有限シンボルサイズの線形コーディングがマルチキャストコネクションには十分であることを示した．Koetter and Médard[82] は，本章で使用された線形ネットワークコードの代数的構成を導出した．

マルチキャストスループットの特長と最小荷重シュタイナー木問題の整数化ギャップとの関係は Agarwal and Charikar[2] で与えられ，Chekuri et al.[22] により平均スループットの場合に拡張された．

Sanders et al.[121] と Jaggi et al.[66] は，同時かつ独立に，本章で示された巡回路無しネットワークの集中多項式時間アルゴリズムを導出した．分散ランダム線形ネットワークコードのコーディングベクトル法は Ho et al.[58] により始められた．Edmonds 行列のネットワークコード一般化は Ho et al.[57, 63] により与えられ，Harvey et al.[53] により使用された．これは，行列完全化（matrix completion）を基本とするマルチキャストコードの決定論的構築を示した．ランダムネットワークコードに基く実用的なバッチネットワークコードプロトコルは Chou et al.[26] により示された．分散ラ

ンダムネットワークコードのベクトル空間法は Koetter and Kschischang[81] により提案された．ランダム線形ネットワークコードを用いたゴシッププロトコルは Deb と Médard[32] で示された．Fragouli と Soljanin[44] は情報フロー分解 (decomposition) に基くコード構築技術を開発した．

多くの論文が，異なる形のマルチキャストネットワーク問題で最大容量を達成するために必要なネットワークコードの特性を検討した．コーディングの体の大きさの下限値は，Rasala Lehman と Lehman[114]，および Feder et al.[41] により示された．上限値は Jaggi et al.[71] (巡回路無しネットワーク)，Ho et al.[63] (一般ネットワーク)，Feder et al.[41] (グラフ特化)，Fragouli et al.[44] (2 ソース) により与えられた．

重畳ネットワークコードは最初に Ahlswede et al.[3] で議論された．本章で示された代数的重畳ネットワークコード法は Koetter and Médard[82] によるものである．構造的符号化復号技術を含む重畳ネットワークコードの多様な側面は，Erez and Feder[38, 39]，Fragouli and Soljanin[43]，Li and Yeung[84] により議論された．相関のあるソースのための線形ネットワークコード法は Ho et al.[61] によるが，これは Csiszár [29] の Slepian-Wolf 問題のための線形コーディング法の拡張である．ソースコーディングとネットワークコードの分離は [112] で検討された．

2.A ■附録: ランダムネットワークコーディング

補題 2.5：P を $\mathbb{F}[\xi_1, \xi_2, \ldots]$ の次数 $d\eta$ 以下の非ゼロ多項式とし，任意の変数 x_i の最大次数を最大 d とする．$\xi_1, \xi_2, \ldots$ の値は独立かつ一様に $\mathbb{F}_q \subset \mathbb{F}$ からランダムに選択される．P がゼロに等しい確率は，$d < q$ に対して最大 $1 - (1 - d/q)^\eta$ である．

証明：P 内の任意の変数 ξ_1 に対して，d_1 を P 内の ξ_1 の最大次数とする．P を $P = \xi_1^{d_1} P_1 + R_1$ と表す．ただし，P_1 は次数が最大 $d\eta - d_1$ の変数 ξ_1 を含まない多項式として，R_1 を ξ_1 の最大次数が d_1 より小さい多項式とする．遅延判断原理 (Principle of Deferred Decisions) (例えば [102]) により，他のすべての係数が決まった後で ξ_1 の値を設定したとしても確率 $\Pr[P = 0]$ に影響はない．もし，他の係数の何らかの設定時に $P_1 \neq 0$ であるとしたら，P は $\mathbb{F}[\xi_1]$ の次数 d_1 の多項式となる．Schwartz-Zippel の定理により，この確率 $\Pr[P = 0 | P_1 \neq 0]$ の上限は d_1/q である．ゆえに

$$\Pr[P = 0] \leq \Pr[P_1 \neq 0]\frac{d_1}{q} + \Pr[P_1 = 0] \tag{2.11}$$

2.A ■附録: ランダムネットワークコーディング

$$= \Pr[P_1 = 0]\left(1 - \frac{d_1}{q}\right) + \frac{d_1}{q}.$$

次に $\Pr[P_1 = 0]$ を考え,P_1 内の任意の変数 ξ_2 を選択して d_2 を P_1 内の ξ_2 の最大次数とする.我々は P_1 を $P_1 = \xi_2^{d_2} P_2 + R_2$ と表す.ただし,P_2 は次数が最大 $d\eta - d_1 - d_2$ で変数 ξ_1 や ξ_2 を含まない多項式とし,R_2 は ξ_2 の最大次数が d_2 より小さい多項式である.同様にして,$i = 3, 4, \ldots$ に関して $i = k$ に達するまで変数 ξ_i を割り当て,d_i および P_i を定義する.ただし,P_k は定数,$\Pr[P_k = 0] = 0$ である.$1 \leq d_i \leq d < q \quad \forall i$,$\sum_{i=1}^k d_i \leq d\eta$,ゆえに $k \leq d\eta$ である.前述の場合と同様に Schwartz-Zippel を適用することにより,$k' = 1, 2, \ldots, k$ に対し次式を得る.

$$\Pr[P_{k'} = 0] \leq \Pr[P_{k'+1} = 0]\left(1 - \frac{d_{k'+1}}{q}\right) + \frac{d_{k'+1}}{q}. \tag{2.12}$$

すべての不等式を漸化的に結合することにより,帰納法により次式を得ることができる.

$$\begin{aligned}\Pr[P = 0] &\leq \frac{\sum_{i=1}^k d_i}{q} - \frac{\sum_{i \neq l}^k d_i d_l}{q^2} \\ &\quad + \cdots + (-1)^{k-1} \frac{\prod_{i=1}^k d_i}{q^k}.\end{aligned}$$

さて,次の整数最適化問題を考える.

$$\begin{aligned}\text{Maximize} \quad & f = \frac{\sum_{i=1}^{d\eta} d_i}{q} - \frac{\sum_{i \neq l}^k d_i d_l}{q^2} + \\ & \cdots + (-1)^{d\eta - 1} \frac{\prod_{i=1}^{d\eta} d_i}{q^{d\eta}} \\ \text{subject to} \quad & 0 \leq d_i < d < q \quad \forall i \in [1, d\eta], \\ & \sum_{i=1}^{d\eta} d_i \leq d\eta, \text{ and } d_i \text{ integer}\end{aligned} \tag{2.13}$$

その最大値は,$\Pr[P = 0]$ の上限である.

まず,変数 d_i 上の整数条件を緩和することにより得られる問題を考える.$\mathbf{d}^* = \{d_1^*, \ldots, d_{d\eta}^*\}$ を一最適解とする.

$[1, d\eta]$ の異なる h 個の整数の任意の集合 S_h について,$1 - \frac{\sum_{i \in S_h} d_i}{q} + \frac{\sum_{i, l \in S_h, i \neq l} d_i d_l}{q^2} - \cdots + (-1)^h \frac{\prod_{i \in S_h} d_i}{q^h}$ である.h に関する帰納法により,$[1, d\eta]$ の異なる h 個の任意の集合 S_h について $0 < f_{S_h} < 1$ を示すことができる.もし,$\sum_{i=1}^{d\eta} d_i^* < d\eta$ ならば何らかの $d_i^* < d$ が存在する.また,実現可能な解

49

$\mathbf{d} = \{d_1, \ldots, d_{d\eta}\}$ が存在し，次式を満たす．ただし，$d_i = d_i^* + \varepsilon, \varepsilon > 0$ であり，$h \neq i$ に対し $d_h = d_h^*$ である．

$$f(\mathbf{d}) - f(\mathbf{d}^*)$$
$$= \frac{\varepsilon}{q}\left(1 - \frac{\sum_{h \neq i} d_h^*}{q} + \cdots + (-1)^{d\eta-1}\frac{\prod_{h \neq i} d_h^*}{q^{d\eta-1}}\right).$$

$\mathbf{d}^*$ の最適性に反してこれは正であるので，$\sum_{i=1}^{d\eta} = d\eta$ である．

次に，何らかの d_i^* について $0 < d_i^* < d$ と仮定する．すると，$0 < d_l^* < d$ となる何らかの d_l^* が存在する．なぜなら，もし他のすべての l に対して $d_l^* = 0$ または d ならば $\sum_{i=1}^{d\eta} \neq d_i^* \neq d\eta$ となるからである．一般性を失うことなく $0 < d_i^* < d_l^* < d$ と仮定する．すると，実現可能なベクトル $\mathbf{d} = \{d_1, \ldots, d_{d\eta}\}$ が存在する．また，実現可能な解 $\mathbf{d} = \{d_1, \ldots, d_{d\eta}\}$ が存在し，次式を満たす．ただし，$d_i = d_i^* - \varepsilon, d_l = d_l^* + \varepsilon, \varepsilon > 0$ であり，すべての $h \neq i, l$ に対し $d_h = d_h^*$ である．

$$f(\mathbf{d}) - f(\mathbf{d}^*) = -\left(\frac{(d_i^* - d_l^*)\varepsilon - \varepsilon^2}{q^2}\right)$$
$$\left(1 - \frac{\sum_{h \neq i,l} d_h^*}{q} - \cdots + (-1)^{d\eta-2}\frac{\prod_{h \neq i,l} d_h^*}{q^{d\eta-2}}\right).$$

これもまた，$\mathbf{d}^*$ の最適性に反してこれは正である．

ゆえに $\sum_{i=1}^{d\eta} = d_i^* = d\eta$ となり，$d_i^* = 0$ または d である．さらに，ちょうど η 個の変数 d_i^* が d と等しい．最適解は整数解であるので，その最適解は整数プログラム (2.13) についても最適である．対応する最適値は，$f = \eta\frac{d}{q} - \binom{\eta}{2}\frac{d^2}{q^2} + \cdots + (-1)^{\eta-1}\frac{d^\eta}{q^\eta} = 1 - \left(1 - \frac{d}{q}\right)^\eta$ となる． □

定理 2.8 の証明： ベクトル $[\mathbf{x}_1, \mathbf{x}_2] \in \mathbb{F}_2^n r_1 + r_2$ と記されるソースビットにおける一ブロックのランダム線形ネットワークコーディングによる伝送を考える．伝送行列 $\mathbf{C}_{\mathfrak{I}(t)}$ は，ソースビット $[\mathbf{x}_1, \mathbf{x}_2]$ から受信者の手前の最終アークにある集合 $\mathfrak{I}(t)$ のビットのベクトル $\mathbf{z}$ への写像を規定する．

復号機は，受信ビットのベクトル $\mathbf{z}$ をベクトル $[\tilde{\mathbf{x}}_1, \tilde{\mathbf{x}}_2] \in \mathbb{F}_2^n r_1 + r_2$ に写像する．このとき，$[\mathbf{x}_1, \mathbf{x}]\mathbf{C}_{\mathfrak{I}(t)} = \mathbf{z}$ となるように $\alpha(P_{\mathbf{X}_1\mathbf{X}_2})$ を最小化する．最小エントロピーの復号機に対しては $\alpha(P_{\mathbf{X}_1\mathbf{X}_2}) \equiv H(P_{\mathbf{X}_1\mathbf{X}_2})$ であり，最大 $\mathfrak{Q}$ 確率の復号機に対しては $\alpha(P_{\mathbf{X}_1\mathbf{X}_2}) \equiv -\log \mathfrak{Q}^n(\mathbf{x}_1\mathbf{x}_2)$ である．我々は三種類の誤りを考える．第

一型では，復号機は $\mathbf{x}_2$ の正しい値を持っているが $\mathbf{x}_1$ の誤った値を出力する．第二型では，復号機は $\mathbf{x}_1$ の正しい値を持っているが $\mathbf{x}_2$ の誤った値を出力する．第三型では，復号機は $\mathbf{x}_1$ と $\mathbf{x}_2$ の両方について誤った値を出力する．誤り確率の上限は，三種類の誤りの確率の和 $\sum_{i=1}^{3} p_e^i$ となる．

数列の（結合）型は，ダミー変数 X, Y 等の（結合）分布 P_X（$P_{X,Y}$, etc.）と考えられる．$\mathbb{F}_2^k$ 内の異なる型の数列は $\mathcal{P}(\mathbb{F}_2^k)$ と記される．次のような型の集合

$$\mathcal{P}_n^i = \begin{cases} \{P_{X\tilde{X}Y\tilde{Y}} \in \mathcal{P}(\mathbb{F}_2^{nr_1} \times \mathbb{F}_2^{nr_1} \times \mathbb{F}_2^{nr_2} \times \mathbb{F}_2^{nr_2}) \mid \\ \tilde{X} \neq X, \tilde{Y} = Y\} \quad \text{if } i = 1 \\ \{P_{X\tilde{X}Y\tilde{Y}} \in \mathcal{P}(\mathbb{F}_2^{nr_1} \times \mathbb{F}_2^{nr_1} \times \mathbb{F}_2^{nr_2} \times \mathbb{F}_2^{nr_2}) \mid \\ \tilde{X} = X, \tilde{Y} \neq Y\} \quad \text{if } i = 2 \\ \{P_{X\tilde{X}Y\tilde{Y}} \in \mathcal{P}(\mathbb{F}_2^{nr_1} \times \mathbb{F}_2^{nr_1} \times \mathbb{F}_2^{nr_2} \times \mathbb{F}_2^{nr_2}) \mid \\ \tilde{X} \neq X, \tilde{Y} \neq Y\} \quad \text{if } i = 3 \end{cases}$$

および数列の集合

$$\mathcal{T}_{XY} = \{[\mathbf{x}_1, \mathbf{x}_2] \in \mathbb{F}_2^{n(r_1+r_2)} \mid P_{\mathbf{x}_1\mathbf{x}_2} = P_{XY}\}$$

$$\mathcal{T}_{\tilde{X}\tilde{Y}|XY}(\mathbf{x}_1\mathbf{x}_2) = \{[\tilde{\mathbf{x}}_1, \tilde{\mathbf{x}}_2] \in \mathbb{F}_2^{n(r_1+r_2)} \mid P_{\tilde{\mathbf{x}}_1\tilde{\mathbf{x}}_2\mathbf{x}_1\mathbf{x}_2} = P_{\tilde{X}\tilde{Y}XY}\}$$

を定義することにより，次式を得る．

$$\begin{aligned} p_e^1 &\leq \sum_{\substack{P_{X\tilde{X}Y\tilde{Y}} \in \mathcal{P}_n^1: \\ \alpha(P_{\tilde{X}Y}) \leq \alpha(P_{XY})}} \sum_{(\mathbf{x}_1, \mathbf{x}_2) \in \mathcal{T}_{XY}} Q^n(\mathbf{x}_1\mathbf{x}_2) \Pr\Big(\exists (\tilde{\mathbf{x}}_1, \tilde{\mathbf{x}}_2) \in \\ & \qquad \mathcal{T}_{\tilde{X}\tilde{Y}|XY}(\mathbf{x}_1\mathbf{x}_2) \text{ s.t. } [\mathbf{x}_1 - \tilde{\mathbf{x}}_1, \mathbf{0}]\mathbf{C}_{\mathcal{I}(t)} = \mathbf{0}\Big) \\ &\leq \sum_{\substack{P_{X\tilde{X}Y\tilde{Y}} \in \mathcal{P}_n^1: \\ \alpha(P_{\tilde{X}Y}) \leq \alpha(P_{XY})}} \sum_{(\mathbf{x}_1, \mathbf{x}_2) \in \mathcal{T}_{XY}} Q^n(\mathbf{x}_1\mathbf{x}_2) \\ & \qquad \min\left\{\sum_{(\tilde{\mathbf{x}}_1, \tilde{\mathbf{x}}_2) \in \mathcal{T}_{\tilde{X}\tilde{Y}|XY}(\mathbf{x}_1\mathbf{x}_2)} \Pr\left([\mathbf{x}_1 - \tilde{\mathbf{x}}_1, \mathbf{0}]\mathbf{C}_{\mathcal{I}(t)} = \mathbf{0}\right), 1\right\} \end{aligned}$$

同様に

$$p_e^2 \leq \sum_{\substack{P_{X\tilde{X}Y\tilde{Y}} \in \mathcal{P}_n^2: \\ \alpha(P_{X\tilde{Y}}) \leq \alpha(P_{XY})}} \sum_{(\mathbf{x}_1, \mathbf{x}_2) \in \mathcal{T}_{XY}} Q^n(\mathbf{x}_1\mathbf{x}_2)$$

$$p_e^3 \leq \sum_{\substack{P_{X\tilde{X}Y\tilde{Y}} \in \mathcal{P}_n^3: \\ \alpha(P_{\tilde{X}Y}) \leq \alpha(P_{XY})}} \begin{aligned} & \min\left\{ \sum_{(\tilde{\mathbf{x}}_1, \tilde{\mathbf{x}}_2) \in \mathcal{T}_{\tilde{X}\tilde{Y}|XY}(\mathbf{x}_1\mathbf{x}_2)} \Pr\left([\mathbf{0}, \mathbf{x}_2 - \tilde{\mathbf{x}}_2]\mathbf{C}_{\mathcal{I}(t)} = \mathbf{0}\right), 1 \right\} \\ & \sum_{(\mathbf{x}_1, \mathbf{x}_2) \in \mathcal{T}_{XY}} Q^n(\mathbf{x}_1\mathbf{x}_2) \\ & \min\left\{ \sum_{(\tilde{\mathbf{x}}_1, \tilde{\mathbf{x}}_2) \in \mathcal{T}_{\tilde{X}\tilde{Y}|XY}(\mathbf{x}_1\mathbf{x}_2)} \Pr\left([\mathbf{x}_1 - \tilde{\mathbf{x}}_1, \mathbf{x}_2 - \tilde{\mathbf{x}}_2]\mathbf{C}_{\mathcal{I}(t)} = \mathbf{0}\right), 1 \right\} \end{aligned}$$

を得る.ただしこの確率は,ランダムネットワークコーディングに対応するネットワーク伝達行列 $\mathbf{C}_{\mathcal{I}(t)}$ の実現についてとられる.非ゼロ $\mathbf{x}_1 - \tilde{\mathbf{x}}_1$, $\mathbf{x}_2 - \tilde{\mathbf{x}}_2$ に関する確率

$$\begin{aligned} P_1 &= \Pr([\mathbf{x}_1 - \tilde{\mathbf{x}}_1, \mathbf{0}]\mathbf{C}_{\mathcal{I}}(t) = \mathbf{0}) \\ P_2 &= \Pr([\mathbf{0}, \mathbf{x}_2 - \tilde{\mathbf{x}}_2]\mathbf{C}_{\mathcal{I}}(t) = \mathbf{0}) \\ P_3 &= \Pr([\mathbf{x}_1 - \tilde{\mathbf{x}}_1, \mathbf{x}_2 - \tilde{\mathbf{x}}_2]\mathbf{C}_{\mathcal{I}}(t) = \mathbf{0}) \end{aligned}$$

は,所与のネットワークに対して計算できるか,あるいは n およびネットワークのパラメータに関して限界を求められることを後で示す.

単純な計数(cardinality)限界

$$\begin{aligned} |\mathcal{P}_n^1| &< (n+1)^{2^{2r_1+r_2}} \\ |\mathcal{P}_n^2| &< (n+1)^{2^{r_1+2r_2}} \\ |\mathcal{P}_n^3| &< (n+1)^{2^{2r_1+2r_2}} \\ |\mathcal{T}_{XY}| &\leq \exp\{nH(XY)\} \\ |\mathcal{T}_{\tilde{X}\tilde{Y}|XY}(\mathbf{x}_1\mathbf{x}_2)| &\leq \exp\{nH(\tilde{X}\tilde{Y} \mid XY)\} \end{aligned}$$

および次の等式を適用することができる.

$$Q^n(\mathbf{x}_1\mathbf{x}_2) = \exp\{-n(D(P_{XY}||Q) + H(XY))\}, \quad (2.14)$$
$$(\mathbf{x}_1, \mathbf{x}_2) \in \mathcal{T}_{XY}$$

そして次式を得られる.

$$p_e^1 \leq \exp\left\{-n \min_{\substack{P_{X\tilde{X}Y\tilde{Y}} \in \mathcal{P}_n^1: \\ \alpha(P_{\tilde{X}Y}) \leq \alpha(P_{XY})}} \left(D(P_{XY}||Q) + \right.\right.$$

2.A ■附録: ランダムネットワークコーディング

$$\left. \left| -\frac{1}{n}\log P_1 - H(\tilde{X} \mid XY) \right|^+ \right) + 2^{2r_1+r_2}\log(n+1) \right\}$$

$$p_e^2 \leq \exp\left\{ -n \min_{\substack{P_{X\tilde{X}Y\tilde{Y}} \in \mathcal{P}_n^2: \\ \alpha(P_{X\tilde{Y}}) \leq \alpha(P_{XY})}} \left(D(P_{XY} \| Q) + \right.\right.$$

$$\left. \left| -\frac{1}{n}\log P_2 - H(\tilde{Y} \mid XY) \right|^+ \right) + 2^{r_1+2r_2}\log(n+1) \right\}$$

$$p_e^3 \leq \exp\left\{ -n \min_{\substack{P_{X\tilde{X}Y\tilde{Y}} \in \mathcal{P}_n^3: \\ \alpha(P_{\tilde{X}\tilde{Y}}) \leq \alpha(P_{XY})}} \left(D(P_{XY} \| Q) + \right.\right.$$

$$\left. \left| -\frac{1}{n}\log P_3 - H(\tilde{X}\tilde{Y} \mid XY) \right|^+ \right) + 2^{2r_1+2r_2}\log(n+1) \right\}$$

ただし,指数と対数の基底は 2 である.

最低エントロピー復号機に対して次式を得る.

$$\alpha(P_{\tilde{X}\tilde{Y}}) \leq \alpha(P_{XY}) \Rightarrow \begin{cases} H(\tilde{X}|XY) \leq H(\tilde{X}|Y) \leq H(X|Y) & \text{for } Y = \tilde{Y} \\ H(\tilde{Y}|XY) \leq H(\tilde{Y}|X) \leq H(Y|X) & \text{for } X = \tilde{X} \\ H(\tilde{X}\tilde{Y}|XY) \leq H(\tilde{X}\tilde{Y}) \leq H(XY) \end{cases}$$

これは次式を与える.

$$p_e^1 \leq \exp\left\{ -n\min_{XY}\left(D(P_{XY}\|Q) + \right.\right. \tag{2.15}$$

$$\left. \left| -\frac{1}{n}\log P_1 - H(X|Y) \right|^+ \right)$$

$$\left. + 2^{2r_1+r_2}\log(n+1) \right\}$$

$$p_e^2 \leq \exp\left\{ -n\min_{XY}\left(D(P_{XY}\|Q) + \right.\right. \tag{2.16}$$

$$\left. \left| -\frac{1}{n}\log P_2 - H(Y|X) \right|^+ \right)$$

$$\left. + 2^{r_1+2r_2}\log(n+1) \right\}$$

$$p_e^3 \leq \exp\left\{ -n\min_{XY}\left(D(P_{XY}\|Q) + \right.\right. \tag{2.17}$$

$$\left|-\frac{1}{n}\log P_3 - H(XY)\right|^+\Big)$$
$$+ 2^{2r_1+2r_2}\log(n+1)\Big\}$$

次に，これらの限界は最大 Ω 確率復号機のときにも成立することを示す．これに関しては，式 (2.14) から次式を得ている．

$$\alpha(P_{\tilde{X}\tilde{Y}}) \leq \alpha(P_{XY}) \tag{2.18}$$
$$\Rightarrow D(P_{\tilde{X}\tilde{Y}}\|Q) + H(\tilde{X}\tilde{Y}) \leq D(P_{XY}\|Q) + H(XY)$$

$i=1$ について，$\tilde{Y}=Y$ で式 (2.18) から次式が得られる．

$$D(P_{\tilde{X}Y}\|Q) + H(\tilde{X}Y) \leq D(P_{XY}\|Q) + H(XY) \tag{2.19}$$

次式を示す．

$$\min_{\substack{P_{X\tilde{X}Y\tilde{Y}}\in\mathcal{P}_n^1:\\ \alpha(P_{\tilde{X}\tilde{Y}})\leq\alpha(P_{XY})}} \left(D(P_{XY}\|Q) + \left|-\frac{1}{n}\log P_1 - H(\tilde{X}|XY)\right|^+\right)$$
$$\geq \min_{\substack{P_{X\tilde{X}Y\tilde{Y}}\in\mathcal{P}_n^1:\\ \alpha(P_{\tilde{X}\tilde{Y}})\leq\alpha(P_{XY})}} \left(D(P_{XY}\|Q) + \left|-\frac{1}{n}\log P_1 - H(\tilde{X}|Y)\right|^+\right)$$
$$\geq \min_{XY}\left(D(P_{XY}\|Q) + \left|-\frac{1}{n}\log P_1 - H(X|Y)\right|^+\right)$$

これは，式 (2.19) を満足する任意の $X,\tilde{X},Y$ について，次の二つの可能な場合を考慮することによる．

ケース 1：$-\frac{1}{n}\log P_1 - H(X|Y) < 0$．ゆえに

$$D(P_{XY}\|Q) + \left|-\frac{1}{n}\log P_1 - H(\tilde{X}|Y)\right|^+$$
$$\geq D(P_{XY}\|Q) + \left|-\frac{1}{n}\log P_1 - H(X|Y)\right|^+$$
$$\geq \min_{XY}\left(D(P_{XY}\|Q) + \left|-\frac{1}{n}\log P_1 - H(X|Y)\right|^+\right)$$

ケース 2：$-\frac{1}{n}\log P_1 - H(X|Y) \geq 0$．ゆえに

2.A ■附録: ランダムネットワークコーディング

$$
D(P_{XY}||Q) + \left|-\frac{1}{n}\log P_1 - H(\tilde{X}|Y)\right|^+
$$
$$
\geq \quad D(P_{XY}||Q) + \left(-\frac{1}{n}\log P_1 - H(\tilde{X}|Y)\right)
$$
$$
\geq \quad D(P_{\tilde{X}Y}||Q) + \left(-\frac{1}{n}\log P_1 - H(X|Y)\right) \quad \text{by (2.19)}
$$
$$
= \quad D(P_{\tilde{X}Y}||Q) + \left|-\frac{1}{n}\log P_1 - H(X|Y)\right|^+
$$

これから次式を得る.

$$
D(P_{XY}||Q) + \left|-\frac{1}{n}\log P_1 - H(\tilde{X}|Y)\right|^+
$$
$$
\geq \quad \frac{1}{2}\left[D(P_{XY}||Q) + \left|-\frac{1}{n}\log P_1 - H(\tilde{X}|Y)\right|^+ \right.
$$
$$
\left. + D(P_{XY}||Q) + \left|-\frac{1}{n}\log P_1 - H(X|Y)\right|^+\right]
$$
$$
\geq \quad \frac{1}{2}\left[D(P_{XY}||Q) + \left|-\frac{1}{n}\log P_1 - H(X|Y)\right|^+ \right.
$$
$$
\left. + D(P_{XY}||Q) + \left|-\frac{1}{n}\log P_1 - H(\tilde{X}|Y)\right|^+\right]
$$
$$
\geq \quad \min_{XY}\left(D(P_{XY}||Q) + \left|-\frac{1}{n}\log P_1 - H(X|Y)\right|^+\right).
$$

同様の証明が $i=2$ についても成立する.

$i=3$ については次を示す.

$$
\min_{\substack{P_{X\tilde{X}Y\tilde{Y}}\in \mathcal{P}_n^3:\\ \alpha(P_{\tilde{X}\tilde{Y}})\leq \alpha(P_{XY})}}\left(D(P_{XY}||Q) + \left|-\frac{1}{n}\log P_3 - H(\tilde{X}\tilde{Y}|XY)\right|^+\right)
$$
$$
\geq \min_{\substack{P_{X\tilde{X}Y\tilde{Y}}\in \mathcal{P}_n^3:\\ \alpha(P_{\tilde{X}\tilde{Y}})\leq \alpha(P_{XY})}}\left(D(P_{XY}||Q) + \left|-\frac{1}{n}\log P_3 - H(\tilde{X}\tilde{Y})\right|^+\right)
$$
$$
\geq \min_{XY}\left(D(P_{XY}||Q) + \left|-\frac{1}{n}\log P_3 - H(XY)\right|^+\right)
$$

これは,式 (2.18) を満足する任意の $X,\tilde{X},Y,\tilde{Y}$ について,次の二つの可能な場合を考慮することによる.

ケース 1: $-\frac{1}{n}\log P_3 - H(XY) < 0$. ゆえに

$$D(P_{XY}\|Q) + \left|-\frac{1}{n}\log P_3 - H(\tilde{X}\tilde{Y})\right|^+$$
$$\geq D(P_{XY}\|Q) + \left|-\frac{1}{n}\log P_3 - H(XY)\right|^+$$
$$\geq \min_{XY}\left(D(P_{XY}\|Q) + \left|-\frac{1}{n}\log P_3 - H(XY)\right|^+\right)$$

ケース 2: $-\frac{1}{n}\log P_3 - H(XY) \geq 0$. ゆえに

$$D(P_{XY}\|Q) + \left|-\frac{1}{n}\log P_3 - H(\tilde{X}\tilde{Y})\right|^+$$
$$\geq D(P_{XY}\|Q) + \left(-\frac{1}{n}\log P_3 - H(\tilde{X}\tilde{Y})\right)$$
$$\geq D(P_{\tilde{X}\tilde{Y}}\|Q) + \left(-\frac{1}{n}\log P_3 - H(XY)\right) \quad \text{by (2.18)}$$
$$= D(P_{\tilde{X}\tilde{Y}}\|Q) + \left|-\frac{1}{n}\log P_3 - H(XY)\right|^+$$

これは次式を与える.

$$D(P_{XY}\|Q) + \left|-\frac{1}{n}\log P_3 - H(\tilde{X}\tilde{Y})\right|^+$$
$$\geq \frac{1}{2}\left[D(P_{XY}\|Q) + \left|-\frac{1}{n}\log P_3 - H(\tilde{X}\tilde{Y})\right|^+\right.$$
$$\left. +D(P_{\tilde{X}\tilde{Y}}\|Q) + \left|-\frac{1}{n}\log P_3 - H(XY)\right|^+\right]$$
$$\geq \min_{XY}\left(D(P_{XY}\|Q) + \left|-\frac{1}{n}\log P_3 - H(XY)\right|^+\right).$$

確率 P_i の限界を n および次のネットワークパラメータに関して与える.パラメータは,m_i ($i=1,2$,受信機とソース X_i の間の最小カット容量),m_3 (受信機と両方のソースの間の最小カット容量),L (最大ソース受信機間経路長) である.

$\mathcal{G}_1$ および $\mathcal{G}_2$ をグラフ $\mathcal{G}$ のサブグラフとする.グラフ $\mathcal{G}_1$ および $\mathcal{G}_2$ は,それぞれソース 1 および 2 の下流の全アークから構成される.ここで,アーク k がソース X_i の下流にあるということは,$s_i = o(k)$ またはソースから $o(k)$ に対して有効な経路があるということである.$\mathcal{G}_3$ を $\mathcal{G}$ に等しいとする.

2.A ■附録: ランダムネットワークコーディング

ランダムネットワークコーディングにおいて，少なくとも 1 個の非ゼロ入力がある任意のアーク k は，確率 $\frac{1}{2^{nc_k}}$ でゼロ個の過程を伝送する．ただし，c_k は k の容量である．コードは線形であるので，この確率は k の入力における異なる値の対が k 上の同じ出力値に写像される確率と等しい．

異なるソース値の所与の対について，アーク k への対応する入力が異なるが，対応する k 上の値が同じである事象を E_k とする．$E(\tilde{\mathcal{G}})$ を，$\tilde{\mathcal{G}}$ 内の各ソース・受信機経路について，E_k が何らかのアーク k について発生する事象とする．すると，P_i は事象 $E(\mathcal{G}_i)$ の確率と等しくなる．

$\mathcal{G}'_i, i = 1, 2, 3$ を，m_i 個のノード独立（node-disjoint）経路から構成されるグラフとする．それぞれのグラフは，L 個の単位容量を持つアークから構成されるとする．m_i 上の帰納法により，P_i が事象 $E(\mathcal{G}'_i)$ の確率から上限を与えられることを示す．

$\tilde{\mathcal{G}}$ をグラフ $\mathcal{G}'_i, i = 1, 2, 3$ とし，$\tilde{\mathcal{G}}$ 内の任意の特定のソース・受信機経路 $\mathcal{P}_{\tilde{\mathcal{G}}}$ を考える．次の二つの場合を区別する:

ケース 1: E_k は経路 $\mathcal{P}_{\tilde{\mathcal{G}}}$ 上のいかなるアーク k についても発生しない．この場合，事象 $E(\mathcal{G}_i)$ は確率 0 で発生する．

ケース 2: E_k が発生する経路 $\mathcal{P}_{\tilde{\mathcal{G}}}$ 上で何らかのアーク $\hat{k}$ が存在する．ゆえに，$\Pr(E(\tilde{\mathcal{G}})) = \Pr(\text{case 2})\Pr(E(\tilde{\mathcal{G}})|\text{case 2})$ を得る．$\mathcal{P}_{\mathcal{G}'_i}$ は最低でも $\mathcal{P}_{\mathcal{G}_i}$ と同じだけのアークを有しているので，$\Pr(\text{case 2 for } \mathcal{G}'_i) \geq \Pr(\text{case 2 for } \mathcal{G}_i)$ となる．ゆえに，もし $\Pr(E(\mathcal{G}'_i)|\text{case 2}) \geq \Pr(E(\mathcal{G}_i)|\text{case 2})$ を示すことができれば，帰納法の仮定 $\Pr(E(\mathcal{G}'_i)) \geq \Pr(E(\mathcal{G}_i))$ が成り立つ．

$m_i = 1$ に関して $\Pr(E(\mathcal{G}'_i)|\text{case 2}) = 1$ であるので，この仮定は真である．$m_i > 1$ に関して，ケース 2 の場合はアーク $\hat{k}$ を取り除くことにより，$\mathcal{G}'_i$ については実効的等価 $m_i - 1$ 個のノード独立な長さ L の経路から構成されるグラフが残り，$\mathcal{G}_i$ については $m_i - 1$ 個の最小カットのグラフが残る．結果のグラフに帰納法の仮定を適用することにより結果を得る．

ゆえに，$\Pr(E(\mathcal{G}'_i)$ は確率 P_i の上限を与える．

$$P_i \leq \left(1 - \left(1 - \frac{1}{2^n}\right)^L\right)^{m_i} \leq \left(\frac{L}{2^n}\right)^{m_i}.$$

これを誤り限界式 (2.15)〜式 (2.17) に代入することにより，希望した結果を得る．

□

第3章

セッション間ネットワークコーディング

　ここまでは単一通信セッション，すなわち1シンクノード宛のユニキャスト通信，あるいは複数シンクノード宛のマルチキャスト通信を扱ってきた．この種のコーディングは**セッション内コーディング**と呼ばれる．なぜなら，同じシンクノードの集合で復号される情報シンボルのみを一緒にコーディングするからである．セッション内ネットワークコーディングでは，各ノードは入力のランダム線形結合で出力を形成すればよい．各シンクノードは，独立なソース過程の線形結合を十分に受信した時点で復号できる．

　複数セッションがネットワークを共用している場合，単純で実用的な方法は，ネットワーク容量の互いに素（disjoint）な部分集合を各セッションに割り当てることである．もし各セッションに割り当てられたサブグラフが各ノードで最大フロー/最小カットの条件を満たすならば（定理2.2および2.7），各セッション内の情報シンボル間でのセッション内ネットワークコーディングをセッションごとに個別に行うことにより一つの解を得ることができる．5.1.1節および5.2.1節でこのような方法について述べる．

　しかしながら，一般的には最適レートの達成には**セッション間ネットワークコーディング**，すなわち異なるセッションの情報シンボルの間でのコーディングが必要となることもある．セッション間ネットワークコーディングはセッション内ネットワークコーディングよりも複雑である．各シンクがそれぞれ自分の欲しいソース過程を復号することを保証するためには，コーディングを戦略的に行う必要がある．ノードは，自分のところに来るすべての入力を単純にランダム結合するだけではいけない．なぜなら，シンクノードがすべてのランダム結合されたソース過程を復号するために十分な入力容量を得られない可能性もあるからである．セッション内ネットワークコーディングと異なり，復号をシンクノード以外のノードで行う必要がある場合も出てくる．一例を3.5.1節で取り上げる．

　当面，一般的な複数セッションネットワーク問題についてはどのようにして実行可

能性を決めるか，あるいはどのようにして最適ネットワークコードを構築するかはまだ知られていない．本章では，まず理論的な方法と結果を取り上げる．次に，セッション間ネットワークコーディングの，準最適だが実際的なネットワークコードの構築と実装について説明する．

3.1 ■ スカラおよびベクトル線形ネットワークコーディング

一つの線形マルチキャストセッションに関するスカラ線形ネットワークコーディングは 2.2 節で説明した．セッション数を複数に拡張した一般的な場合では，各シンク $t \in \mathcal{T}$ は情報ソースの任意の部分集合

$$\mathcal{D}_t \subset \{1, 2, \ldots, r\} \tag{3.1}$$

を要求することができる．スカラ線形ネットワークコーディングの一般的な場合は，単一マルチキャストセッションの場合と同様に定義される．唯一の違いは，各シンクが情報ソースのうちの必要な部分集合のみを復号すればよいという点である．我々はスカラ線形可解性基準を次のように一般化することができる．単一セッションの場合の基準は，各シンクノード t の変換行列式 $\det \mathbf{M}_t$ が，コーディング係数 $(\mathbf{a}, \mathbf{f}, \mathbf{b})$ の関数としてゼロではないということであった．これは，各シンクノードがすべてのソース過程を復号できるということに対応する．セッション間ネットワークコーディングの場合の基準は，次のような係数 $(\mathbf{a}, \mathbf{f}, \mathbf{b})$ が存在するということである．

(i) $\mathbf{M}_t$ の部分行列で，その添字（index）が $\mathcal{D}_t$ 内にある行で構成されるものは，行列式がゼロではない．
(ii) その他の行はすべてゼロである．

これは，各シンクノードが自分の欲しいソース過程を抽出し，他の干渉する（邪魔な）ソース過程を排除することに対応する．

ある一般的なネットワーク問題がスカラ線形解を持つかどうかを判定する問題は，NP 困難であることが示されている（3-CNF（Conjunctive Normal Form）からの帰着による）[114]．この問題は，関係する代数多様体（variety）が空集合かどうかを判定する問題に次のように帰着できる．$m_1(\mathbf{a}, \mathbf{f}, \mathbf{b}), \ldots, m_K(\mathbf{a}, \mathbf{f}, \mathbf{b})$ で，条件 (ii) に従ってゼロと評価されるべき $\mathbf{M}_t, t \in \mathcal{T}$ のすべての成分を表す．$d_1(\mathbf{a}, \mathbf{f}, \mathbf{b}), \ldots, d_L(\mathbf{a}, \mathbf{f}, \mathbf{b})$ で，条件 (i) に従ってゼロ以外であるべき部分行列式を表す．ξ は新たな変数，I は $m_1(\mathbf{a}, \mathbf{f}, \mathbf{b}), \ldots, m_K(\mathbf{a}, \mathbf{f}, \mathbf{b}), 1 - \xi \prod_{i=1}^{L} d_i(\mathbf{a}, \mathbf{f}, \mathbf{b})$ で生成されるイデアルとする．す

3.1 ■スカラおよびベクトル線形ネットワークコーディング

ると復号の条件は，イデアル I に対応する多様体が空集合でないことと等価になる．これは，I のグレブナー基底を計算することで決められる．グレブナー基底の計算の複雑さは多項式的ではないが，標準的な数学ソフトウェアが存在する．

単一マルチキャストの場合と異なり，スカラ線形ネットワークコーディングは一般的には最適ではない．スカラコーディングは時間不変（time-invariant）である．概略を前述したスカラ線形可解性判定方法では，複数のスカラ解の間での時間割当（time-sharing）は範囲外である．図 3.1 は，異なるルーティング法の間の時間割当では解くことができるが，スカラ線形ネットワークコーディングでは解くことができないネットワーク問題の一例である．ノード 1 および 2 はソースノード，ノード 6–9 はシンク

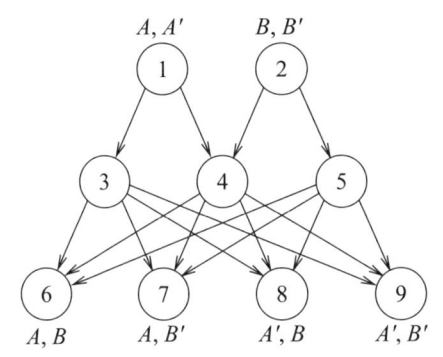

(a) 異なるルーティング法の間の時間割当では解くことができるが，スカラ線形ネットワークコーディングでは解くことができないネットワーク問題の一例

(b) 時間割当ルーティング解

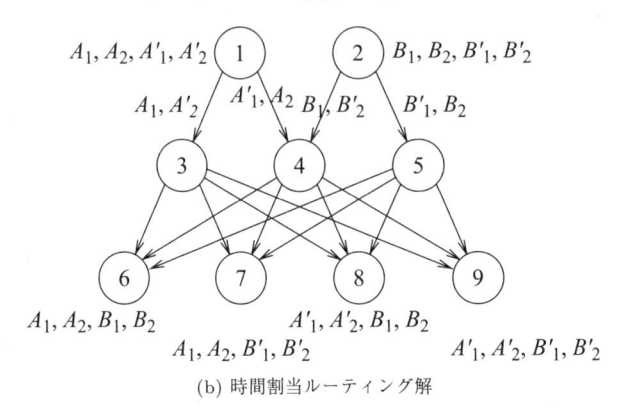

図 3.1　ネットワーク問題の一例 [101]

ノードである．ソース過程 A および A' がノード1で生成され，ソース過程 B および B' がノード2で生成される．各シンクはソース過程の異なる対を要求している．図に示した時間割当解は，二つの時間ステップに渡って稼動する．

ベクトル線形ネットワークコーディングのクラスは，スカラ線形ネットワークコーディングと時間割当ネットワークコーディングの両方を，特別な場合として含んでいる．ベクトル線形ネットワークコーディングでは，各ソースおよびアーク過程に対応するビットストリームは有限体シンボルのベクトルに分割される．一つのアークに対応付けられたベクトルはその入力に対応付けられたベクトルの線形関数であり，その線形関数は行列により規定される．ベクトル線形ネットワークコーディングは，2.7節で関連するソースからマルチキャストさせる場合に用いられた．

3.2 ■分割コーディング問題の定式化

2.1節の基本モデルと問題の定式化では，一つの解は固定のソースレートおよび固定のアーク容量（すべてが等しいと仮定）について定義されている．ゆえに，あるネットワーク問題およびコーディング/ルーティング方法が与えられたとき，解は存在する，あるいは存在しないのいずれかであった．マルチセッションの場合の各種の異なる方法のクラスを比較する場合に役立つもう少し柔軟なやり方として，ネットワーク問題をソース/シンク位置と**要求**に関して定義し，アーク容量に対応してどのくらいのレートが出せるのかを問う方法がある．

何らかの戦略のクラスにより達成可能なレートの最も一般的な特徴付けは，異なるソース間でのトレードオフを示すレート領域である．より単純な特徴付けは，ネットワークコーディングの異なるクラスの比較目的には十分なものだが，ソースレートが互いに等しく，アークレートも互いに等しいと仮定し，ソースレートとアークレートの比の最大値は何かを問う方法である．具体的にいえば，各ソースから k 個のシンボルのベクトルを1個送り，各アークへは n 個のシンボルのベクトルが1個送られることを考える．シンボルは何らかのアルファベットからとる（これまで取り上げてきたコードでは，アルファベットは有限体であった．しかし，**環（ring）**等のもっと一般的なアルファベットを考えることもできる）．このようなネットワーク問題は，グラフ $(\mathcal{N}, \mathcal{A})$，ソースノード $s_i \in \mathcal{N}, i = 1, \ldots, r$，シンクノードの集合 $\mathcal{T} \subset \mathcal{N}$，各シンク $t \in \mathcal{T}$ から要求されるソース過程の集合 $\mathcal{D}_t \subset \{1, \ldots, r\}$ で定義される．簡単のため，以後このようなネットワーク問題を単に**ネットワーク**と呼ぶ．(k, n) **分割解** (fractional solution) は，ネットワークノードにおけるコーディング演算およびシン

クノードにおける復号演算を定義する．復号では，各シンクは要求するソース過程の値を完璧に復元する．一つの解は，2.1 節で述べたように $k = n$ の場合に対応する．一つの**スカラ解**は，$k = n = 1$ という特別の場合である．ネットワークコードのアルファベット $\mathcal{B}$ およびクラス $\mathcal{C}$ に関するネットワークの**コーディング容量**は，次のように表される．

$$\sup\{k/n : (k,n)\ \text{分割コーディング解が}\ \mathcal{B}\ \text{上}\ \mathcal{C}\ \text{内に存在する}\}.$$

3.3 ■線形ネットワークコーディングの不十分さ

線形ネットワークコーディングは，一般的に複数セッションの場合には十分でない．これは，非線形コーディング容量が 1 で線形解を持たないネットワーク例 $\mathcal{P}$ で示されている．ネットワーク $\mathcal{P}$ とその非線形解は図 3.2 に示されている．$\mathcal{P}$ が解を持たない線形コードのクラスは，3.1 節で述べた有限体上のベクトル線形コードのクラスに比べてより一般的である．前者は，任意の環についてソースおよびアーク過程が 1 個以上の要素を持つ有限な任意の R-加群 G と対応付けられているような線形ネットワークコードを含む（環 (ring) は体 (field) の一般化の一つである．その違いは，環では乗算の逆ができなくてもよいことである．R-加群 (module) は体の代わりに環 R を用いたベクトル空間の一般化である）．

$\mathcal{P}$ の構成は，マトロイド理論との関係に基づいている．ネットワーク内のソースおよびアーク過程とマトロイド要素を同一とみなすことにより，所与のマトロイドから一つの（唯一ではない）**マトロイドネットワーク**を構成することができる．ここでは，マトロイドの依存性と独立性がネットワークに反映する．マトロイドの回路 (circuit, 最小依存集合) は，ノードの出力アーク過程（または復号されたシンクノードの出力過程）のノードの入力過程への依存度に反映される．マトロイドの基底 (base, 最大独立集合) は全ソース過程の集合，またはすべてのソース過程を要求するシンクノードの入力過程に対応する．ゆえに，マトロイドの性質は対応するマトロイドネットワークに継承される．

ネットワーク $\mathcal{P}$ は二つのマトロイドネットワーク $\mathcal{P}_1$ および $\mathcal{P}_2$（図 3.4 および 3.6 に示されている）に基づいており，よく知られた Fano および非 Fano マトロイドと対応付けられている（図 3.3 および 3.5 に示されている）．ベクトル線形コーディングの場合，標数 (characteristic) が奇数の有限体上では，$\mathcal{P}_1$ はいかなる次元のベクトル線形解を持たない．一方，標数が 2 の有限体上では，$\mathcal{P}_2$ はいかなる次元のベクトル

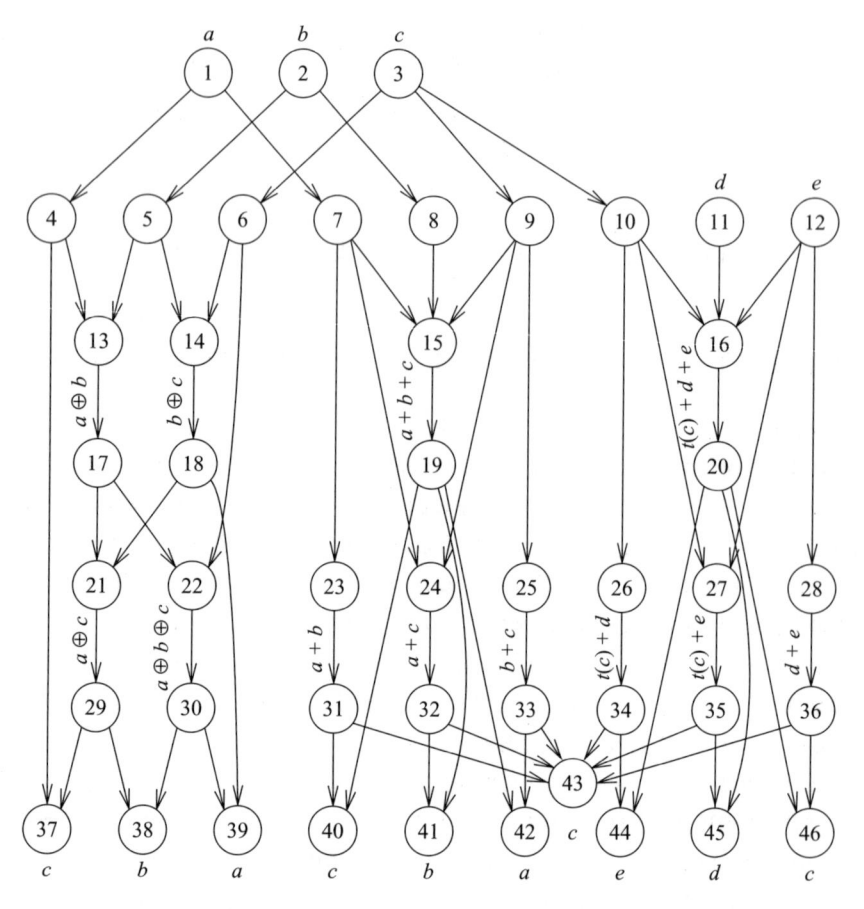

図 3.2 非線形コーディング容量が線形コーディング容量より大きい場合のネットワーク問題例．アークに記されているのは大きさ 4 のアルファベット上での非線形解である．シンボル + と − は 4 を法とする整数環 $\mathbf{Z}_4$ 内での加算と減算を表す．$\oplus$ はビットごとの XOR，t は 2 ビット二進記号列のビット順を反転する処理を表す．許可を得て [34] から再掲．

3.3 ■線形ネットワークコーディングの不十分さ

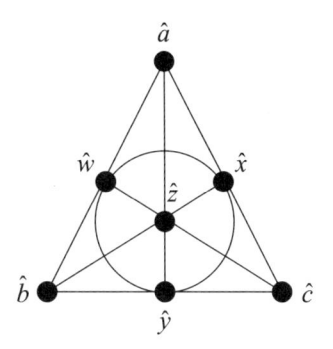

図 3.3 Fano マトロイドの幾何学的表現．添え字付きの点は，台集合に対応し，図の一直線上にあるかまたは同一円状にある場合に限り，その三要素はいずれも依存関係にある．許可を得て [35] から再掲．

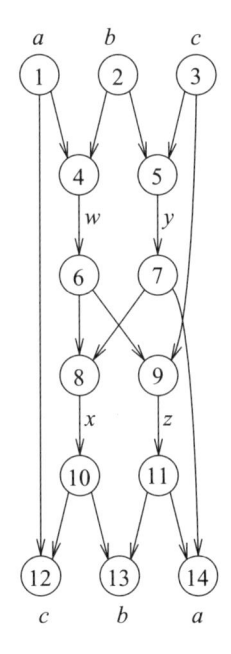

図 3.4 Fano マトロイドと対応したネットワーク．ソース過程 a, b, c はそれぞれノード 1, 2, 3 から発信され，シンクノード 14, 13, 12 から要求されている．ソースとアークの添え字は図 3.3 に示されている Fano マトロイドの要素との対応を示す．このネットワークは，標数が奇数の有限体上ではいかなる次元のベクトル線形解をも持たない．許可を得て [35] から再掲．

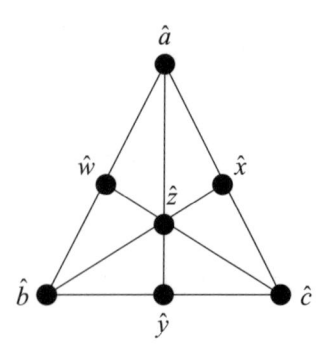

図 3.5 非 Fano-マトロイドの幾何学的表現. 添え字付きの点は台集合に対応し, 図の一直線上にある場合に限りその三要素はいずれも依存関係にある. 許可を得て [35] から再掲.

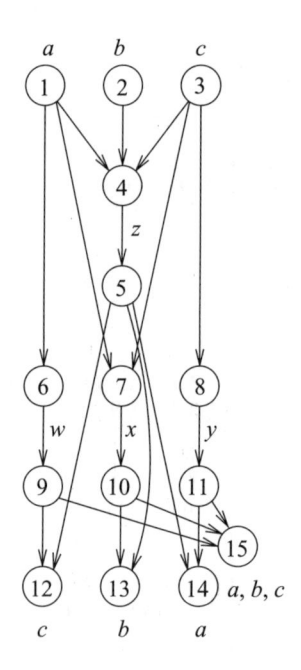

図 3.6 非 Fano マトロイドと対応したネットワーク. ソース過程 a, b, c はそれぞれノード 1, 2, 3 から発信され, それぞれシンクノードの集合 $\{14, 15\}$, $\{13, 15\}$ $\{12, 15\}$ から要求されている. ソースとアークの添え字は図 3.5 に示されている Fano マトロイドの要素との対応を示す. 標数が 2 の有限体上では, このネットワークはいかなる次元のベクトル線形解をも持たない. 許可を得て [35] から再掲.

線形解を持たない[*1]．この不整合を活用することにより，大きさ 4 のアルファベット上で，線形解を持たないが非線形解を持つネットワーク例を構成する（図 3.2）．

有限体上のベクトル線形コードの場合は，次節で述べる情報理論的議論により，この例の線形コーディング容量は 10/11 であることが示される．証明は [34] に記されている．ゆえに，有限体上のベクトル線形ネットワークコーディングは漸近的にも最適ではない．

3.4 ■情報理論的な手法

任意のネットワークのコーディング容量の決定は未解決問題である．しかし，情報理論のエントロピーの議論を用いて，種々の場合の容量の特徴付け/限定を行うことには進展が見られる．情報理論的手法では，ソースおよびアーク過程を確率変数（または確率変数列）で表す．ソース確率変数のエントロピーはソースレートで決められる（または下限が決められる）．アーク確率変数のエントロピーはアーク容量で上限が決められる．これらの確率変数の種々の部分集合の結合/条件付エントロピーなど他の限定的関係は，コーディング依存性や復号要求から導出される．

以下では，$S = \{1,\ldots,r\}$ で情報ソースの集合，$\mathcal{I}(v), \mathcal{O}(v) \in \mathcal{A}, \mathcal{S}(v) \subset \mathcal{S}$ でそれぞれノード v の入力アーク，出力アーク，情報ソースを表す．前述と同様に，$\mathcal{D}_t \subset \mathcal{S}$ はシンク t で要求された情報ソースを表す．

巡回路無しネットワークの場合は，アルファベット $\mathcal{B}$ について (k,n) 分割ネットワークコーディング解が存在するとする．i 番目 $(1 \leq i \leq r)$ のソース過程を確率変数のベクトル X_i で表す．X_i は，$\mathcal{B}$ 上に一様に分布する k 個の独立した確率変数で構成される．Y_j は，分割ネットワークコーディングのもとで，各アーク $j \in \mathcal{A}$ に送信された対応する確率変数のベクトルを表す．省略記法として，アークの集合 $\mathcal{A}' \subset \mathcal{A}$ には $Y_{\mathcal{A}'} = \{Y_j : j \in \mathcal{A}'\}$ を，ソースの集合 $\mathcal{S}' \subset \mathcal{S}$ には $Y_{\mathcal{S}'} = \{X_i : i \in \mathcal{X}'\}$ を用いる．

すると，次のエントロピー条件を得る．

$$H(X_i) = k \tag{3.2}$$

$$H(X_\mathcal{S}) = rk \tag{3.3}$$

[*1] さらに一般的な G 上の R-線形コーディングの場合，ベクトル線形可解性はより大きな加群上のスカラ線形可解性に対応する．もし $\mathcal{P}$ がスカラ線形解を持つとしたら，$\mathcal{P}$ は R が G 上で忠実に作用する場合にもスカラ線形解を持ち，単位元素が I である環であることを示すことができる．この場合，$I + I \neq 0$ ならば $\mathcal{P}_1$ は G 上でスカラ R-線形解を持たない．一方，$\mathcal{P}_2$ は $I + I = 0$ のとき G 上でスカラ R-線形解を持たない．

$$H(Y_j) \leq n \quad \forall j \in \mathcal{A} \quad (3.4)$$
$$H(Y_{\mathcal{O}(v)}|X_{\mathcal{S}(v)}, Y_{\mathcal{I}(v)}) = 0 \quad \forall v \in \mathcal{N} \quad (3.5)$$
$$H(X_{\mathcal{D}_t}|Y_{\mathcal{I}(t)}) = 0 \quad \forall t \in \mathcal{T} \quad (3.6)$$

式 (3.2) および式 (3.3) では，ソースベクトル X_i はそれぞれエントロピー k を持ちアルファベットの大きさの対数で計れる単位で，互いに独立であることを示す．不等式 (3.4) は，各アークベクトル Y_j のエントロピーの上限をアーク容量で示す．式 (3.5) は，各ノードの出力がその入力の確定的な関数であるという条件を示す．式 (3.6) は，求めているソースを，各シンクが入力の確定的な関数として復元できるという要求を示す．

ある特定のネットワーク問題について式 (3.2)–(3.6) が与えられたとき，式を単純化して比率 k/n の限定条件を求めることを目的として，**情報不等式**を適用することができる．情報不等式は確率変数の集合の部分集合で，情報測度（エントロピー，条件付エントロピー，相互情報，条件付相互情報）を含む不等式である．これは，確率変数の任意の結合分布のもとで成立する．直感的に情報不等式は，これらの情報測度の値により満足されなければならない制約条件である．これは，その値が何らかの結合分布と矛盾なく成り立つためである．離散確率変数の任意の集合 $\mathcal{N}$ および $\mathcal{N}$ の任意の部分集合 $\mathcal{U}, \mathcal{U}', \mathcal{U}''$ について，次の**基本不等式**がある．

$$H(\mathcal{U}) \geq 0$$
$$H(\mathcal{U}|\mathcal{U}') \geq 0$$
$$I(\mathcal{U}; \mathcal{U}') \geq 0$$
$$H(\mathcal{U}; \mathcal{U}'|\mathcal{U}'') \geq 0$$

基本不等式および基本不等式から導かれた全不等式は，シャノン型情報不等式と呼ばれる．4個以上の確率変数については基本不等式から導かれたものではない不等式があり，これは**非シャノン型情報不等式**と呼ばれる．4個の確率変数 X_1, X_2, X_3, X_4 を含む一例の場合の不等式は

$$2I(X_3; X_4) \leq I(X_1; X_2) + I(X_1; X_3, X_4) + 3I(X_3; X_4|X_1) + I(X_3; X_4|X_2). \quad (3.7)$$

である．

シャノン型不等式は，一般的にコーディング容量を計算するためには不十分である．これは [35] で，Vámos マトロイド（例 [108]）に基づくネットワーク問題によって示

されている．そこでは，非シャノン型不等式 (3.7) はシャノン型不等式のみを用いて導出されたいかなる限界よりも厳しい限界をもたらす．

情報理論的手法は，一般的な巡回路無しネットワークでアーク容量が $c_k, k \in \mathcal{A}$ の場合の，確定的ネットワークコーディングにおけるレート領域を陰に特徴付ける．我々は，まずいくつかの定義を紹介する．$\mathcal{N}$ を $\{X_i : i \in \mathcal{S}\} \cup \{Y_j : j \in \mathcal{A}\}$ と記される確率変数の集合とする．$\mathcal{H}_\mathcal{N}$ をその座標が $2^{|\mathcal{N}|} - 1$ 個の $\mathcal{N}$ の空ではない部分集合に対応する $(2^{|\mathcal{N}|} - 1)$ 次元のユークリッド空間とする．$\mathcal{N}$ 内の確率変数について何らかの結合分布が存在し，確率変数が対応する部分集合のエントロピーに $\mathbf{g}$ の各構成要素が等しいとき，ベクトル $\mathbf{g} \in \mathcal{H}_\mathcal{N}$ はエントロピー的（entropic）であるという．領域

$$\Gamma^*_\mathcal{N} = \{\mathbf{g} \in \mathcal{H}_\mathcal{N} : \mathbf{g} \text{ はエントロピー的}\}$$

を定義する．この領域は，基本的に $\mathcal{N}$ 内の変数を含むすべての可能な情報不等式の効果を要約する（この領域の，あるいはすべての可能な情報不等式といっても等価なことだが，完全な特徴付けを得られてはいない）．

$\mathcal{H}_\mathcal{N}$ 内で次の領域を定義する．

$$\begin{aligned}
\mathcal{C}_1 &= \left\{\mathbf{h} \in \mathcal{H}_\mathcal{N} : H(X_\mathcal{S}) = \sum_{i \in \mathcal{S}} H(X_i)\right\} \\
\mathcal{C}_2 &= \{\mathbf{h} \in \mathcal{H}_\mathcal{N} : H(Y_{\mathcal{I}(v)}|X_{\mathcal{S}(v)}, Y_{\mathcal{O}(v)}) = 0 \quad \forall v \in \mathcal{N}\} \\
\mathcal{C}_3 &= \{\mathbf{h} \in \mathcal{H}_\mathcal{N} : H(Y_j) \leq c_j \quad \forall j \in \mathcal{A})\} \\
\mathcal{C}_4 &= \{\mathbf{h} \in \mathcal{H}_\mathcal{N} : H(X_{\mathcal{D}_t}|Y_{\mathcal{I}(t)}) = 0 \quad \forall t \in \mathcal{T}\}
\end{aligned}$$

定理 3.1：任意の巡回路無しネットワークで複数セッションがある場合の容量領域は，次式で与えられる．

$$\mathcal{R} = \Lambda\left(\text{proj}_{X_\mathcal{S}}\left(\overline{\text{conv}(\Gamma^*_\mathcal{N} \cap \mathcal{C}_{12})} \cap \mathcal{C}_3 \cap \mathcal{C}_4\right)\right),$$

ただし，任意の領域 $\mathcal{C} \subset \mathcal{H}_\mathcal{N}$ について，$\Lambda(\mathcal{C}) = \{\mathbf{h} \in \mathcal{H}_\mathcal{N} : \mathbf{0} \leq \mathbf{h} \leq \mathbf{h}', \mathbf{h}' \in \mathcal{C}\}$，$\text{proj}_{X_\mathcal{S}}(\mathcal{C}) = \{\mathbf{h}_{X_\mathcal{S}} : \mathbf{h} \in \mathcal{C}\}$ は $\mathcal{C}$ のソースエントロピーに対応する座標 h_{X_i} への写像である．$\text{conv}(\cdot)$ は凸包演算子（convex hull operator），上線は閉包（closure），$\mathcal{C}_{12} = \mathcal{C}_1 \cup \mathcal{C}_2$ を表す．

証明：証明は [142] に記されている． □

第 3 章 ■セッション間ネットワークコーディング

巡回路のあるネットワークでは，遅延と因果関係の制約も考慮する必要がある．これは，各アーク j について時間ステップ $\tau = 1, \ldots, T$ に対応する確率変数列 $Y^{(1)}, \ldots, Y^{(T)}$ を考慮することによって可能となる．次に，式 (3.5) の代わりに次式を得る．

$$H(Y_{\mathcal{O}(v)}^{(1)}, \ldots, Y_{\mathcal{O}(v)}^{(\tau)} | X_{\mathcal{S}(v)}, Y_{\mathcal{I}(v)}^{(1)}, \ldots, Y_{\mathcal{O}(v)}^{(\tau-1)}) = 0 \quad \forall v \in \mathcal{N}$$

3.4.1 ■複数のユニキャストネットワーク

複数セッションネットワークコーディング問題の一つの特別な場合として，複数のユニキャスト，すなわち各々が一ソースノードと一シンクノードからなる複数の通信セッションがある．有向の有線ネットワークにおいて，任意の一般的な複数セッションネットワークコーディング問題は，その線形可解性を損なうことなく複数ユニキャスト問題に変換することができる．ゆえに，容量さえ考慮されていれば，複数ユニキャストの場合を検討すれば十分である．変換の方法は図 3.7 に示す工夫を用いる．任意の有向ネットワークにおいて，t_1 と t_2 は両方ともソース X を求めているシンクノードと仮定する．図に示すように，さらに 5 個の追加ノードを付加する．ここでは，ノード 1 はノード 5 に求められている追加のソースノードで，ノード 4 はソース X を求めている．結果のネットワークでは t_1 と t_2 はシンクノードではなく，新たなシンク 4 と 5 の要求を満たすために X を復号する必要がある．

他の無向有線ネットワークモデルの一例として，各アークの容量が情報フローの 2

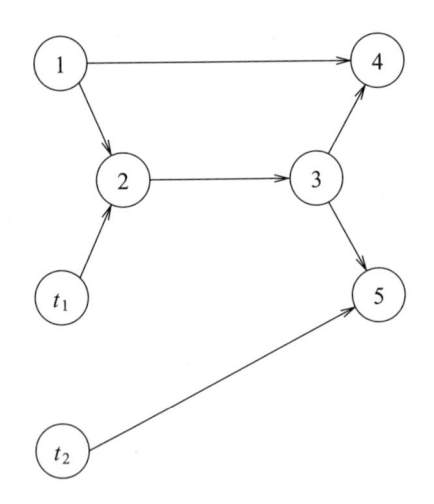

図 3.7　一般的な複数セッションネットワークコーディング問題を複数ユニキャスト問題に変換する仕組み．許可を得て [35] から転載．

方向の間で任意に分割可能な場合は，ネットワークコーディングでは複数ユニキャストセッションのスループットを向上することはできないと [87] で推測されている．しかしながら，次節でわかるようにこれは無向有線ネットワークの場合にはあてはまらない．

3.5 ■構成的な手法

セッション間ネットワークコーディングは複雑なので準最適（suboptimal）だが，実際の構成や装置化に便利なクラスのネットワークコードを考慮したくなる．構成的（constructive）な手法の多くは，ビットごとの XOR コーディングが有効な単純なネットワークを一般化したものに基づいている．

3.5.1 ■有線ネットワークにおける対ごとの XOR コーディング

図 3.8 は，第 1 章で示した有線ネットワークの単純な例である．ここでは，二つのユニキャストセッションにまたがるビットごとの XOR コーディングが，各セッションで同時に達成可能な共通スループットを倍増する．この例は「毒-解毒（poison-antidote）」という視点で解釈することができる．すなわち，符号化された $b_1 \oplus b_2$ は，自分だけではどちらのシンクでも役に立たないので**有毒**（poison）パケットと呼ばれる．各シンクは，自分自身のセッションのパケットを元に戻すために他のセッションのソースからの**解毒**（antidote）パケットを必要とする．

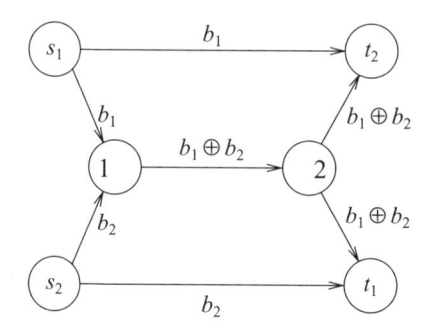

図 3.8　2 ユニキャストバタフライネットワーク．各アークは 1 個のパケットを高信頼で運搬する能力のある有向アークを表す．ソースノード s_1 には 1 個のパケット b_1 があり，シンクノード t_1 に伝送したい．ソースノード s_2 には 1 個のパケット b_2 があり，シンクノード t_2 に伝送したい．$b_1 \oplus b_2$ はパケット b_1 と b_2 のビットごとの XOR で得られるパケットである．

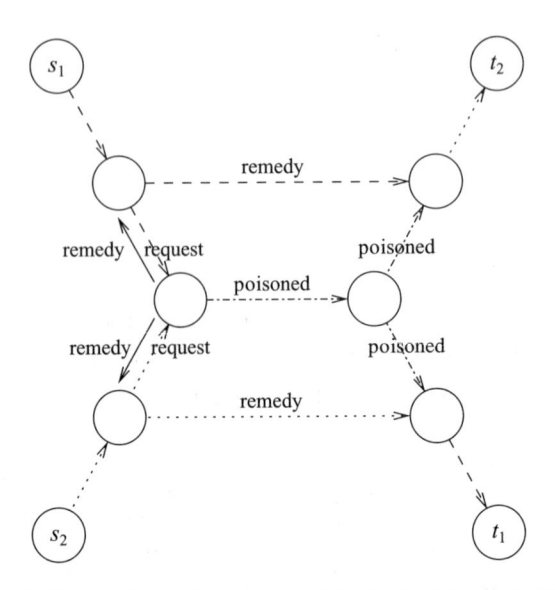

図 3.9 正準的な毒-解毒シナリオ．2 個のユニキャストセッションのセッション間 XOR コーディングの一例．中間の非シンクノードで復号を行う必要がある．

　この例を一般化するために，各アークを経路を構成する一部分で置き換えることができる．図 3.9 に示すように，解毒部分片はソースからシンクノードへの直接路ではなく，中間ノードの間にある．各ソースからの単一パケットではなく，パケットストリームを考えることもできる．

　2 個以上のユニキャストセッションの場合においてやりやすい手法の一つは，対象を一対のユニキャストにまたがる XOR コーディングに限定することである．すると，スループット最適化問題は，図 3.9 に示す型の毒-解毒バタフライ構成のネットワークにおける最適パッキング問題となる．これは 5.1.3 節で論じる線形最適化問題としても定式化できる．

3.5.2 ■無線ネットワークにおける XOR コーディング

3.5.2.1　正準的（canonical）なシナリオ

　無線媒体の同報性は，ネットワークコーディングが有益となる，より多くの状況を生み出す．最も単純な例として，二つのソースが共通の中継ノードを通してパケットを交換する場合を図 3.10 に示す（第 1 章の図 1.4 と同じだが，ハイパーアークは陽に提示せずに描かれている）．

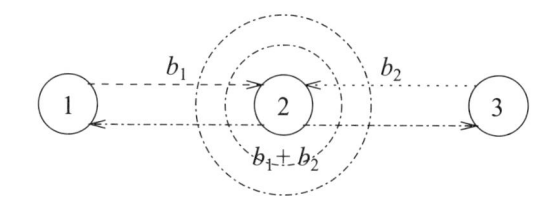

図 3.10　単一中継ノードによる情報交換

(a) 初期パケットは各ソースから符号化されずに送付される⋯．

(b) ⋯各ソースからのパケットの一つが中間の中継ノードに到達するまで．

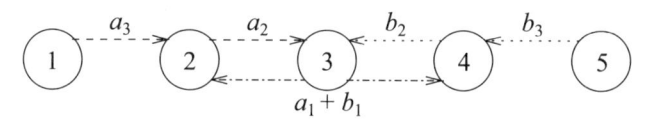

(c) このノードは二つのパケットのビットごとの XOR をとって符号化されたパケットを作成する．次に両隣のノードにこのパケットを一回の無線伝送でブロードキャストする．各隣接ノードは既に二つのオリジナルパケットのうちの一つは入手保管済なので，他方を復号することができる．ゆえに符号化によるブロードキャストは二つのオリジナルパケットを個別に送り届けることと等価である．

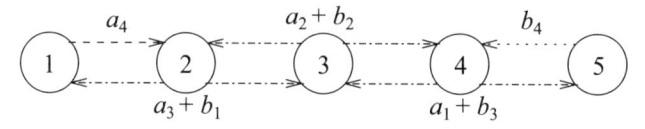

(d) このようにして各隣接ノードは各ソースからのパケットを入手した．同様にしてこれらの XOR をとって符号化されたパケットを作成してブロードキャストしていく．

図 3.11　複数中継情報交換シナリオ．[136] による．

二つのソースがパケットストリームを交換する場合については，この例は単一交換ノードを複数中継経路と交換することにより一般化できる（図 3.11 参照）．中継ノードによるブロードキャストにおいて，符号化された情報をブロードキャストして伝達

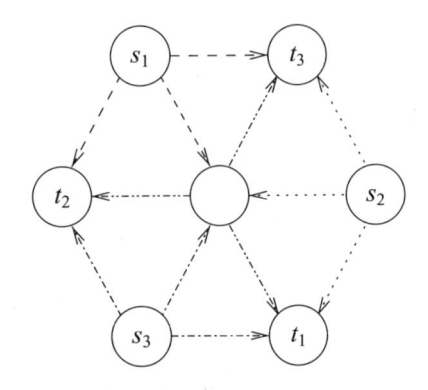

図 3.12 経路交差シナリオ（3 ユニキャストセッション）．各ソースはそのシンクと共通中継ノードを介して通信する．各ソースの送信情報は，中継ノードおよび他の二つのセッションのシンクノードに受信される．中継ノードは，三つのソースノードのパケットのビットごとの XOR をとってブロードキャストする．各ソースは他の二つのソースのパケットを持っているので，中継ノードから受信した情報を復号できる．許可を得て [37] から再掲．

することにより，有益な情報を双方向に伝送することが可能となる．これは，符号化していない情報のポイントツーポイント伝送の二つ分に相当する．この正準的なシナリオは，**情報交換シナリオ**と呼ばれる．

情報交換シナリオでは，中継ノードにおいて符号化されたパケットの無線ブロードキャストが行われる．図 3.12 に示す**経路交差シナリオ**では，符号化されたパケットの無線ブロードキャストが行われる．同時に，符号化されないパケットの無線ブロードキャストも行われ，符号化されたパケットの復号に用いられる．情報交換シナリオおよび経路交差シナリオは，無線 1 ホップ XOR コーディングシナリオと呼ばれる．なぜなら，符号化された各パケットは復号される前に 1 ホップ移動するからである．

前述した有線用の毒-解毒シナリオは，無線ネットワークにも適用できる．二つのユニキャストセッションによる情報交換シナリオおよび経路交差シナリオは，符号化されたパケットがちょうど 1 ホップだけ移動する特別な場合とみなすことができる．解毒パケットは，それぞれゼロパケットまたは 1 ホップ移動する．

3.5.2.2 御都合主義（opportunistic）なコーディング

完全御都合主義コーディング（COPE; Completely Opportunistic Coding）プロトコルは，参考文献 [73, 74] で Katti らにより提案された．これは前節で述べた正準的無線 1 ホップ XOR コーディングシナリオに基づいており，任意のルーティングプロトコル（例: 最短経路あるいは地理的ルーティング）および MAC 層のプロトコル

（例: 802.11 MAC）の上で作動する．

御都合主義的な聴取（漏聞）の要素（無線の同報性により，ノードは自分以外のノードに向けた伝送を漏れ聞く（overhear）ことができる）として，すべての漏聞パケットは一定期間保存される．ノードは，定期的に**受領報告**を送付する．受領報告はノード自身の送信の注釈として送ることができ，隣接ノードにどのパケットを漏れ聞いたかを知らせる．

御都合主義なコーディングの要素において，伝送の機会ごとに各ノードは自分のところにあるパケットのうちのどれを符号化して伝送するかを決定する．それは，そのパケットの次ホップノード，およびこれらのパケットのうちどれが次ホップノードで漏れ聞かれたかに基づいて決められる．異なる次ホップ隣接ノードに向けてパケットを転送しようとしている各ノードは，次のような性質をもつ，パケットの最も大きな部分集合 S を探す．

- 各パケット $u \in S$ は異なる次ホップノード v_u を持つ．
- これらの次ホップノード v_u の各々は既に S 内の u 以外の全パケットを持っている．

S 内のパケットは一緒に XOR されて符号化されたパケットを形成し，ノード $v_u, u \in S$ にブロードキャストされる．これらのノードの各々は，それぞれの意図するパケット u を復号するための十分な情報を持っている．このポリシーは，その伝送によって通信されるパケット数を最大化する．ここでは，パケットを受信したノードは，受信後，即座に復号を試みると仮定している．例えば図 3.13 に示されている状況を考える．この状況でノード 1 が行うコーディングの決定は，パケット $b_1 \oplus b_2 \oplus b_3$ を送付することである．これにより，3 個のパケット b_1, b_2, b_3 をそれぞれの次ホップに送付することができ，かつこれらのパケットを受信したノードがそれぞれの欲するパケットを復号できるからである．ノード 1 は，例えばパケット $b_1 \oplus b_2 \oplus b_4$ を送付しない．なぜなら，これを受信してすぐに復号して必要なパケットを復元できるのはノード 2 だけだからである（b_4）．コーディング判定を行うためには，各ノードが隣接ノードのバッファの中身を知っている必要がある．

実験によると，御都合主義コーディングを用いることにより 802.11 や地理的ルーティングによるアドホック無線ネットワークのスループットを大幅に増加することができることが示されている．特にネットワークが混雑している状態では，この効用は大きい．COPE については，サブグラフ選定と関係付けて 5.2.2 節でさらに説明を加える．

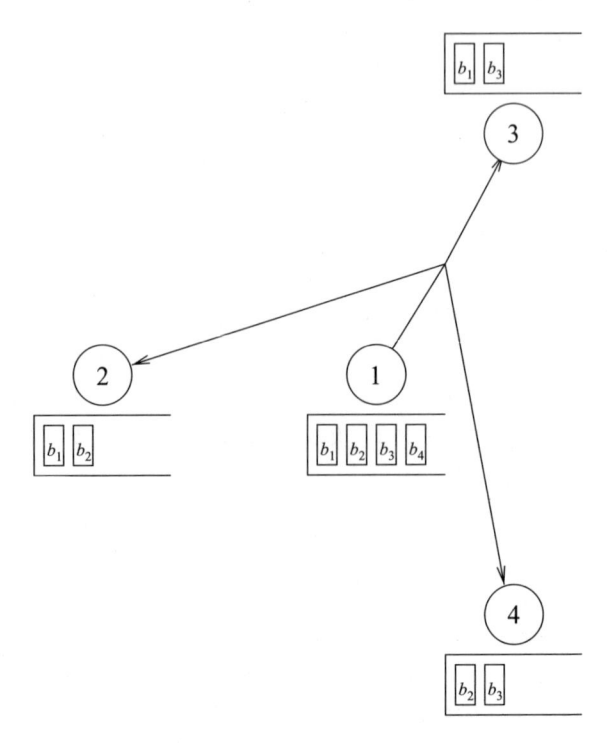

図 3.13 COPE における御都合主義コーディングの例. パケット b_1 の次ホップはノード 4, パケット b_2 の次ホップはノード 3, パケット b_3 および b_4 の次ホップはノード 2 と仮定する. ノード 1 は, 誤り無しでノード 2,3,4 に達してブロードキャストする機会がある. ノード 1 の決断は, パケット $b_1 \oplus b_2 \oplus b_3$ を送付することである. これにより, パケット b_1, b_2, b_3 を次ホップノードに送信することができるからである. [75] による.

3.5.2.3 コーディングに影響されたルーティング

ルーティングが潜在的なコーディングの機会に影響される場合を考えれば, ネットワークコーディングの利得の範囲はさらに広がる. 例えば情報交換シナリオを考える. 二つのユニキャストフローがあり, 各ユニキャストのソースは他方のシンクと一緒に配置されているとする. これは, 二つのユニキャストセッションでソースノードとシンクノードが一緒に配置されていない場合に一般化できる. 一般化は, 反対方向に重なり合っている二つのセッションのための経路を選択することによる. 自動車相乗り (carpooling) に対応付けると, 各セッションの経路は経路の共通部分の伝送を共有することにより, 補償される迂回路を含むことができる. ゆえに, **逆相乗り** (reverse-carpooling) という名前となる. 一例の説明を図 3.14 に示す.

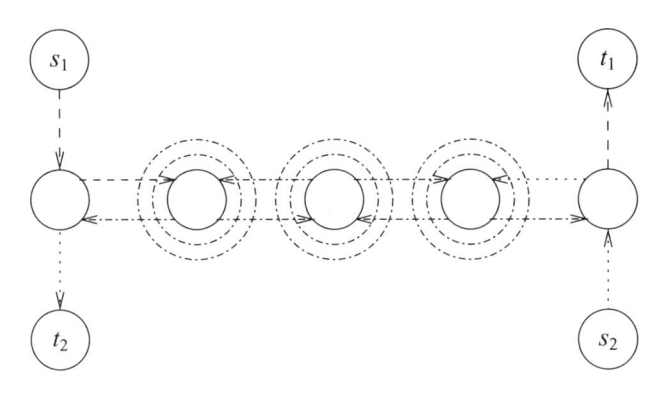

図 3.14　逆相乗りシナリオ．[37] による．

　ネットワークコーディングのクラスの内部で最も良い解を求める問題は，サブグラフ選定問題である．最適化問題をわかりやすいものとするには，考察の範囲を逆相乗り，毒-解毒，かつ/または経路交差シナリオに制限し，さらにシナリオを構成する符号化パケットのセッション数を制限することである．これは，5.1.3 節および 5.2.2 節で説明する．

3.6 ■注釈と参考文献

　本章の代数的な特徴付けおよびスカラ線形非マルチキャストネットワークコーディングは Koetter と Médard によるものである [82]．Rasala Lehman and Lehman[114] は異なるスカラ線形ネットワークコーディング問題の複雑さのクラスを決定した．スカラ線形ではなくベクトル線形コーディング解を必要とするネットワーク例は，Rasala Lehman and Lehman [114]，Médard et al [101]，Riis [117] により示された．Dougherty et al. [34] で，線形コーディングが一般的な非マルチキャストネットワークには不十分であることを示した．また [35] では，シャノン型不等式が一般的なネットワークコーディング容量の解析には不十分であることを示した．これには，マトロイド理論とネットワークコーディングの間の接続を用いられている [35]．グループネットワークコードは Chan[20] により検討された．

　本章で示した巡回路無しネットワークの容量に関するエントロピー関数ベースの特徴付けは Yan et al. [142] による．非マルチキャスト問題において，通信レートを制限付けるためのエントロピーに基づく手法やその他の技法は [34, 52, 54, 83, 101, 144]

等の各種研究にて示されている．

一般的なネットワークコーディング問題を複数ユニキャスト問題に変換する方法は [36] による．無向有線ネットワークモデルにおけるネットワークコーディングの研究は，Li and Li [36] により始められた．

コード構成に関しては，複数ユニキャストネットワークコーディングのための毒-解毒手法が Ratnakar et al. [115, 116] によって導入された．情報交換シナリオは Wu et al. [136] が始めた．COPE プロトコルは Katti et al. [74, 75] により開発された．セッション間ネットワークコーディングのサブグラフ選択の研究については第 5 章で述べる．

第4章

損失有りネットワークにおける
ネットワークコーディング

　本章では，パケット消失のある損失有りネットワークにおけるネットワークコーディング，特にランダムネットワークコーディングの使用を論じる．確立すべき主たる結論は，「ランダム線形ネットワークコーディングは所与のコーディングサブグラフにおける単一コネクション（ユニキャストまたはマルチキャスト）の最大容量（capacity）を達成する」ということである．すなわち，効率的に頑健性を提供すれば，ランダム線形ネットワークコーディングにより所与のコーディングサブグラフで可能な最大スループットでコネクション確立が可能となる．

　本章を通してコーディングサブグラフは所与であると仮定する．サブグラフ選択の問題は第5章で取り上げる．第5章ではまた，コーディングとサブグラフ選択の分離が最適かどうかも議論する．ここで取り上げる損失有りコーディングサブグラフは，マルチホップ無線ネットワーク，ピアツーピアネットワーク等，各種の形のネットワークに適用可能である．後者では，信頼できないリンクが原因となる場合はそれほど損失は多くなく，むしろ断続的にネットワークに参入・離脱する低信頼ノードが原因となる．

　ここでは，1.3節で示した時間拡張サブグラフを用いてコーディングサブグラフをモデル化する．パケット投入と受信が発生する時刻と位置を時間拡張サブグラフが示すことを思い出して欲しい．コーディングサブグラフはパケット投入が発生する時刻だけを規定するので，時間拡張サブグラフは実は一つのコーディングサブグラフにおけるパケット送受のランダムな集合の一要素である．時間拡張サブグラフを図4.1に示す．

　簡単のため，リンクは遅延無しと仮定する．すなわち受信パケットの到着時刻は，そのパケットがリンクに投入された時刻に対応する．この仮定は，本章で我々が導出する結果を変えるものではない．また，遅延有りリンクは人工ノードの導入により遅延無しリンクに変換可能である．図4.2の左側で，遅延有り伝送を描いた時間拡張サブグラフの一例を示す．パケット b_1 が時刻1にノード1に投入され，このパケットは時

第 4 章 ■ 損失有りネットワークにおけるネットワークコーディング

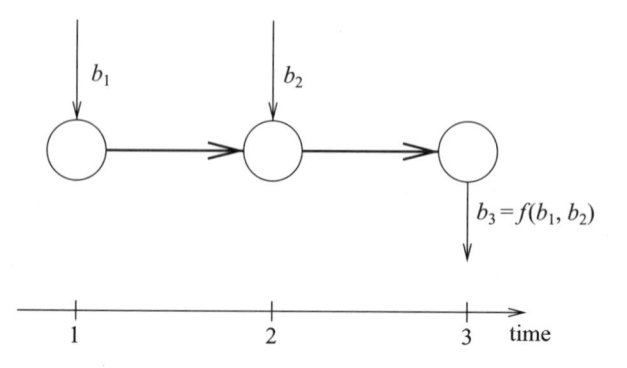

図 4.1 時間拡張サブグラフの 1 ノードにおけるコーディング.パケット b_1 が時刻 1 に,パケット b_2 が時刻 2 に受信される.太線の水平のアークは無限の容量を持ち,ノードに格納されるデータを表す.ゆえに時刻 3 では,パケット b_1 と b_2 を用いてパケット b_3 を形成することができる.

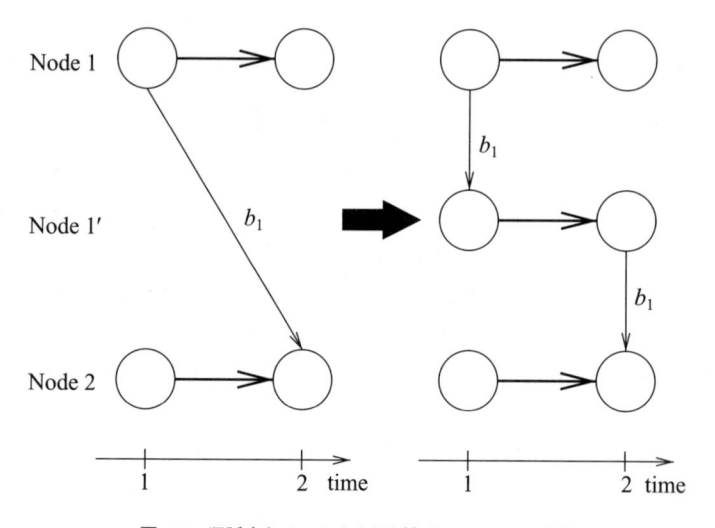

図 4.2 遅延有りリンクから遅延無しリンクへの変換

刻 2 までノード 2 に受信されない.右側では同じ伝送を描くが,人工ノード $1'$ を導入する.ノード $1'$ は,b_1 を保管して時刻 2 に再出力するほかに何もしない.このようにして,ノード 1 からノード $1'$ に時刻 1 に,ノード $1'$ からノード 2 に時刻 2 に,遅延無し伝送があると仮定できる.

ハイパーアーク (i, J) に投入されたパケットの到着を表す計数過程 (counting process) を A_{iJ} とする.また,ハイパーアーク (i, J) に投入され,ノードの集合 $K \subset J$

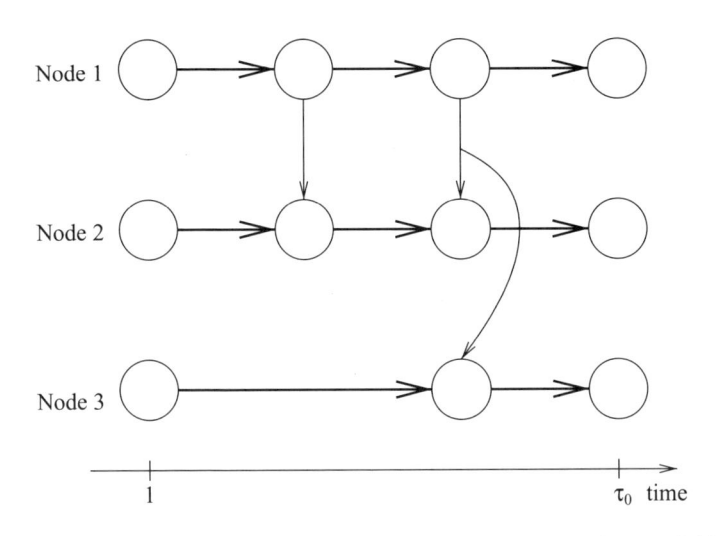

図 4.3 時間拡張サブグラフ. 時刻 0 と τ の間で, あるパケットがノード 1 から 2 へ成功裡に伝送され, 別のパケットがノード 2 と 3 に成功裡に伝送される.

にちょうど受信されたパケットの到着を表す計数過程を A_{iJK} とする. すなわち $\tau \geq 0$ について, $A_{iJ}(\tau)$ はハイパーアーク (i, J) に時刻 0 と時刻 τ の間に投入されたパケットの総数, $A_{iJK}(\tau)$ はハイパーアーク (i, J) に時刻 0 と時刻 τ の間に投入されて K の全ノードに受信された (そして $\mathcal{N} \setminus K$ のどのノードにも受信されない) パケットの総数である. 例えば, 3 個のパケットがハイパーアーク $(1, 2, 3)$ へ時刻 0 と時刻 τ_0 の間に投入されたとする. 1 個はノード 2 でのみ受信され, 1 個は完全に失われ, 1 個はノード 2 と 3 の両方に受信されたとする. すると, $A_{1(23)}(\tau_0) = 3$, $A_{1(23)\emptyset}(\tau_0) = 1$, $A_{1(23)2}(\tau_0) = 1$, $A_{1(23)3}(\tau_0) = 0$, $A_{1(23)(23)}(\tau_0) = 1$ を得る. これらの事象に対応する時間拡張サブグラフの一例を図 4.3 に示す.

A_{iJ} は平均速度 z_{iJ}, A_{iJK} は平均速度 z_{iJK} を持つと仮定する. さらに正確には,

$$\lim_{\tau \to \infty} \frac{A_{iJ}(\tau)}{\tau} = z_{iJ}$$

および

$$\lim_{\tau \to \infty} \frac{A_{iJK}(\tau)}{\tau} = z_{iJK}$$

がほとんど確実に成り立つと仮定する. ゆえに, $z_{iJ} = \sum_{K \subset J} z_{iJK}$ を得る. また, リンクが損失無しとすれば, すべての $K \subset\neq J$ について $z_{iJK} = 0$ を得る. z_{iJ}, $(i, J) \in \mathcal{A}$ から構成されるベクトル z が, 与えられるコーディングサブグラフである.

第 4 章 ■ 損失有りネットワークにおけるネットワークコーディング

4.1 節において，損失有りネットワークにおけるランダム線形ネットワークコーディングが意味するところは何かを正確に規定する．次に 4.2 節では，本章の主たる結論を確立する．すなわち，ランダム線形ネットワークコーディングが所与のコーディングサブグラフにおいて単一コネクション最大容量を達成することを示す．この結論は，スループットのみで遅延を考慮していない．4.3 節では，誤り指数（error exponent）を与えることによりポワソントラヒックで損失が独立同一分布（i.i.d.）の特別な場合の結論を強化する．これらの誤り指数により，コーディング遅延に伴う誤り確率の減衰速度を定量化することができる．また，この減衰における重要なパラメータを決定することもできる．

4.1 ■ ランダム線形ネットワークコーディング

我々が考える特定のコーディング法は以下の通りである．ソースノードにおいて K 個のメッセージパケット $w_1, w_2, \ldots, w_K$ を有すると仮定する．これらはある有限体 $\mathbb{F}_q$ 上の長さ λ のベクトルである（もしパケット長が b ビットならば $\lambda = \lceil b/\log_2 q \rceil$）．メッセージパケットは，最初はソースノードのメモリ内に存在する．

各ノードで施されるコーディング演算は単純に記述でき，全ノードで同一である．受信されたパケットはノードのメモリに格納され，出力リンクでパケット投入が発生するたびに，パケットはそのメモリ内容のランダム線形結合により形成されて投入される．結合の係数は $\mathbb{F}_q$ から一様に選ばれる．

すべてのコーディングは線形であるので，ネットワーク内の任意のパケット u を $w_1, w_2, \ldots, w_K$ の線形結合で書くことができる．すなわち $u = \sum_{k=1}^{K} \gamma_k w_k$ となる．γ をベクトル u の**広域エンコーディングベクトル**と呼び，付加情報としてヘッダに格納されて u と一緒に送付されると仮定する．これに起因するオーバヘッド（すなわち $K \log_2 q$ ビット）は，パケットが十分に大きければ無視できる．

ノードは限度無くメモリを保有していると仮定する．この方法は，受信パケットがメモリに保持される条件がその広域エンコーディングベクトルが既に格納されているものと線形独立の場合に限るように修正することができる．この修正は我々の結論を変えることなく，ノードが決して K パケット以上を格納する必要がないことを保障する．

シンクノードはパケットを収集する．線形独立な広域エンコーディングベクトルの K 個のパケットが集まったらメッセージパケットを再現することが可能となる．復号はガウス消去法により行う．この方法は，あらかじめ定められた期間だけ実行させる

> **初期化:**
> - ソースノードはメッセージパケット $w_1, w_2, \ldots, w_K$ をそのメモリに格納する．
>
> **演算:**
> - パケットがノードに受信されたとき，
>   - ノードはパケットをそのメモリに格納する．
> - あるノードの出力リンクにパケット投入が発生するとき，
>   - ノードはそのメモリ内のパケットのランダム線形結合によりパケットを形成する．ノードがそのメモリに L 個のパケット $u_1, u_2, \ldots, u_L$ を保有しているとすると，形成されるパケットは次のようになる．
>
> $$u_0 := \sum_{l=1}^{L} \alpha_l u_l,$$
>
> ただし，α_l は $\mathbb{F}_q$ の要素にわたる一様分布に従って選ばれる．そのパケットの広域エンコーディングベクトル γ は $u_0 = \sum_{k=1}^{K} \gamma_k w_k$ を満たし，そのヘッダに配置される．
>
> **復号:**
> - 各シンクノードは，そのメモリ内のパケットからの広域エンコーディングベクトルの集合にガウス消去法を施す．もしシンクノードが逆変換を見つけることができたら，パケットに逆変換を施し，$w_1, w_2, \ldots, w_K$ を得る．そうでなければデコーディング誤りが発生する．

図 4.4 本章で使用するランダム線形ネットワークコーディング方式の概要（2.5.1.1 節）

こともできるし，レート非固定運用（rateless operation）の場合はシンクノードでの復号が成功するまで実行させることもできる．この方法の概要を図 4.4 に示す．

この方法は，ソースの K 個のメッセージパケットの単一ブロックについて施行される．もし，ソースが送るべきパケットをさらに保有しているとしたら，この方法は全ノードがそのメモリ内情報をはき出すまで繰り返される．

4.2 ■コーディング定理

本節では，各種シナリオでのランダム線形ネットワークコーディングの達成可能速度間隔を規定する．我々が規定する間隔は可能な限り最大であるという事実（すなわちランダム線形ネットワークコーディングは最大容量を達成できるということ）は，単に異なるパケットがソース・シンク間の任意のカットで受信される速度にコネクションの速度が制限されなくてはならないことに注意することによって見ることができる．形式的な逆の評価は，複数端末ネットワークのカット-セット限界を用いて得ることができる（[27,14.10 節] 参照）．

第 4 章■損失有りネットワークにおけるネットワークコーディング

4.2.1■ユニキャストコネクション

4.2.1.1　2 リンク縦列ネットワーク

　ユニキャストコネクションの場合の一般的な結果をいくつかの特別な場合の延長により導出する．我々は最も単純な自明でない場合から始める．二つのポイントツーポイントリンクの縦列接続である（図 4.5 参照）．

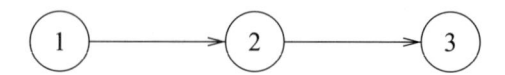

図 4.5　二つのポイントツーポイントリンクの縦列から構成されるネットワーク [90].

　ノード 1 からノード 3 への単位時間あたりの速度がいくらでも R に近いコネクションを確立したいとする．さらに，ランダム線形ネットワークコーディングは時刻 0 から Δ 間での総時間 Δ の間だけ実行されると仮定する．またこの間，総計 N 個のパケットがノード 2 により受信されるとする．これらのパケットを $v_1, v_2, \ldots, v_N$ と呼ぶ．各ノードに受信される任意のパケット u は $v_1, v_2, \ldots, v_N$ の線形結合である．ゆえに，次のように書くことができる．

$$u = \sum_{n=1}^{N} \beta_n v_n.$$

さて，v_n はメッセージパケット $w_1, w_2, \ldots, w_K$ のランダム線形結合で形成されるので，$n = 1, 2, \ldots, N$ について

$$v_n = \sum_{k=1}^{K} \alpha_{nk} w_k$$

である．ゆえに，

$$u = \sum_{k=1}^{K} \left(\sum_{n=1}^{N} \beta_n \alpha_{nk} \right) w_k,$$

さらに，u の広域エンコーディングベクトルの k 番目の要素は次式で与えられる．

$$\gamma_k = \sum_{n=1}^{N} \beta_n \alpha_{nk}.$$

　u と関連付けて，ベクトル β を u の補助（auxiliary）エンコーディングベクトルと呼ぶ．そして次のことがわかる．線形独立な補助エンコーディングベクトルを持つ $\lfloor K(1+\varepsilon) \rfloor$

個以上のパケットを受信する任意のノードは $\lfloor K(1+\varepsilon) \rfloor$ 個のパケットを持ち，その広域エンコーディングベクトルは集合として $\mathbb{F}_q$ 内でランダムな $\lfloor K(1+\varepsilon) \rfloor \times K$ 行列を形成する．ここでは全要素が一様に選択されている．もしこの行列のランクが K であったなら，ノード 3 はメッセージパケットを復元できる．ランダムな $\lfloor K(1+\varepsilon) \rfloor \times K$ 行列のランクが K である確率は，単純な数を数える議論により $\prod_{k=1+\lfloor K(1+\varepsilon) \rfloor - K}^{\lfloor K(1+\varepsilon) \rfloor} (1 - 1/q^k)$ となる．この値は，K を大きくすることにより限りなく 1 に近付けることができる．ゆえに，ノード 3 がメッセージパケットを復元できるかどうかを決めるために必要なことは，そのノードが線形独立な補助エンコーディングベクトルを持つ $\lfloor K(1+\varepsilon) \rfloor$ 個以上のパケットを受信するか否かを決めることだけである．

この証明は，革新的（innovative）パケットと呼んでいるパケットの伝搬を追跡することに基づいている．これらのパケットは，$v_1, v_2, \ldots, v_N$ に関する新たな未知の情報をノードに運ぶという意味で革新的である．ネットワークを経由した革新的パケットの伝搬は，待ち行列ネットワークを経由した仕事（job）の伝搬を追うものであるという結果となる．この待ち行列ネットワークは，流体フローモデルによりよく近似される．我々は，この流体近似に関する発見的（heuristic）な議論を示した後，正式な議論に移る．

ノード 2 で受信されているパケットはパケット $v_1, v_2, \ldots, v_N$ 自身であるので，ノード 2 で受信されている全パケットは革新的である．ゆえに革新的パケットはノード 2 に速度 z_{122} で到着し，これは速度 z_{122} で流入する流体で近似できる．流入する流体が貯水槽に格納されるように，これらの革新的パケットはノード 2 のメモリに格納される．

さて，パケットはノード 3 に速度 z_{233} で受信されている．しかしこれらのパケットが革新的がどうかは，ノード 2 のメモリの内容次第である．ノード 2 がノード 3 より多くの $v_1, v_2, \ldots, v_N$ に関する情報を持っているとすると，ノード 3 は次に受信するパケットにより新規情報を書き込まれる可能性が高い．そうではなく，ノード 2 とノード 3 が同じ度合いの $v_1, v_2, \ldots, v_N$ に関する情報を持っている場合は，ノード 3 が受信するパケットが革新的であることは有り得ない．ゆえに状況は，流体がノード 3 の貯水槽に速度 z_{233} で流入するが，ノード 3 の貯水槽の水位がノード 2 の貯水槽の水位を上回ることは決してないように制限されているようなものである．ノード 3 の貯水槽の水位は，結局のところ我々が関心を示すものであるが，ノード 2 の貯水槽から速度 z_{233} で流出する流体によっても等価的に求めることができる．

その結果，図 4.5 の 2 リンク縦列ネットワークは，図 4.6 の流体フローシステムに対応付けられることがわかる．このシステムでは，流体はノード 3 の貯水槽に速度

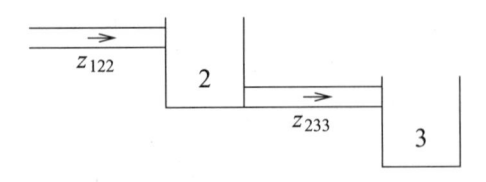

第4章■損失有りネットワークにおけるネットワークコーディング

図4.6 2リンク縦列ネットワークに対応する流体フローシステム．許可を得て[90]から再掲．

$\min(z_{122}, z_{233})$で流入することが明らかである．この速度は$v_1, v_2, \ldots, v_N$に関する新規情報を持つパケット，すなわち線形独立な補助エンコーディングベクトルがノード3に到着する速度を決める．ゆえに，線形独立な補助エンコーディングベクトルを搭載している$\lfloor K(1+\varepsilon) \rfloor$個のパケットをノード3が受信するために必要な時間は，Kが大きいときはおおよそ$K(1+\varepsilon)/\min(z_{122}, z_{233})$となる．これは，速度が単位時間あたり$R$パケットに任意に接近するコネクションが確立されることを意味する．ただし，次式が成立する場合に限る．

$$R \leq \min(z_{122}, z_{233}) \tag{4.1}$$

式(4.1)の右辺は，正に2リンク縦列ネットワークの最大容量であり，本件で求めていた結論を得られた．

次に，正式な結論の確立に進む．ノード2で受信されるすべてのパケット，すなわち$v_1, v_2, \ldots, v_N$は革新的であると考えられる．ノード2とベクトルUの集合を結びつける．これは時間により変化し，初期値は空集合である．すなわち，$U(0) := \emptyset$である．パケットuが時刻τにノード2に受信されたとすると，時刻τにその補助エンコーディングベクトルβがUに付加される．すなわち，$U(\tau^+) := \{\beta\} \cup U(\tau)$となる．

ここではノード3にベクトルWの集合を対応させる．これもまた時間により変化し，初期値は空集合である．パケットuが補助エンコーディングベクトルβとともに時刻τにノード3で受信されるとする．μを**革新次数**（innovation order）と呼ぶ正の整数とする．ここで，$\beta \notin \mathrm{span}(W(\tau))$でかつ$|U(\tau)| > |W(\tau)| + \mu - 1$の場合，$u$が革新的であるという．もし$u$が革新的であるならば，$W$に対して$\beta$が時刻$\tau$に付加される[*1]．

革新的の定義は，二つの性質を満たすように設計されている．一つ目は，アルゴリ

[*1] ここでの革新的（innovative）の定義は，単に情報有意（informative）というのとは異なる．後者は文献[26]で言うところの革新的（innovative）の意味である．実際，あるパケットがノードになんらかの新しいけれど未知の$v_1, v_2, \ldots, v_N$に関する（または$w_1, w_2, \ldots, w_K$

ズム終了時の W 内のベクトルの集合 $W(\Delta)$ が線形独立であることを要求している．二つ目は，あるパケットがノード 3 で受信され，かつ $|U(\tau)| > |W(\tau)| + \mu - 1$ のとき，高い確率で革新的であることを要求している．革新次数 μ は，後者の性質が満たされていることを保証するように決められた任意の因子である．

$|U(\tau)| > |W(\tau)| + \mu - 1$ であるとする．u は $U(\tau)$ 内のベクトルのランダム線形結合であるので，u が無視できない確率で革新的となる．正確に言えば，β が $q^{|U(\tau)|}$ 個の可能性の中で一様に分布しており，その中の少なくとも $q^{|U(\tau)|} - q^{|W(\tau)|}$ 個は $\mathrm{span}(W(\tau))$ 内にないので，

$$\begin{aligned}\Pr(\beta \notin \mathrm{span}(W(\tau))) &\geq \frac{q^{|U(\tau)|} - q^{|W(\tau)|}}{q^{|U(\tau)|}} \\ &= 1 - q^{|W(\tau)| - |U(\tau)|} \\ &\geq 1 - q^{-\mu}.\end{aligned}$$

となる．ゆえに，u は少なくとも $1 - q^{-\mu}$ の確率で革新的となる．革新的パケットはいつでも廃棄することができるので，この事象はちょうど $1 - q^{-\mu}$ の確率で発生すると仮定する．その代わりに，$|U(\tau)| \leq |W(\tau)| + \mu - 1$ ならば u は革新的ではありえない．これは，少なくともノード 2 に他のパケットの到着が発生するまでは真である．ゆえに革新次数 μ について，革新的パケットのノード 2 を通しての伝搬は，待ち行列長 $(|U(\tau)| - |W(\tau)| - \mu + 1)^+$ の単一サーバ待ち行列局を通したジョブの伝搬によって記述される．ただし，実数 x については $(x)^+ := \max(x, 0)$ である．同様に，$(x)^- := \max(-x, 0)$ と定義する．

この待ち行列局は，待ち行列が空でなく，受信パケットがアーク $(2, 3)$ へ到着するたびに確率 $1 - q^{-\mu}$ でサービスされる．等価的に，アーク $(2, 3)$ へパケットが到着するたびに確率 $1 - q^{-\mu}$ で到着する「候補」パケットを考えることができ，待ち行列局は待ち行列が空でなく，候補パケットがアーク $(2, 3)$ に到着するたびにサービスされるということができる．アーク $(1, 2)$ で受信されるすべてのパケットは候補パケットであると考える．

ゆえに我々が分析するシステムは，以下の単純な待ち行列システムである．アーク $(1, 2)$ の受信パケットの到着に対応してジョブがノード 2 に到着し，最初の $\mu - 1$ 個のジョブを除いてノード 2 の待ち行列に入る．ノード 2 の待ち行列のジョブはアーク

に関する) 情報を与えるならば，ここでの革新的の定義を満たすことなく情報有意でありうる．革新的パケットならば情報有意であるように (他の革新的パケットに関して)「革新的」を定義したが，逆は必ずしも成り立たない．これにより，ランダム線形ネットワークコーディングの振舞を厳密に記述できないものの，制限あるいは支配することができる．

(2, 3) に候補パケットが到着することによりサービスされ,サービスされた後は退去する.存在するジョブ数は,ノード3で受信された線形独立な補助エンコーディングベクトルによるパケット数の下限となる.

離散フローネットワークの流体近似を用いて検査対象の待ち行列システムを分析する(例えば [23, 24] を参照).ノード2に到着する最初の $\mu - 1$ 個のジョブは,その待ち行列に入らないという事実を陽には考慮しない.なぜなら,この事実はジョブスループットに影響がないからである.B_1, B, C をそれぞれアーク (1, 2) の受信パケットの到着の計数過程(counting process),アーク (2, 3) の革新的パケットの到着の計数過程,アーク (2, 3) の候補パケットの到着の計数過程とする.ノード2で時刻 τ の時点でサービスを待っている待ち行列にいるジョブの数を $Q(\tau)$ とする.ゆえに,$Q = B_1 - B$ となる.$X := B_1 - C$ および $Y := C - B$ とすると,

$$Q = X + Y. \tag{4.2}$$

となる.さらに次式を得る.

$$Q(\tau)dY(\tau) = 0, \tag{4.3}$$
$$dY(\tau) \geq 0, \tag{4.4}$$

また,

$$Q(\tau) \geq 0 \tag{4.5}$$

ただし,$\tau \geq 0$ である.さらに,

$$Y(0) = 0. \tag{4.6}$$

さて,式 (4.2)〜式 (4.6) は Skorohod 問題(例えば [24, 7.2 節] 参照)の条件を与えることを観察する.また,斜行反射写像定理(oblique reflection mapping theorem)により $Q = \Phi(X)$ となる,よく定義されたリプシッツ連続の写像 Φ がある.

次式のようにおく.

$$C^{(K)}(\tau) := \frac{C(K\tau)}{K},$$
$$\bar{X}^{(K)}(\tau) := \frac{X(K\tau)}{K},$$
$$\bar{Q}^{(K)}(\tau) := \frac{Q(K\tau)}{K}.$$

A_{233} はアーク (2, 3) の受信パケット到着の計数過程であることを思い出してほしい.ゆえに,$C(\tau)$ は $A_{233}(\tau)$ 個ののベルヌーイ分布(パラメータ $1 - q^{-\mu}$)の確率変

数の合計である.ゆえに,

$$\begin{aligned}\bar{C}(\tau) &:= \lim_{K\to\infty} \bar{C}^{(K)}(\tau) \\ &= \lim_{K\to\infty}(1-q^{-\mu})\frac{A_{233}(K\tau)}{K} \quad \text{a.s.} \\ &= (1-q^{-\mu})z_{233}\tau \quad \text{a.s.,}\end{aligned}$$

ただし,最後の等式はモデルの仮定からくる.ゆえに,

$$\bar{X}(\tau) := \lim_{K\to\infty}\bar{X}^{(K)}(\tau) = (z_{122}-(1-q^{-\mu})z_{233})\tau \quad \text{a.s.}$$

Φ のリプシッツ連続性から,$\bar{Q} := \lim_{K\to\infty}\bar{Q}^{(K)} = \Phi(\bar{X})$ となる.すなわち $\bar{Q}$ は,ほとんど確実にある $\bar{Y}$ について次式を満たす唯一の $\bar{Q}$ である.

$$\bar{Q}(\tau) = (z_{122}-(1-q^{-\mu})z_{233})\tau + \bar{Y}, \tag{4.7}$$

$$\bar{Q}(\tau)d\bar{Y}(\tau) = 0, \tag{4.8}$$

$$d\bar{Y}(\tau) \geq 0, \tag{4.9}$$

また,すべての $\tau \geq 0$ について

$$\bar{Q}(\tau) \geq 0 \tag{4.10}$$

また,

$$\bar{Y}(0) = 0. \tag{4.11}$$

式 (4.7)〜式 (4.11) を満たすパラメータ対 $(\bar{Q}, \bar{Y})$ は

$$\bar{Q}(\tau) = (z_{122}-(1-q^{-\mu})z_{233}) + \tau \tag{4.12}$$

$$\bar{Y}(\tau) = (z_{122}-(1-q^{-\mu})z_{233}) - \tau.$$

ゆえに,$\bar{Q}$ は式 (4.12) で与えられる.

線形独立の補助エンコーディングベクトルを搭載した $\lfloor K(1+\varepsilon) \rfloor$ 個のパケットを受信したら,ノード 3 はメッセージパケットを高い確率で復元できることを思い出してほしい.また,待ち行列システムに存在しているジョブ数は,ノード 3 が受信する線形独立の補助エンコーディングベクトルを搭載したパケット数の下限であることも思い出してほしい.ゆえに,もし $\lfloor K(1+\varepsilon) \rfloor$ 以上のジョブが待ち行列システムを退去した場合,ノード 3 はメッセージパケットを高い確率で復元できる.時刻 Δ までに待ち行列システムを退去したジョブ数を ν とする.すると

$$\nu = B_1(\Delta) - Q(\Delta).$$

となる．また，$K = \lceil (1-q^{-\mu})\Delta R_c R/(1+\varepsilon) \rceil$ とする．ただし，$0 < R_c < 1$ である．すると，

$$\begin{aligned}
\lim_{K \to \infty} \frac{\nu}{\lfloor K(1+\varepsilon) \rfloor} &= \lim_{K \to \infty} \frac{B_1(\Delta) - Q(\Delta)}{K(1+\varepsilon)} \\
&= \frac{z_{122} - (z_{122} - (1-q^{-\mu})z_{233})^+}{(1-q^{-\mu})R_c R} \\
&= \frac{\min(z_{122}, (1-q^{-\mu})z_{233})}{(1-q^{-\mu})R_c R} \\
&\geq \frac{1}{R_c} \frac{\min(z_{122}, z_{233})}{R} > 1
\end{aligned}$$

ただし，次式が満たされるとする．

$$R \leq \min(z_{122}, z_{233}). \tag{4.13}$$

ゆえに，式 (4.13) を満たすすべての R について，いくらでも 1 に近い確率で，十分に大きい K に対して $\nu \geq \lfloor K(1+\varepsilon) \rfloor$ となる．達成される速度は

$$\frac{K}{\Delta} \geq \frac{(1-q^{-\mu})R_c}{1+\varepsilon} R,$$

となる．これは，μ, R_c, ε を変えることにより R にいくらでも接近させることができる．

4.2.1.2　L リンク縦列ネットワーク

　一般的なユニキャストコネクションを取り上げる前に，これまでの結果をもう一つの個別事例に拡張する．L 個のポイントツーポイントリンクと $L+1$ 個のノードから構成される縦列ネットワークの場合を考える（図 4.7 参照）．この場合は 2 リンク縦列ネットワークの素直な拡張であり，図 4.8 に示される流体フローシステムに対応する．このシステムでは，流体がノード $(L+1)$ の貯水槽に速度 $\min_{1 \leq i \leq L}\{z_{i(i+1)(i+1)}\}$ で流入することは明らかである．ゆえに，ただし次式

$$R \leq \min_{1 \leq i \leq L}\{z_{i(i+1)(i+1)}\} \tag{4.14}$$

が成立する場合には，速度が単位時間あたり R パケットにいくらでも接近するノード 1 からノード $L+1$ に向けたコネクションを確立することができる．式 (4.14) の右辺は正に L リンク縦列ネットワークの最大容量であり，本件で求めていた結論を得られた．

4.2 ■コーディング定理

図 4.7　L 個の縦列ポイントツーポイントリンクから構成されるネットワーク．許可を得て [90] から再掲．

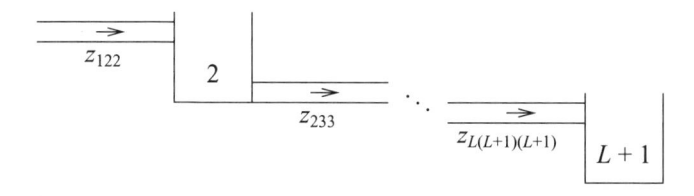

図 4.8　L リンクの縦列ネットワークに対応する流体フローシステム．許可を得て [90] から再掲．

正式な議論は注意が必要である．$i = 2, 3, \ldots, L+1$ について，ノード i とベクトル V_i の集合を結びつける．これは時間により変化し，初期値は空集合である．$U := V_2$，$W := V_{L+1}$ を定義する．2 リンク縦列ネットワークの場合と同様に，ノード 2 に受信されるすべてのパケットは革新的であると考えられる．また，パケット u が時刻 τ にノード 2 で受信されたとすると，時刻 τ にその補助エンコーディングベクトル β が U に付加される．$i = 3, 4, \ldots, L+1$ については，その補助エンコーディングベクトル β とともにパケット u が時刻 τ にノード i で受信されたとすると，$\beta \notin \mathrm{span}(V_i(\tau))$ かつ $|V_{i-1}(\tau)| > |V_i(\tau)| + \mu - 1$ の場合，u が革新的であるという．u が革新的であるならば，時刻 τ に β が V_i へ付加される．

この革新的の定義は，4.2.1.1 節の 2 リンク縦列ネットワークの項の定義の素直な拡張である．一つ目の性質は同様のままである．ここでも，アルゴリズム終了時の W 内のベクトルの集合 $W(\Delta)$ が線形独立であることが要求されている．さらに，二つ目の性質を拡張した．パケットがノード i で受信されたとき，任意の $i = 3, 4, \ldots, L+1$ および $|V_{i-1}(\tau)| > |V_i(\tau)| + \mu - 1$ について，そのパケットは高い確率で革新的である．

なんらかの $i \in \{3, 4, \ldots, L+1\}$ をとる．その補助エンコーディングベクトル β とともに，パケット u がノード i に時刻 τ に受信されたとする．また，$|V_{i-1}(\tau)| > |V_i(\tau)| + \mu - 1$ とする．すると，補助エンコーディングベクトル β は $V_{i-1}(\tau)$ を含む何らかの集合 V_0 内のベクトルのランダム線形結合となる．ゆえに，β が $q^{|V_0|}$ 個の可能性の中で一様に分布しており，その中の少なくとも $q^{|V_0|} - q^{|V_i(\tau)|}$ 個は $\mathrm{span}(V_i(\tau))$ 内にないので，

$$
\begin{aligned}
\Pr(\beta \notin \mathrm{span}(V_i(\tau))) &\geq q^{|V_0|} - q^{|V_i(\tau)|}q^{|V_0|} \\
&= 1 - q^{|V_i(\tau)| - |V_0|} \\
&\geq 1 - q^{|V_i(\tau)| - |V_{i-1}(\tau)|} \\
&\geq 1 - q^{-\mu}.
\end{aligned}
$$

となる．ゆえに，u は少なくとも $1-q^{-\mu}$ の確率で革新的となる．4.2.1.1 節の議論を踏襲することにより，すべての $i=2,3,\ldots,L$ について革新的パケットのノード i を通しての伝搬は，待ち行列長 $(|V_i(\tau)| - |V_{i+1}(\tau)| - \mu + 1)^+$ の単一サーバ待ち行列局を通したジョブの伝搬によって記述されることがわかる．また，この待ち行列局は，待ち行列が空でなく，受信パケットがアーク $(i, i+1)$ に到着するたびに確率 $1-q^{-\mu}$ でサービスされることもわかる．また，アーク $(i, i+1)$ にパケットが到着するたびに確率 $1-q^{-\mu}$ で到着する候補パケットを考えることができ，待ち行列局は待ち行列が空でなく，候補パケットがアーク $(i,i+1)$ に到着するたびにサービスされるということができる．

ゆえに我々が分析するシステムは，以下の単純な待ち行列システムである．アーク $(1,2)$ の受信パケットの到着に対応してジョブがノード 2 に到着し，最初の $\mu-1$ 個のジョブを除いてノード 2 の待ち行列に入る．$i=2,3,\ldots,L-1$ について，ノード i の待ち行列のジョブは，最初の $\mu-1$ 個のジョブを除いてアーク $(i,i+1)$ に候補パケットが到着することによりサービスされ，サービスされた後はノード $i+1$ の待ち行列に入る．ノード L の待ち行列のジョブは，アーク $(i,i+1)$ に候補パケットが到着することによりサービスされ，サービスされた後は退去する．存在するジョブ数は，ノード $i+1$ に受信された線形独立な補助エンコーディングベクトルによるパケット数の下限となる．

ここでも，離散フローネットワークの流体近似を用いて，興味深い待ち行列システムを分析する．ここでは，ノード 2 に到着する最初の $\mu-1$ 個のジョブはその待ち行列に入らないという事実を陽には考慮しない．B_1 をアーク $(1,2)$ の受信パケットの到着の計数過程とする．$i=2,3,\ldots,L-1$ について，B_i と C_i をそれぞれアーク $(i,i+1)$ の革新的パケットの到着の計数過程，アーク $(i,i+1)$ の候補パケットの到着の計数過程とする．$Q_i(\tau)$ をノード i で時刻 τ にサービスを待つ待ち行列にいるジョブの数とする．ゆえに，$i=2,3,\ldots,L-1$ について $Q_i = B_{i-1} - B_i$ となる．$X_i := C_{i-1} - C_i$ および $Y_i := C_i - B_i$ とする．ただし，$C_1 := B_1$ とする．すると，以下の条件に従う Skorohod 問題を得る．すべての $i=2,3,\ldots,L-1$ について，

$$Q_i = X_i - Y_i - 1 + Y_i$$

すべての $\tau \geq 0$ および $i = 2, 3, \ldots, L-1$ について,

$$Q_i(\tau)dY_i(\tau) = 0,$$
$$dY_i(\tau) \geq 0,$$
$$Q_i(\tau) \geq 0.$$

すべての $i = 2, 3, \ldots, L-1$ について,

$$Y_i(0) = 0.$$

さらに

$$Q_{(K)i}(\tau) := Q_i(K\tau)K$$

とする.また,$i = 2, 3, \ldots, L$ について $\bar{Q}_i := \lim_{K \to \infty} \bar{Q}_i(K)$ とする.すると,ベクトル $\bar{Q}$ はほとんど確実にある $\bar{Y}$ について次式を満たす唯一の $\bar{Q}$ となる.

$$\bar{Q}_i(\tau) = \begin{cases} (z_{122} - (1-q^{-\mu})z_{233})\tau + \bar{Y}_2(\tau) & \text{if } i = 2, \\ (1-q^{-\mu})(z_{(i-1)ii} - z_{i(i+1)(i+1)})\tau + \bar{Y}_i(\tau) - \bar{Y}_{i-1}(\tau) & \text{otherwise,} \end{cases}$$
(4.15)

$$\bar{Q}_i(\tau)d\bar{Y}_i(\tau) = 0, \quad (4.16)$$
$$d\bar{Y}_i(\tau) \geq 0, \quad (4.17)$$
$$\bar{Q}_i(\tau) \geq 0 \quad (4.18)$$

ただし,すべての $\tau \geq 0$, $i = 2, 3, \ldots, L$ について,

$$\bar{Y}_i(0) = 0 \quad (4.19)$$

また,すべての $i = 2, 3, \ldots, L$ について,式 (4.15)〜式 (4.19) を満たすパラメータ対 $(\bar{Q}, \bar{Y})$ は

$$\bar{Q}_i(\tau) = (\min(z_{122}, \min_{2 \leq j < i}\{(1-q^{-\mu})z_{j(j+1)(j+1)}\}) - (1-q^{-\mu})z_{i(i+1)(i+1)})^+ \tau \quad (4.20)$$

$$\bar{Y}_i(\tau) = (\min(z_{122}, \min_{2 \leq j < i}\{(1-q^{-\mu})z_{j(j+1)(j+1)}\}) - (1-q^{-\mu})z_{i(i+1)(i+1)})^- \tau.$$

ゆえに,$\bar{Q}$ は式 (4.20) で与えられる.

待ち行列ネットワークを時刻 Δ までに退去したジョブ数は次式で与えられる.

$$\nu = B_1(\Delta) - \sum_{i=2}^{L} Q_i(\Delta).$$

$K = \lceil (1 - q^{-\mu})\Delta R_c R/(1+\varepsilon) \rceil$ とする. ただし, $0 < R_c < 1$ である. すると,

$$\begin{aligned}
\lim_{K \to \infty} \frac{\nu}{\lfloor K(1+\varepsilon) \rfloor} &= \lim_{K \to \infty} \frac{B_1(\Delta) - \sum_{i=2}^{L} Q(\Delta)}{K(1+\varepsilon)} \\
&= \frac{\min(z_{122}, \min_{2 \leq i \leq L}\{(1-q^{-\mu})z_{i(i+1)(i+1)}\})}{(1-q^{-\mu})R_c R} \quad (4.21) \\
&\geq \frac{1}{R_c} \frac{\min_{1 \leq i \leq L}\{z_{i(i+1)(i+1)}\}}{R} > 1
\end{aligned}$$

ただし, 次式が満たされるものとする.

$$R \leq \min_{1 \leq i \leq L} \{z_{i(i+1)(i+1)}\}. \quad (4.22)$$

ゆえに, 式 (4.22) を満たすすべての R について, いくらでも 1 に近い確率で, 十分に大きい K に対して $\nu \geq \lfloor K(1+\varepsilon) \rfloor$ となる. ここでも, 速度は μ, R_c, ε を変えることにより R にいくらでも近付けることができる.

4.2.1.3 一般的なユニキャストコネクション

ここで, これまでの結果を一般的なユニキャストコネクションに拡張する. ここでの戦略は単純である. 一般的なユニキャストコネクションはフローとして定式化でき, 有限個の経路に分解 (decompose) できる.

我々はソースノード s からシンクノード t への, 単位時間あたりの速度がいくらでも R に近いコネクションを確立したいとする. さらに,

$$R \leq \min_{\mathcal{Q} \in \mathcal{Q}(s,t)} \left\{ \sum_{(i,J) \in \Gamma_+(\mathcal{Q})} \sum_{K \not\subset \mathcal{Q}} z_{iJK} \right\},$$

ただし, $\mathcal{Q}(s,t)$ は s と t の間のすべてのカットの集合であり, $\Gamma_+(\mathcal{Q})$ はカット $\mathcal{Q}$ の前向きのハイパーアークの集合を表す. すなわち,

$$\Gamma_+(\mathcal{Q}) := \{(i,J) \in A | i \in \mathcal{Q}, J \mathcal{Q} \neq \emptyset\}.$$

ゆえに, 最大フロー/最小カット定理により (例えば [4, 6.5-6.7 節], [9, 3.1 節] 参照), すべての $i \in \mathcal{N}$ について次式を満たすフローベクトル x が存在する.

$$\sum_{\{J|(i,J)\in\mathcal{A}\}}\sum_{j\in J}x_{iJj} - \sum_{\{j|(j,I)\in\mathcal{A}, i\in I\}}x_{jIi} = \left\{\begin{array}{ll} R & \text{if } i=s, \\ -R & \text{if } i=t, \\ 0 & \text{otherwise,}\end{array}\right\}$$

また,すべての $(i,J)\in\mathcal{A}$ および $K\subset J$ について

$$\sum_{j\in K}x_{iJj} \leq \sum_{\{L\subset J|L\cap K\neq\emptyset\}}z_{iJL} \tag{4.23}$$

であり,すべての $(i,J)\in\mathcal{A}$ と $j\in J$ について $x_{iJj}\leq 0$ である.

等角実現定理 (conformal realization theorem) (例えば [9, 1.1 節] 参照) を用いて x を経路 $\{p_1,p_2,\ldots,p_M\}$ の有限集合に分解 (decompose) することができる.これらの経路のそれぞれは,$\sum_{m=1}^M R_m = R$ となるように $m=1,2,\ldots,M$ に正のフロー R_m を運んでいる.各経路 p_m を一縦列ネットワークとして扱い,R_m にいくらでも近い速度で革新的パケットを運ぶために用いる.この結果,ノード t に到着する革新的パケットの速度の合計は R にいくらでも近くなる.フローとその経路の分解を翻訳する際には注意が必要である.なぜなら,同じパケットが一つ以上のノードに受信されることがあるからである.

単一経路 p_m を考える.$p_m = \{i_1, i_2, \ldots, i_{L_m}, i_{L_m+1}\}$ と書く.ここで,$i_1 = s$ および $i_{L_m+1} = t$ である.$l = 2, 3, \ldots, L_m+1$ について,ノード i_l にベクトル $V_l^{(p_m)}$ の集合を対応させる.これは時間によって変動し,初期値は空である.$U^{(p_m)} := V_2^{(p_m)}$,および $W^{(p_m)} := V_{L_m+1}^{(p_m)}$ を定義する.

制約 (4.23) は次の形にも書けることを言っておく.

$$x_{iJj} \leq \sum_{\{L\subset J|j\in L\}}\alpha_{iJL}^{(j)}z_{iJL}$$

ただし,次の条件を満たすすべての $(i,J)\in\mathcal{A}$ および $j\in J$ を対象としている.条件は,すべての $(i,J)\in\mathcal{A}$ および $L\subset J$ について $\sum_{j\in L}\alpha_{iJL}^{(j)} = 1$ であり,すべての $(i,J)\in\mathcal{A}$ および $L\subset J$ および $j\in L$ について $\alpha_{iJL}^{(j)} \geq 0$ となることである.パケット u が補助エンコーディングベクトル β とともにハイパーアーク (i_1, J) に配置され,$K\subset J$ に受信されるとする.ただし,時刻 τ に $K\ni i_2$ である.ここで,u に独立確率変数 P_u を対応させる.これは,確率 $R_m \alpha_{i_1JK}^{(i_2)}/\sum_{\{L\subset J|i_2\in L\}}\alpha_{i_1JL}^{(i_2)}z_{iJL}$ で値 m をとる.もし $P_u = m$ ならば,u は経路 p_m 上で革新的であるといい,β が時刻 τ に $U(p_m)$ に追加される.

$l = 2, 3, \ldots, L_m$ をとる．ここで，パケット u が補助エンコーディングベクトル β とともにハイパーアーク (i_l, J) に配置され，$K \subset J$ に受信されるとする．ただし，時刻 τ に $K \ni i_{l+1}$ である．ここで，u に独立確率変数 P_u を対応させる．これは，確率 $R_m \alpha_{i_1 JK}^{(i_{l+1})} / \sum_{\{L \subset J | i_{l+1} \in L\}} \alpha_{i_1 JL}^{(i_{l+1})} z_{iJL}$ で値 m をとる．$P_u = m$ ならば，u は経路 p_m 上で革新的であるといい，$\beta \notin \mathrm{span}(\cup_{n=1}^{m-1} W(p_n)(\Delta) \cup V_{l+1}^{(p_m)}(\tau) \cup \cup_{n=m+1}^{M} U(p_n)(\Delta))$ である．また $|V_l^{(p_m)}(\tau)| > |V(p_m)_{l+1}(\tau)| + \mu - 1$ である．

ここでの革新性の定義は，4.2.1.1 節や 4.2.1.2 節の定義よりもやや複雑である．なぜなら，ここでは個別に解析すべき経路が M 個あるからである．ここでも，二つの特性を満たすように定義を設計した．第一に，$\cup_{m=1}^{M} W^{(p_m)}(\Delta)$ が線形独立であることを要求する．これは容易に検証できる．ベクトルは現存するベクトルと線形独立である場合に限り，$W^{(p_1)}(\tau)$ に追加される．また，ベクトルは現存するベクトルおよび $W(p_1)(\Delta)$ 内のベクトルと線形独立の場合に限り，$W(p_2)(\tau)$ に追加される（以下同様）．第二に次のことを要求する．パケットがノード i_l に受信され，$P_u = m$ および $|V_{l-1}^{(p_m)}(\tau)| > |V_l^{(p_m)}(\tau)| + \mu - 1$ であるとき，それは高い確率で経路 p_m で革新的である．

$l \in \{3, 4, \ldots, L_m+1\}$ をとる．ここで，パケット u が補助エンコーディングベクトル β とともにノード i_l で時刻 τ に受信されるとする．また，$P_u = m$，さらに $|V_{l-1}^{(p_m)}(\tau)| > |V_l^{(p_m)}(\tau)| + \mu - 1$ とする．ゆえに，補助エンコーディングベクトル β は，$V_{l-1}^{(p_m)}(\tau)$ を含むある集合 V_0 のランダム線形結合である．さらに，β は $q^{|V_0|}$ 個の可能性上に一様に分布している．これらの中で，少なくとも $q^{|V_0|} - q^d$ 個は $\mathrm{span}(V_l^{(p_m)}(\tau) \cup \tilde{V} \backslash m)$ 内にない．ただし，$d := \dim(\mathrm{span}(V_0) \cap \mathrm{span}(V_l^{(p_m)}(\tau) \cup \tilde{V} \backslash m))$ である．よって，次式を得る．

$$\begin{aligned}
d &= \dim(\mathrm{span}(V_0)) + \dim(\mathrm{span}(V_l^{(p_m)}(\tau) \cup \tilde{V} \backslash m)) \\
&\quad - \dim(\mathrm{span}(V_0 \cup V_l^{(p_m)}(\tau) \cup \tilde{V} \backslash m)) \\
&\leq \dim(\mathrm{span}(V_0 \backslash V_{l-1}^{(p_m)}(\tau))) + \dim(\mathrm{span}(V_{l-1}^{(p_m)}(\tau))) \\
&\quad + \dim(\mathrm{span}(V_l^{(p_m)}(\tau) \cup \tilde{V} \backslash m)) \\
&\quad - \dim(\mathrm{span}(V_0 \cup V_l^{(p_m)}(\tau) \cup \tilde{V} \backslash m)) \\
&\leq \dim(\mathrm{span}(V_0 \backslash V_{l-1}^{(p_m)}(\tau))) + \dim(\mathrm{span}(V_{l-1}^{(p_m)}(\tau))) \\
&\quad + \dim(\mathrm{span}(V_l^{(p_m)}(\tau) \cup \tilde{V} \backslash m)) \\
&\quad - \dim(\mathrm{span}(V_{l-1}^{(p_m)}(\tau) \cup V_l^{(p_m)}(\tau) \cup \tilde{V} \backslash m)).
\end{aligned}$$

$V_{l-1}^{(p_m)}(\tau) \cup \tilde{V}\backslash m$ と $V_l^{(p_m)}(\tau) \cup \tilde{V}\backslash m$ の両方が線形独立集合を形成するので,

$$\begin{aligned}
&\dim(\mathrm{span}(V_{l-1}^{(p_m)}(\tau))) + \dim(\mathrm{span}(V_l^{(p_m)}(\tau) \cup \tilde{V}\backslash m)) \\
&= \dim(\mathrm{span}(V_{l-1}^{(p_m)}(\tau))) + \dim(\mathrm{span}(V_l^{(p_m)}(\tau))) + \dim(\mathrm{span}(\tilde{V}\backslash m)) \\
&= \dim(\mathrm{span}(V_l^{(p_m)}(\tau))) + \dim(\mathrm{span}(V_{l-1}^{(p_m)}(\tau) \cup \tilde{V}\backslash m)).
\end{aligned}$$

ゆえに,次式を得る.

$$\begin{aligned}
d &\leq \dim(\mathrm{span}(V_0\backslash V_{l-1}^{(p_m)}(\tau))) + \dim(\mathrm{span}(V_l^{(p_m)}(\tau))) \\
&\quad + \dim(\mathrm{span}(V_{l-1}^{(p_m)}(\tau) \cup \tilde{V}\backslash m)) \\
&\quad - \dim(\mathrm{span}(V_{l-1}^{(p_m)}(\tau) \cup V_l^{(p_m)}(\tau) \cup \tilde{V}\backslash m)) \\
&\leq \dim(\mathrm{span}(V_0\backslash V_{l-1}^{(p_m)}(\tau))) + \dim(\mathrm{span}(V_l^{(p_m)}(\tau))) \\
&\leq |V_0\backslash V_{l-1}^{(p_m)}(\tau)| + |V_l^{(p_m)}(\tau)| \\
&= |V_0| - |V_{l-1}^{(p_m)}(\tau)| + |V_l^{(p_m)}(\tau)|,
\end{aligned}$$

これから次式を得る.

$$d - |V_0| \leq |V_l^{(p_m)}(\tau)| - |V_{l-1}^{(p_m)}(\tau)| \leq -\rho.$$

ゆえに,次式を得る.

$$\Pr(\beta \notin \mathrm{span}(V_l^{(p_m)}(\tau) \cup \tilde{V}\backslash m)) \geq \frac{q^{|V_0|} - q^d}{q^{|V_0|}} = 1 - q^{d-|V_0|} \geq 1 - q^{-\mu}.$$

もし $P_u = m$ となるパケットのみを考慮するとしたら,革新的パケットの伝搬を支配する条件は,4.2.1.2 節で扱った L_m リンク縦列ネットワークの場合とまったく同じになることがわかる.P_u の分布を思い出すと,経路 p_m に沿った革新的パケットの伝搬は各リンクの平均到着速度 R_m の L_m リンク縦列ネットワークのように振る舞う.m については何も特別な仮定をしていないので,この主張はすべての $m = 1, 2, \ldots, M$ に適用する.

ここで $K = \lceil (1-q^{-\mu})\Delta R_c R/(1+\varepsilon) \rceil$ をとる.ただし,$0 < R_c < 1$ である.すると,式 (4.21) により,

$$\lim_{K \to \infty} \frac{|W(p_m)(\Delta)|}{\lfloor K(1+\varepsilon) \rfloor} > \frac{R_m}{R}.$$

ゆえに,

$$\lim_{K\to\infty} \frac{|\cup_{m=1}^{M} W^{(p_m)}(\Delta)|}{\lfloor K(1+\varepsilon) \rfloor} = \sum_{m=1}^{M} \frac{|W^{(p_m)}(\Delta)|}{\lfloor K(1+\varepsilon) \rfloor} > \sum_{m=1}^{M} \frac{R_m}{R} = 1.$$

前述の場合と同様に，μ と R_c と ε を変えることにより速度を R にいくらでも近付けることができる．

4.2.2 ■マルチキャストコネクション

マルチキャストコネクションの場合の結果は，実はユニキャストコネクションの素直な拡張である．この場合，単一シンク t の代わりにシンクの集合 T を用いる．静的ブロードキャストの観点と同様に（[125, 126]），シンクノードが異なる速度で動作することを許容する．シンク $t \in T$ が R_t にいくらでも近付いた速度を達成したいと望んでいると仮定する．すなわち，K 個のメッセージパケットを復元するために，シンク t は Δ_t 時間だけ待つことを望んでいるとする．Δ_t はほんの少しだけ K/R_t より大きいとする．さらに，すべての $t \in T$ について次式を仮定する．すべての $t \in T$ について，

$$R_t \leq \min_{Q \in Q(s,t)} \left\{ \sum_{(i,J) \in \Gamma_+(Q)} \sum_{K \not\subset Q} z_{iJK} \right\}$$

ゆえに，最大フロー/最小カット定理より，各 $t \in T$ に対してすべての $i \in \mathcal{N}$ について次式を満たすフローベクトル $x(t)$ が存在する．

$$\sum_{\{j|(i,J)\in\mathcal{A}\}} \sum_{j\in J} x_{iJj}^{(t)} - \sum_{\{j|(j,I)\in\mathcal{A},i\in I\}} x_{jIi}^{(t)} = \begin{cases} R & \text{if } i = s, \\ -R & \text{if } i = t, \\ 0 & \text{otherwise,} \end{cases}$$

すべての $(i,J) \in \mathcal{A}$ および $K \subset J$ について，

$$\sum_{j \in K} x_{iJj}^{(t)} \leq \sum_{\{L \subset J | L \cap K \neq \emptyset\}} z_{iJL}$$

また，すべての $(i,J) \in \mathcal{A}$ および $j \in J$ について，$x_{iJj}^{(t)} \geq 0$ となる．

各フローベクトル $x^{(t)}$ について，ユニキャストコネクションの場合と同様の議論を経て K を十分大きくとることにより，各シンクノードでのエラーの確率をいくらでも小さくできることを見つけた．我々はこれらの結果を，次の定理により要約する．

定理 4.1：コーディングサブグラフ z を考える．4.1 節で述べたランダム線形ネットワークコード法は，z 内の単一コネクションの最大容量を達成する．すなわち，十

分に大きい K に対して，この方法は任意に小さい誤り確率でソースノード s から集合 T のシンクノードへのコネクションを達成できる．各 $t \in T$ への速度は，単位時間あたり R_t パケットに任意に近くできる．ただし，すべての $t \in T$ に対して

$$R_t \leq \min_{\Omega \in \mathcal{Q}(s,t)} \left\{ \sum_{(i,J) \in \Lambda_+(\Omega)} \sum_{K \not\subset \Omega} z_{iJK} \right\}$$

となる場合に限る．

> **注意**：容量領域はパケットが受信される平均速度 $\{z_{iJK}\}$ によってのみ決定される．ゆえに，パケット受信過程の元になるパケット投入と損失の過程は，この平均速度が保たれる範囲内であれば，実は任意の分布を取って任意の相関を示すことが可能である．

4.3 ■ポワソントラヒックにおける独立一様分布の損失の場合の誤り指数

さて，コーディング遅延 Δ における誤り確率 p_e の減衰速度に注目する．コーディング遅延がシンボルで計測される伝統的な誤り指数と異なり，コーディング遅延を時間単位で計測する．$\tau = \Delta$ は，シンクノードがメッセージパケットをデコードしようと試みる時刻である．パケットが規則的かつ確定的な間隔で到着するとき，遅延計測の二つの方法は本質的に等しい．

ここでは，ポワソントラヒックにおける独立一様分布の損失の場合に特化する．ゆえに，過程 A_{iJK} は速度 z_{iJK} のポワソン過程である．今はユニキャストの場合を考え，速度 R のコネクションを確立したいものとする．C を漸近的に達成可能な速度の上限とする．

誤り確率の上限の導出から始める．この目的のために，s から t への大きさ C のフローベクトル x をとる．そして 4.2 節の展開に続いて，所与の革新オーダ μ に対して革新的パケットの伝搬を表す待ち行列ネットワークをそこから展開する．すると，この待ち行列ネットワークはジャクソンネットワークとなる．さらに，Burke の定理（例えば [76, 2.1 節] を参照）の結果および待ち行列ネットワークが巡回路を含まないという事実から，全局における到着および出発過程は定常状態ではポワソンとなる．

$\Psi_t(m)$ を t における m 番目の革新的 (innovative) パケットとする．また，$C' := (1 - q^{-\mu})C$ とする．待ち行列ネットワークが定常状態にあるとき，革新的パケットの

到着は速度 C' のポワソン過程で記述できる．ゆえに，$\theta < C'$ に対して

$$\lim_{m\to\infty} \frac{1}{m} \log \mathbb{E}[\exp(\theta \Psi_t(m))] = \log \frac{C'}{C'-\theta} \qquad (4.24)$$

を得る [13, 111]．誤りが発生した場合は，$\lceil R\Delta \rceil$ 個未満の革新的パケットが時刻 $\tau = \Delta$ までに t により受信される．これは，$\Psi_t(\lceil R\Delta \rceil) > \Delta$ ということと等しい．ゆえに，

$$p_e \leq \Pr(\Psi_t(\lceil R\Delta \rceil) > \Delta),$$

また，チャーノフ限界の使用により，次式を得る．

$$p_e \leq \min_{0 \leq \theta < C'} \exp(-\theta \Delta + \log \mathbb{E}[\exp(\theta \Psi_t(\lceil R\Delta \rceil))]).$$

ε を正の実数とすると，式 (4.24) の使用により，十分に大きい Δ に対して次式を得る．

$$\begin{aligned}p_e &\leq \min_{0 \leq \theta < C'} \exp\left(-\theta \Delta + R\Delta \left\{\log \frac{C'}{C'-\theta} + \varepsilon\right\}\right) \\ &= \exp(-\Delta(C' - R - R\log(C'/R)) + R\Delta\varepsilon).\end{aligned}$$

ゆえに，結果として次式を得る．

$$\lim_{\Delta \to \infty} \frac{-\log p_e}{\Delta} \geq C' - R - R\log(C'/R). \qquad (4.25)$$

下限に関しては，容量 C のフローのカットを検証する．このようなカットを一つとり，Q^* と記す．時間 $\tau = \Delta$ 内に Q^* を横切って受信される異なるパケットの数が $\lceil R\Delta \rceil$ より少なければエラーが発生することは明らかである．Q^* を横切る異なるパケットの到着はポワソン過程で記述される．ゆえに，次式を得る．

$$p_e \geq \exp(-C\Delta) \sum_{l=0}^{\lceil R\Delta \rceil - 1} \frac{(C\Delta)^l}{l!} \geq \exp(-C\Delta) \frac{(C\Delta)^{\lceil R\Delta \rceil - 1}}{\Gamma(\lceil R\Delta \rceil)},$$

さらに，スターリング（Stirling）の公式の使用により次式を得る．

$$\lim_{\Delta \to \infty} \frac{-\log p_e}{\Delta} \leq C - R - R\log(C/R). \qquad (4.26)$$

式 (4.25) はすべての正整数 μ について成り立つので，式 (4.25) および式 (4.26) から次の結論を得る．

$$\lim_{\Delta \to \infty} \frac{-\log p_e}{\Delta} = C - R - R\log(C/R). \qquad (4.27)$$

式 (4.27) はコーディング遅延 Δ 内の誤り確率の漸近的な減衰の速度を定義する．この漸近的な減衰の速度は，完全に R と C に依存している．ゆえに，ポワソントラヒックかつ独立一様分布（i.i.d.）損失で，4.1 節に記述されるランダム線形ネットワークコーディングを使用する場合，ネットワークの最小カットのフロー容量 C が，大きいが有限なコーディング遅延を持つランダム線形ネットワークコーディングの効果を決定する場合において，重要な優位性を示す本質的には唯一の価値ある数値である．ゆえに，要求されたコネクションを支えるためにどのようにパケットを投入したらよいかを決める際の賢い方法は，この価値ある数値に払う注意を減らすことであり，これはまさに第 5 章でとる方法である．

この結果のユニキャストからマルチキャストコネクションへの拡張は簡単である．単に，各シンクに対して式 (4.27) を求めればよい．

4.4 ■注釈と参考文献

損失有りネットワークのネットワークコーディングは [31,50,77,91,95,134] で注目された．[31,50] では最大容量を達成する結果が確立された．[77] では，パケットヘッダに配置される付加情報が無い場合について最大容量を達成する結果が確立され，MDS（Maximum Distance Separable）コードに基づくコード構築が提案された．[91, 95, 134] ではランダム線形ネットワークコーディングの損失有りネットワークでの使用が検証された．本章の説明は，[90, 91, 95] から導出された．

ランダム線形ネットワークコーディングは，損失無しネットワークを扱う [26, 58, 63] から発生した．[96, 100, 109] では，4.1 節に記されているようなランダム線形ネットワークコーディングの変形が提案された．[96] では，途中ノードでメモリ使用量を削減する変形が検証された．また，[100, 109] では，符号化と復号の複雑さを削減する変形が検証された．[100] で提案された方式の一つは，線形のエンコーディングとデコーディングの複雑さを達成する．

第5章

サブグラフ選択

　前2章では，パケット投入の時間と位置が指定されたサブグラフが与えられていると仮定していた．符号化されたパケットネットワークにおいては，コネクションを確立する問題の片側，すなわちコーディング側だけを扱ってきた．本章ではもう一つの側，サブグラフ選択を扱う．

　サブグラフ選択は，使用するコーディングサブグラフを決定する問題である．これは，通常のルーティングネットワークにおけるルーティングとスケジューリングの結合問題の符号化ネットワーク版に相当するものである．サブグラフ選択とコーディングは大きく異なる問題で，本章で使用される技術は前2章のものとはまったく異なる．特に，前2章では一般的に情報理論および符号化理論の技術を用いていたのに対し，本章ではネットワーク理論の技術を用いる．

　サブグラフ選択は，本質的にはネットワーク資源割当の問題である．我々は限定された資源（パケット投入）を持っていて，ある通信目標を達成するようにこれをコードパケットに割り当てたい．我々はこの問題に対する多数の解を提案するが，これらを二つの系統に分類する．フローに基づく方法（flow-based approach，5.1節）と待ち行列長に基づく方法（queue-length-based approach，5.2節）である．フローに基づく方法では，通信の目的はある所与の速度の（ユニキャストまたはマルチキャストの）コネクションの集合を確立することであると仮定する．また，待ち行列長に基づく方法では，フロー速度は存在はするが既知である必要はなく，コーディングサブグラフはパケット待ち行列の状態を用いて選択する．

　前2章と同様に，主に**セッション内コーディング**を扱う．セッション内コーディングは，単一セッションまたはコネクション内に限られたコーディングである．ここでは，単一セッションのネットワークコードのために確立した各種の結果を使用することができる．残念なことに，セッション内コーディングは準最適である．変形バタフライネットワーク（図1.2）と変形無線バタフライネットワーク（図1.4）を思い出し

てほしい．両方の例で，利得は**セッション間コーディング**を用いることにより達成された．セッション間コーディングとは，二つ以上の独立セッションにまたがるコーディングである．セッション間コーディングに関しては，セッション内コーディングに比べてはるかに少ない結果しかない．しかし，わかっていることは，3.3 節で議論したように，線形コードは一般的にコーディングサブグラフのセッション間コーディング最大容量を達成するためには十分でないということである．実用的と思われる一般的な非線形ネットワークコードがまだ見つかっていないことから，我々は線形セッション間コーディングの準最適な方法を発見する必要がある．あるいは，単純にセッション内コーディングを使用することもできる．本章では，セッション内コーディングと準最適セッション間コーディングの両方のためのサブグラフ選択技術について議論する．

特に，分散して計算できるサブグラフ選択技術に強調点を置く．分散技術では，各ノードは近隣の知識および情報交換により得られた知識のみに基づいて計算を行う．これらの分散アルゴリズムは，Bellman-Ford アルゴリズム（例えば [11, 5.2 節] を参照）等のネットワーク分野で既存の実績のある分散アルゴリズムを参考にしたものである．Bellman-Ford は，パケットネットワークルーティングの経路発見に用いられる．一般的に，現在の最適分散サブグラフ選択技術はアークが基本的に独立に振る舞い，別々のアークの容量は統合されない場合のみ存在する．

5.1 ■ フローに基づく方法

フローに基づく方法に関する議論を，最小化したいコストがあるという仮定のもとに進める．このコストはコーディングサブグラフ z の関数であり，ネットワーク効率のある種の概念を反映する（例えば，エネルギーコスト，輻輳コスト，あるいは金融コストでもよい）．コストの使用により，我々は必要とするコネクション確立能力のあるサブグラフの組の中から特定のサブグラフを選好することができる．コスト最小化は，もちろん唯一の可能な目的ではない（例えばスループット最大化はもう一つの可能性である）．しかし，コスト最小化は非常に一般的であり，以下の議論の多くは他の目的にも当てはめられるものである．f をコスト関数とする．取り扱いの容易性と簡単のため，f を凸と仮定する．

まず，セッション内コーディングについて議論する．セッション内コーディングに関しては，問題を定式化し，その解法を議論する．次に 5.1.1.6 節の応用：最小伝送無線ユニキャストで，これらの方法の無線ネットワークでの通信への適用を考え，その性能を既存の方法と比較する．5.1.3 節では，セッション間コーディングについて述

べる．

5.1.1 ■ セッション内コーディング

5.1.1.1 問題の定式化

一つのマルチキャストコネクションを3個組の変数 $(s, T, \{R_t\}_{t \in T})$ で表す．ただし，s はコネクションのソース，T はシンクの集合，$\{R_t\}_{t \in T}$ はシンクへの速度の集合である（4.2.2節参照）．また，C 個のマルチキャストコネクション $(s_1, T_1, \{R_{t,1}\}), \ldots, (s_C, T_C, \{R_{t,C}\})$ を確立するものとする．定理4.1と最大フロー/最小カット定理により，損失有りネットワークにおけるサブグラフ選択において各セッションでのランダム線形ネットワークコードを行うものは，以下の数学的プログラミング問題として記述できる．

$$\text{minimize } f(z)$$

$$\text{subject to } z \in Z,$$

$$\begin{aligned}
\sum_{c=1}^{C} y_{iJK}^{(c)} &\leq z_{iJK}, \quad \forall (i,J) \in \mathcal{A}, K \subset J, \\
\sum_{j \in K} x_{iJj}^{(t,c)} &\leq \sum_{\{L \subset J | L \cap K \neq \emptyset\}} y_{iJL}^{(c)}, \\
&\quad \forall (i,J) \in \mathcal{A}, K \subset J, t \in T_c, c = 1, \ldots, C, \\
x^{(t,c)} &\in F^{(t,c)}, \quad \forall t \in T_c, c = 1, \ldots, C,
\end{aligned} \tag{5.1}$$

ただし，$x^{(t,c)}$ は $x_{iJj}^{(t,c)}, (i,J) \in \mathcal{A}, j \in J$ から構成されるベクトルで，$F^{(t,c)}$ は点 $x^{(t,c)}$ の境界のある多面体で，フロー制約

$$\sum_{\{J|(i,J) \in \mathcal{A}\}} \sum_{j \in J} x_{iJj}^{(t,c)} - \sum_{\{j|(j,I) \in \mathcal{A}, i \in I\}} x_{jIi}^{(t,c)} = \begin{cases} R_{t,c} & \text{if } i = s_c, \\ -R_{t,c} & \text{if } i = t, \\ 0 & \text{otherwise}, \end{cases} \quad \forall i \in \mathcal{N},$$

および非負制約

$$x_{iJj}^{(t,c)} \geq 0, \quad \forall (i,J) \in \mathcal{A}, j \in J.$$

を満たす．この式において $y_{iJK}^{(c)}$ はハイパーアーク (i,J) に投入され，ちょうどノード集合 K に受信されて（これは平均速度 z_{iJK} で発生），コネクション c に割り当てられたパケットの平均速度を表す．

簡単のために $C=1$ の場合を考えよう．$C>1$ への拡張は概念的に単純であり，さらに $C=1$ の場合はそれ自身が面白い．各マルチキャストグループが自己中心的なコスト目標を立てているとき，またはネットワークがアーク荷重を設定してその目標を達成したり何らかのポリシーを遂行しようとしていて各マルチキャストグループが荷重最小化の目的下にあるときであれば，それは単一の効率的なマルチキャストコネクションを確立しようとするときである．ここで，

$$b_{iJK} := \frac{\sum_{\{L \subset J | L \cap K \neq \emptyset\}} z_{iJL}}{z_{iJ}}$$

とする．これはハイパーアーク (i, J) に投入されたパケットで，K と交わるノードの集合に受信されたものの割合である．すると，問題 (5.1) は次のようになる．

minimize $f(z)$

subject to $z \in Z$,

$$\sum_{j \in K} x_{iJj}^{(t)} \leq z_{iJ} b_{iJK}, \quad \forall (i, J) \in \mathcal{A}, K \subset J, t \in T, \qquad (5.2)$$
$$x^{(t)} \in F^{(t)}, \quad \forall t \in T.$$

損失無しの場合，問題 (5.2) は次の問題のように単純化できる．

minimize $f(z)$

subject to $z \in Z$,

$$\sum_{j \in K} x_{iJj}^{(t)} \leq z_{iJ}, \quad \forall (i, J) \in \mathcal{A}, t \in T, \qquad (5.3)$$
$$x^{(t)} \in F^{(t)}, \quad \forall t \in T.$$

一例として，図 5.1 に示すネットワークを考える．これはポイントツーポイントアークのみから構成される．ネットワークは損失無しで，s から二つのシンク t_1 と t_2 への単位速度のマルチキャストを達成しようとするものとする．ただし，$Z = [0,1]^{|\mathcal{A}|}$ かつ $f(z) = \sum_{(i,j) \in \mathcal{A}} z_{ij}$ である．問題 (5.3) の最適解が図に示されている．大きさが1単位のフロー $x^{(1)}$ と $x^{(2)}$ が s から t_1 と t_2 へそれぞれ向かっており，最適化から期待されるように，各アーク (i, j) について $z_{ij} = \max(x_{ijj}^{(1)}, x_{ijj}^{(2)})$ である．単純なアーク (i, j) に関しては，アーク上のフロー $x^{(1)}$ の構成要素を $x_{ijj}^{(1)}$ と書く必要はない．ただ，

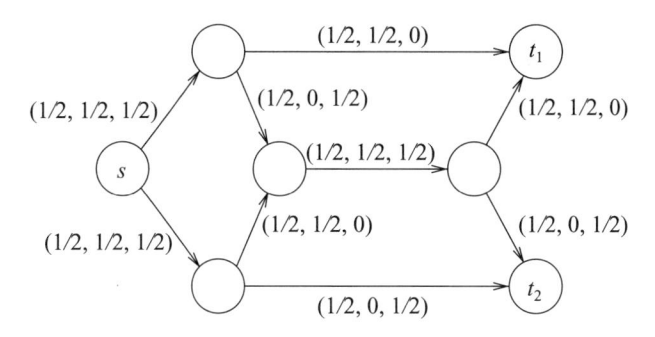

図5.1 損失無しポイントツーポイントアークで，s から $T = \{t_1, t_2\}$ へのマルチキャストを行うネットワーク．各アークに付記されているのは 3 変数 $(z_{ij}, x_{ij}^{(1)}, x_{ij}^{(2)})$．許可を得て [98] から転載

単純に $x_{ij}^{(1)}$ と書けるので随時略記する．この略記法のもとでは，$z_{ij} = \max(x_{ij}^{(1)}, x_{ij}^{(2)})$ となる．

同じマルチキャスト問題が，ルーティングパケットネットワークでは s から発して t_1 と t_2 に達する木の形成に使用されたアーク数の最小化問題となる場合が多い．換言すれば，有向グラフのシュタイナー木問題を解くことになる [113]．有向グラフのシュタイナー木問題が NP 完全であることはよく知られているが，問題 (5.3) はそうではない．この場合は，問題 (5.3) は実は線形最適化問題である．これは，シュタイナー木問題の分数緩和 (fractional relaxation) と考えることができる線形最適化問題である [151]．この例は，コーディング手法の魅力的な性質の一つを説明するものである．コーディング手法により NP 完全問題を回避して，代わりに分数緩和を解けばよい．

ブロードキャストするアークの例については，図 5.2 に示す例を考える．ここでもネットワークは損失無しで，s から二つのシンク t_1 と t_2 に向けた単位速度のマルチキャストの達成を試みる．また，$Z = [0,1]^{|\mathcal{A}|}$, $f(z) = \sum_{(i,J) \in \mathcal{A}} z_{iJ}$ である．最適解問題 (5.3) が図に示されているが，まだ s から t_1 と t_2 に向けた大きさがそれぞれ 1 単位のフローを持っている．しかしここでは，各ハイパーアーク (i, J) について，ハイパーアーク (i, J) を通り抜ける各種のフローから z_{iJ} を決定する．各々のハイパーアークは J 内の単一ノード j に向かっており，最適化から $z_{iJ} = \max(\sum_{j \in J} x_{iJj}^{(1)}, \sum_{j \in J} x_{iJj}^{(2)})$ となる．

問題 (5.2) と問題 (5.3) のいずれも，そのままでは容易に解けない．しかし，これらの問題は非常に一般的である．コスト関数が分離可能である，あるいはさらに線形であると仮定すればその複雑さは改善される．すなわち，$f(z) = \sum_{(i,J) \in \mathcal{A}} f_{iJ}(z_{iJ})$ と

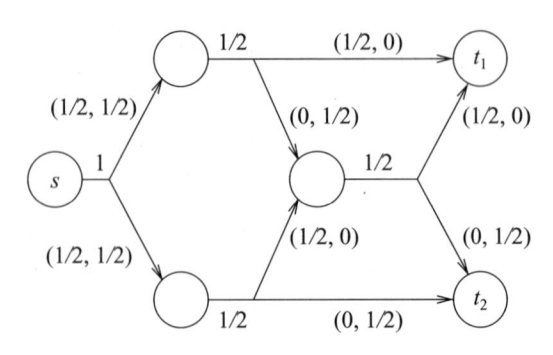

図 5.2 損失無しブロードキャストアークで，s から $T = \{t_1, t_2\}$ へのマルチキャストを行うネットワーク．各ハイパーアークの始点には z_{iJ} が，終点には $(x_{iJj}^{(1)}, x_{iJj}^{(2)})$ が付記されている．

仮定する．ここで，f_{iJ} は凸または線形関数である．これは，多くの実用的な状況で非常に適切な仮定である．例えば，パケット遅延は通常，分離可能，凸のコスト関数と評価される．エネルギー，金融コスト，総重量は通常，分離可能で，線形のコスト関数と評価される．

問題 (5.2) と (5.3) の複雑さはまた，制約集合 Z の形で仮定を設定することによっても改善される．ほとんどの実用的な状況ではこのようにされる．

ノードが損失無しネットワークで伝送するとき，ノードはある区域の全ノードに到達すると仮定するならば，特定の単純化が適用できる．この区域が拡張するほどコストが増加する．これは，例えば，エネルギー消費を最小化したいと思っているときに適用できる．パケット伝送により多くのエネルギーをかけると，我々の拡張に従って高信頼でパケットの受信が可能な区域が拡張する．より細かく言えば，我々が分離可能なコストを持っていて，$f(z) = \sum_{(i,J) \in \mathcal{A}} f_{iJ}(z_{iJ})$ とする．さらに，各ノード i は M_i 個の出力ハイパーアーク $(i, J_1^{(i)}), (i, J_2^{(i)}), \ldots, (i, J_{M_i}^{(i)})$ を持っているとする．ただし，$J_1^{(i)} \subsetneq J_2^{(i)} \subsetneq \ldots \subsetneq J_{M_i}^{(i)}$ である（複数の同一のアークはないと仮定する．二重アークは単一アークと同様の効果を持つとして扱うことができるからである）．次に，すべての $\zeta \geq 0$ およびノード i について，$f_{iJ_1^{(i)}}(\zeta) < f_{iJ_2^{(i)}}(\zeta) < \cdots < f_{iJ_{M_i}^{(i)}}(\zeta)$ と仮定する．

$(i,j) \in \mathcal{A}' := \{(i,j)|(i,J) \in \mathcal{A}, J \ni j\}$ に対して次の変数を導入する．

$$\hat{x}_{ij}^{(t)} := \sum_{m=m(i,j)}^{M_i} x_{iJ_m^{(i)}j}^{(t)},$$

ただし，$m(i,j)$ は $j \in J_m^{(i)} \setminus J_{m-1}^{(i)}$ となる唯一の m である（便宜上，すべての $i \in \mathcal{N}$ について $J_0^{(i)} := \emptyset$ を定義する）．ここで変数を大幅に減らして，問題 (5.3) は次の問題のように定式化できる．

minimize $\sum_{(i,J) \in \mathcal{A}} f_{iJ}(z_{iJ})$

subject to $z \in Z$,

$$\sum_{k \in J_{M_i}^{(i)} \setminus J_{m-1}^{(i)}} \hat{x}_{ik}^{(t)} \leq \sum_{n=m}^{M_i} z_{iJ_n^{(i)}}, \quad \forall i \in \mathcal{N}, m = 1, \ldots, M_i, t \in T, \tag{5.4}$$

$$x^{(t)} \in \hat{F}^{(t)}, \quad \forall t \in T,$$

ただし，$\hat{F}^{(t)}$ は点 $\hat{x}^{(t)}$ の境界のある多面体で，フロー制約

$$\sum_{\{j|(i,j) \in \mathcal{A}'\}} \hat{x}_{ij}^{(t)} - \sum_{\{j|(j,i) \in \mathcal{A}'\}} \hat{x}_{ji}^{(t)} = \begin{cases} R_{t,c} & \text{if } i = s_c, \\ -R_{t,c} & \text{if } i = t, \\ 0 & \text{otherwise,} \end{cases} \quad \forall i \in \mathcal{N},$$

および非負制約

$$0 \leq \hat{x}_{ij}^{(t)}, \quad \forall (i,j) \in \mathcal{A}'$$

を満たす．

命題 5.1：$f(z) = \sum_{(i,J) \in \mathcal{A}} f_{iJ}(z_{iJ})$ であり，すべての $\zeta \geq 0$ および $i \in \mathcal{N}$ について $f_{iJ_1^{(i)}}(\zeta) < f_{iJ_2^{(i)}}(\zeta) < \cdots < f_{iJ_{M_i}^{(i)}}(\zeta)$ であるとする．すると，問題 (5.3) および問題 (5.4) は次のような意味で等価である．これらは同じ最適コストを持ち，z が問題 (5.3) の最適解の一部であることの必要十分条件は，これが問題 (5.4) の最適解の一部であることである．

証明：(x,z) が問題 (5.3) の実行可能な解とする．すると，すべての $(i,j) \in \mathcal{A}'$ および $t \in T$ について

$$\sum_{m=m(i,j)}^{M_i} z_{iJ_m^{(i)}} \geq \sum_{m=m(i,j)}^{M_i} \sum_{k \in J_m^{(i)}} x_{iJ_m^{(i)}k}^{(t)}$$

$$= \sum_{k \in J_{M_i}^{(i)}} \sum_{m=\max(m(i,j),m(i,k))}^{M_i} x_{iJ_m^{(i)}k}^{(t)}$$

$$\geq \sum_{k \in J_{M_i}^{(i)} \setminus J_{m(i,j)-1}^{(i)}} \sum_{m=\max(m(i,j),m(i,k))}^{M_i} x_{iJ_m^{(i)}k}^{(t)}$$

$$= \sum_{k \in J_{M_i}^{(i)} \setminus J_{m(i,j)-1}^{(i)}} \sum_{m=m(i,k)}^{M_i} x_{iJ_m^{(i)}k}^{(t)}$$

$$= \sum_{k \in J_{M_i}^{(i)} \setminus J_{m(i,j)-1}^{(i)}} \hat{x}_{ik}^{(t)}.$$

ゆえに, $(\hat{x}, z)$ は同じコストでの問題 (5.4) の実行可能な解となる.

ここで, $(\hat{x}, z)$ が問題 (5.4) の最適解であると仮定する. 仮定から, すべての $\zeta \geq 0$ および $i \in \mathcal{N}$ について $f_{iJ_1^{(i)}}(\zeta) < f_{iJ_2^{(i)}}(\zeta) < \cdots < f_{iJ_{M_i}^{(i)}}(\zeta)$ であるので, すべての $i \in \mathcal{N}$ について数列 $z_{iJ_1^{(i)}}, z_{iJ_2^{(i)}}, \ldots, z_{iJ_{M_i}^{(i)}}$ は次式で再帰的に与えられる. 開始点は $m = M_i$ である.

$$z_{iJ_m^{(i)}} = \max_{t \in T} \left\{ \sum_{k \in J_{M_i}^{(i)} \setminus J_{m-1}^{(i)}} \hat{x}_{ik}^{(t)} \right\} - \sum_{m'=m+1}^{M_i} z_{iJ_{m'}^{(i)}}.$$

ゆえに, すべての $i \in \mathcal{N}$ および $m = 1, 2, \ldots, M_i$ について $z_{iJ_m^{(i)}} \geq 0$ である. 次に, $m = M_i$ および $j \in J_{M_i}^{(i)}$ から始めて次式を設定する.

$$x_{iJ_m^{(i)}j}^{(t)} := \min \left(\hat{x}_{ij}^{(t)} - \sum_{l=m+1}^{M_i} x_{iJ_l^{(i)}j}^{(t)}, z_{iJ_m^{(i)}} - \sum_{k \in J_{M_i}^{(i)} \setminus J_{m(i,j)}^{(i)}} x_{iJ_m^{(i)}k}^{(t)} \right).$$

このようにすると, (x, z) が問題 (5.3) の同じコストの実行可能な解であることを見るのは難しくない. ゆえに, 問題 (5.3) と問題 (5.4) の最適コストは等しい. また, 二つの問題の目的関数は同じであるので, z が問題 (5.3) の最適解の一部であることの必要十分条件は, これが問題 (5.4) の最適解の一部であることである. □

5.1.1.2 例：スロット付アロハ中継チャネル

スロット付アロハ中継チャネルとして参照するこの例は, マルチホップ無線ネットワークに関係する. マルチホップ無線ネットワークの最も重要な課題の一つは, 媒体のアクセスである. すなわち, 無線ノードがどのように無線媒体を分け合うかを決めることである. 媒体アクセス制御の単純だがよく使われる方法の一つが, スロット付

アロハである（例えば [11, 4.2 節] 参照）．スロット付アロハでは，パケットを送ろうとしているノードは単純なランダムな法則に従っていつ送るかを決める．この例では，スロット付アロハを媒体アクセス制御に使用するマルチホップ無線ネットワークを考える．

ネットワークは図 5.3 に示す単純なトポロジであり，このネットワークでノード 1 からノード 3 への速度 R の単一ユニキャストコネクションを確立したいと仮定する．伝送のためにとるランダム規則は 2 個の伝送ノード，すなわちノード 1 とノード 2 が，それぞれ所与のタイムスロットである固定の確率のもとに独立にパケットを伝送するというものである．コード化されたパケットネットワークでは，ノードは決して「備蓄を放出する（unbacklogged）」ことはない．これに対し，通常にルーティングされたスロット付アロハネットワークでは，ノードは機会が与えられればコード化されたパケットをいつでも伝送できる．ゆえに，ハイパーアーク $(1,\{2,3\})$ へのパケット投入速度 $z_{1(23)}$ は，ノード 1 が所与のタイムスロットでパケットを伝送する確率である．同様に z_{23}，すなわちハイパーアーク $(2,3)$ へのパケット投入速度 z_{23} は，ノード 2 が所与のタイムスロットでパケットを伝送する確率である．ゆえに，$Z = [0,1]^2$，すなわち $0 \leq z_{1(23)} \leq 1$ かつ $0 \leq z_{23} \leq 1$ である．

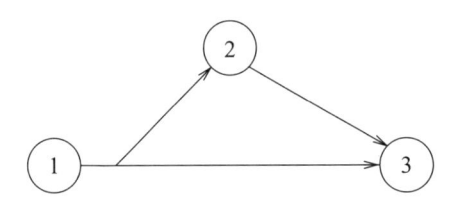

図 5.3　スロット付アロハ中継チャネル [90].

ノード 1 がパケットを伝送し，ノード 2 が伝送しないとすると，パケットがノード 2 で受信される確率は $p_{1(23)2}$，ノード 3 で受信される確率は $p_{1(23)3}$，ノード 2 と 3 の両方で受信される確率は $p_{1(23)(23)}$ となる（それが完全に失われる確率は $1 - p_{1(23)2} - p_{1(23)3} - p_{1(23)(23)}$)．ノード 2 がパケット伝送し，ノード 1 が伝送しないとすると，パケットがノード 3 で受信される確率は p_{233}（それが完全に失われる確率は $1 - p_{233}$)．ノード 1 と 2 のそれぞれがパケットを伝送するとパケットは衝突し，どちらのパケットも成功裡に受信はされない．同時伝送が必ずしも衝突という結果にならず，一つ以上のパケットが受信されるという可能性もある．この現象は複数パケット受信能力 [47] として参照され，より下層の装置化の詳細により決定される．しかしながらこの例で

は，単純に同時伝送は衝突を引き起こすと仮定する．

ゆえに，次式を得る．

$$z_{1(23)2} = z_{1(23)}(1 - z_{23})p_{1(23)2}, \tag{5.5}$$

$$z_{1(23)3} = z_{1(23)}(1 - z_{23})p_{1(23)3}, \tag{5.6}$$

$$z_{1(23)(23)} = z_{1(23)}(1 - z_{23})p_{1(23)(23)}, \tag{5.7}$$

$$z_{233} = (1 - z_{1(23)})z_{23}p_{233}. \tag{5.8}$$

目的は，各メッセージパケットにおけるパケット伝送数の総計を最小化しながら，必要なコネクションを設定することと仮定する．これは，エネルギー節約あるいは無線媒体の節約のためである（節約分を他のコネクション等，他の目的のために使えるようにする）．ゆえに，

$$f(z_{1(23)}, z_{23}) = z_{1(23)} + z_{23}.$$

スロット付アロハ中継チャネルは，van der Meulen [132] により紹介された中継チャネルと非常によく似ている．そして後者の最大容量の決定は，情報理論の有名な長い間の未解決問題の一つである．スロット付アロハ中継チャネルは（名前の通り）中継チャネルと関係が深いが，異なる．中継チャネルは物理層と関係しているのに対し，我々は上位層を扱っており，我々の問題は可解である．

この場合に解くべき関連最適化問題は問題 (5.2) であり，次のものに帰着する．

$$
\begin{aligned}
&\text{minimize} && z_{1(23)} + z_{23} \\
&\text{subject to} && 0 \leq z_{1(23)}, z_{23} \leq 1, \\
&&& R \leq z_{1(23)}(1 - z_{23})(p_{1(23)2} + p_{1(23)3} + p_{1(23)(23)}), \\
&&& R \leq z_{1(23)}(1 - z_{23})(p_{1(23)3} + p_{1(23)(23)}) + (1 - z_{1(23)})z_{23}p_{233}.
\end{aligned}
$$

問題のパラメータのいくつかの値を仮定し，検討する．$R := 1/8, p_{1(23)2} := 9/16, p_{1(23)3} := 1/16, p_{1(23)(23)} := 3/16, p_{233} := 3/4$ とする．すると，我々の最適化問題は次のようになる．

$$
\begin{aligned}
&\text{minimize} && z_{1(23)} + z_{23} \\
&\text{subject to} && 0 \leq z_{1(23)}, z_{23} \leq 1, \\
&&& \frac{1}{8} \leq \frac{13}{16} z_{1(23)}(1 - z_{23}), \tag{5.9}
\end{aligned}
$$

5.1 ■フローに基づく方法

$$\frac{1}{8} \leq \frac{1}{4}z_{1(23)}(1-z_{23}) + \frac{3}{4}(1-z_{1(23)})z_{23}.$$

この問題の実行可能な集合は図 5.4 に示されている．これは，網掛けされた部分で Z_0 と記されている．視察により，問題 (5.9) の最適解は次式で定義される曲線の間の 2 個の共通部分の小さいほうである．

$$\frac{13}{16}z_{1(23)}(1-z_{23}) = \frac{1}{8}$$
$$\frac{1}{4}z_{1(23)}(1-z_{23}) + \frac{3}{4}(1-z_{1(23)})z_{23} = \frac{1}{8}.$$

ゆえに，$z_{1(23)}^* \simeq 0.179$ と $z_{23}^* \simeq 0.141$ を得る．

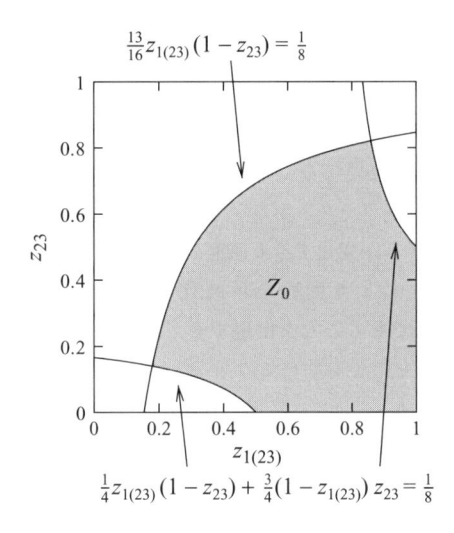

図 5.4　問題 (5.9) の実行可能 (feasible) な集合 [90]．

ここで解いた問題は全然自明ではない．ここでは無線パケットネットワークを取り上げたが，これは媒体競合等の複雑な要因の集合により決定される損失があるものである．我々はメッセージパケットごとの最小伝送数を用いて，固定スループットのユニキャストコネクションを確立する方法を発見した．解は，ノード 1 が各タイムスロットに確率 0.179 で 1 パケットを伝送し，ノード 2 は各タイムスロットに独立に確率 0.141 で 1 パケットを伝送する．どちらかのノードがパケットを伝送するたびに，ノードは 4.1 節のコーディング法に従う．

我々が扱ってきたネットワークは残念ながら小規模なものに限られ，使った解法は大規模問題にそのまま拡張使用はできない．しかし，この解法は概念的に単純であり，

大規模問題の解が計算できる場合もある．さらに，分散して計算できる場合もある．我々は，次にこの話題を取り上げる．

5.1.1.3 分散アルゴリズム

多くの場合，最適化問題 (5.2), (5.3),(5.4) は凸または線形問題であり，その解は理論的には計算可能である．しかしながら，現実のネットワークに適用する場合には，解が分散した状態で計算できることが重要になることが多い．すなわち，各ノードが近隣の知識および情報交換で得た知識のみに基づいて計算ができるということである．ゆえに，分散されたアルゴリズムにより最適化問題 (5.2), (5.3), (5.4) を解く方法を探す．これは，前章のランダム線形ネットワークコーディング法と組み合わせれば，効率的な運用に対する分散されたアプローチとなる．我々が提案する方法は一般的に，最適解に収束するのにある程度時間がかかるが，伝送前にアルゴリズムが収束するまで待つ必要はない．我々は，コーディング法を自分のコーディングサブグラフにいつでも適用できる．最適でもそうでなくても，収束する限り適用し続けることができる．このような方法は，ネットワークトポロジの変更など最適解が変わるような変化に強い．それは，アルゴリズムが変化する最適解をめがけて収束するからである．

このため，次の仮定により問題を単純化する．まず，目的関数が $f(z) = \sum_{(i,J)\in\mathcal{A}} f_{iJ}(z_{iJ})$ の形であることを仮定する．ただし，f_{iJ} は単調増加する凸関数である．また，z_{iJ} が変化してもすべての $K \subset J$ について z_{iJK}/z_{iJ} は一定であることを仮定する．ゆえに，b_{iJK} はすべての $(i,J) \in \mathcal{A}$ および $K \subset J$ について一定である．また，制約集合 Z を落とす．分割可能な制約は，少なくとも z_{iJ} がその上限に近付くにつれて f_{iJ} が無限大に近付くようにすることにより，取り扱い可能となる．少なくとも我々が確立しようとするコネクションの視点から見て，もしアークが基本的に独立に振舞い，別個のアークの容量は統合できないとするならば，これらの仮定はあてはまっている．

これらの仮定をおくと，問題 (5.2) は次のようになる．

$$\begin{aligned}
&\text{minimize} \sum_{(i,J)\in\mathcal{A}} f_{iJ}(z_{iJ})\\
&\text{subject to} \sum_{j\in K} x_{iJj}^{(t)} \leq z_{iJ} b_{iJK}, \quad \forall (i,J)\in\mathcal{A}, K\subset J, t\in T,\\
&\qquad\qquad x^{(t)} \in F^{(t)}, \quad \forall t\in T.
\end{aligned} \qquad (5.10)$$

f_{iJ} は単調増加であるので，制約

5.1 ■フローに基づく方法

$$\sum_{j \in K} x_{iJj}^{(t)} \leq z_{iJ} b_{iJK}, \quad \forall (i, J) \in \mathcal{A}, K \subset J, t \in T \tag{5.11}$$

は以下を与える.

$$z_{iJ} = \max_{K \subset J, t \in T} \left\{ \frac{\sum_{j \in K} x_{iJj}^{(t)}}{b_{iJK}} \right\}. \tag{5.12}$$

表現 (5.12) は残念なことに,アルゴリズム設計にはあまり役立たない.それは最大関数が扱い難いからで,この主要因はすべてのところで微分可能なわけではないことである.この困難を乗り越える一つの方法は,z_{iJ} を近似することである.表現 (5.12) 内の最大値を l^m-ノルム([33] 参照)で置き換えること,すなわち z_{iJ} を z'_{iJ} で近似することである.ただし,

$$z'_{iJ} := \left(\sum_{K \subset J, t \in T} \left(\frac{\sum_{j \in K} x_{iJj}^{(t)}}{b_{iJK}} \right)^m \right)^{1/m}$$

この近似は,$m \to \infty$ につれて正確になる.さらに,すべての $m > 0$ について $z'_{iJ} \geq z_{iJ}$ であるので,コーディングサブグラフ z' は,任意の実行可能な解について必要となるコネクションを受け入れる.

ここで,関連する最適化問題は

$$\text{minimize} \sum_{(i,J) \in \mathcal{A}} f_{iJ}(z'_{iJ})$$
$$\text{subject to } x^{(t)} \in F^{(t)}, \quad \forall t \in T,$$

これは凸複数商品フロー問題にすぎない.凸複数商品フロー問題には数多くのアルゴリズムがある(概観は [107] を参照).これらの中のいくつかは(例えば [7, 10] のアルゴリズム)分散装置化に適している.インターネットの輻輳制御のための主-双対法([127] の 3.4 節参照)もまた,凸複数商品フロー問題を解くために使用できる.この方法を 5.1.1.4 節の主-双対方式で検証する.

ゆえに,サブグラフ選択問題のため,あるいは少なくとも問題の近似のために,数多くの分散アルゴリズムが存在する.実際の問題のための分散アルゴリズムはどうだろう? このようなアルゴリズムを見つけるための一つの明らかな作戦は,ラグランジュ乗数を用いて制約 (5.11) を排除することである.この作戦に従って,劣勾配法と呼ばれる分散アルゴリズムを得る.5.1.1.5 節の劣勾配方式で劣勾配法を説明する.

5.1.1.4 主-双対方式（Primal-dual method）

主-双対方式について，コスト関数 f_{iJ} は狭義凸で微分可能であると仮定する．ゆえに，問題 (5.10) には唯一の最適解がある．そのまま損失有りの場合に拡張可能であるという理解のもとで，損失無しの場合のアルゴリズムを示す．ゆえに，我々が取り上げる最適化問題は次の通り．

$$\text{minimize} \sum_{(i,J)\in\mathcal{A}} f_{iJ}(z'_{iJ}) \tag{5.13}$$
$$\text{subject to } x^{(t)} \in F^{(t)}, \quad \forall t \in T,$$

ただし

$$z'_{iJ} := \left(\sum_{t\in T}\left(\sum_{j\in J} x^{(t)}_{iJj}\right)^m\right)^{1/m}.$$

$(y)_a^+$ は y の次の関数を表すとする．

$$(y)_a^+ = \begin{cases} y & \text{if } a > 0, \\ \max\{y, 0\} & \text{if } a \leq 0. \end{cases}$$

問題 (5.13) を分散的に解くために追加の変数 p と λ を導入し，x と p と λ の値を，次の時間微分に従って時間 τ に変えることを考える．

$$\dot{x}^{(t)}_{iJj} = -k(t)_{iJj}(x^{(t)}_{iJj})\left(\frac{\partial f_{iJ}(z'_{iJ})}{\partial x^{(t)}_{iJj}} + q^{(t)}_{ij} - \lambda^{(t)}_{iJj}\right), \tag{5.14}$$

$$\dot{p}^{(t)}_i = h^{(t)}_i(p^{(t)}_i)(y^{(t)}_i - \sigma^{(t)}_i), \tag{5.15}$$

$$\dot{\lambda}^{(t)}_{iJj} = m^{(t)}_{iJj}(\lambda^{(t)}_{iJj})(-x^{(t)}_{iJj})^+_{\lambda^{(t)}_{iJj}}, \tag{5.16}$$

ただし，

$$q(t)_{ij} := p^{(t)}_i - p^{(t)}_j,$$
$$y^{(t)}_i := \sum_{\{J|(i,J)\in\mathcal{A}\}} \sum_{j\in J} x^{(t)}_{iJj} - \sum_{\{j|(j,I)\in\mathcal{A}, i\in I\}} x^{(t)}_{jIi},$$

また，$k^{(t)}_{iJj}(x^{(t)}_{iJj}) > 0, h^{(t)}_i(p^{(t)}_i) > 0, m^{(t)}_{iJj}(\lambda^{(t)}_{iJj}) > 0$ は，それぞれ $x^{(t)}_{iJj}, p^{(t)}_i, \lambda^{(t)}_{iJj}$ の非減少連続関数である．

命題 5.2：式 (5.14)〜式 (5.16) で示されたアルゴリズムは，大域的かつ漸近的に安定である．

証明: リアプノフの安定性理論(例えば [127, 3.10 節を参照])を用いて,主-双対アルゴリズムの安定性を証明する.この証明は [127] の定理 3.7 の証明に基づいている.

問題 (5.13) のラグランジアンは次のようになる.

$$
L(x,p,\lambda) = \sum_{(i,J)\in\mathcal{A}} f_{iJ}(z'_{iJ}) + \sum_{t\in T}\left\{\sum_{i\in N} p_i^{(t)}\left(\sum_{\{J|(i,J)\in\mathcal{A}\}}\sum_{j\in J} x_{iJj}^{(t)} - \sum_{\{j|(j,I)\in\mathcal{A},i\in I\}} x_{jIi}^{(t)} - \sigma_i^{(t)}\right) - \sum_{(i,J)\in\mathcal{A}}\sum_{j\in J}\lambda_{iJj}^{(t)} x_{iJj}^{(t)}\right\}, \quad (5.17)
$$

ただし

$$
\sigma_i^{(t)} = \begin{cases} R_t & \text{if } i=s, \\ -R_t & \text{if } i=t, \\ 0 & \text{otherwise.} \end{cases}
$$

問題 (5.13) の目的関数は狭義凸であるので,それは唯一の最小化解($\hat{x}$ とする)とラグランジェ乗数($\hat{p}$ と $\hat{\lambda}$ とおく)を持ち,次の Karush-Kuhn-Tucker 条件を満たす.

$$
\frac{\partial L(\hat{x},\hat{p},\hat{\lambda})}{\partial x_{iJj}^{(t)}} = \left(\frac{\partial f_{iJ}z'_{iJ}}{\partial x_{iJj}^{(t)}} + (\hat{p}_i^{(t)} - \hat{p}_j^{(t)}) - \hat{\lambda}_{iJj}^{(t)}\right) = 0,
$$
$$
\forall (i,J) \in \mathcal{A}, j \in J, t \in T, \quad (5.18)
$$

$$
\sum_{\{J|(i,J)\in\mathcal{A}\}}\sum_{j\in J}\hat{x}_{iJj}^{(t)} - \sum_{\{j|(j,I)\in\mathcal{A},i\in I\}}\hat{x}_{jIi}^{(t)} = \sigma_i^{(t)}, \quad \forall i \in \mathcal{N}, t \in T, \quad (5.19)
$$

$$
\hat{x}_{iJj}^{(t)} \geq 0 \quad \forall (i,J) \in \mathcal{A}, j \in J, t \in T, \quad (5.20)
$$

$$
\hat{\lambda}_{iJj}^{(t)} \geq 0 \quad \forall (i,J) \in \mathcal{A}, j \in J, t \in T, \quad (5.21)
$$

$$
\hat{\lambda}_{iJj}^{(t)}\hat{x}_{iJj}^{(t)} = 0 \quad \forall (i,J) \in \mathcal{A}, j \in J, t \in T. \quad (5.22)
$$

式 (5.17) 用いて,$(\hat{x},\hat{p},\hat{\lambda})$ が主-双対アルゴリズムの平衡点であることがわかる.ここで,この点が大域的かつ漸近的に安定であることを証明する.

次の関数をリアプノフ関数の候補として考える.

$$
V(x,p,\lambda) = \sum_{t\in T}\left\{\sum_{(i,J)\in\mathcal{A}}\sum_{j\in J}\left(\int_{\hat{x}_{iJj}^{(t)}}^{x_{iJj}^{(t)}} \frac{1}{k_{iJj}^{(t)}(\sigma)}(\sigma - \hat{x}_{iJj}^{(t)})d\sigma\right.\right.
$$
$$
\left.\left.+\int_{\hat{\lambda}_{iJj}^{(t)}}^{\lambda_{iJj}^{(t)}} \frac{1}{m_{iJj}^{(t)}(\gamma)}\left(\gamma - \hat{\lambda}_{iJj}^{(t)}\right)d\gamma\right) + \sum_{i\in\mathcal{N}}\int_{\hat{p}_i^{(t)}}^{p_i^{(t)}} \frac{1}{h_i^{(t)}(\beta)}\left(\beta - \hat{p}_i^{(t)}\right)d\beta\right\}.
$$

$V(\hat{x}, \hat{p}, \hat{\lambda}) = 0$ となることに注意. $k_{iJj}^{(t)}(\sigma) > 0$ であるので,もし $x_{iJj}^{(t)} \neq \hat{x}_{iJj}^{(t)}$ ならば,

$$\int^{x_{iJj}^{(t)}} \hat{x}_{iJj}^{(t)} \frac{1}{k_{iJj}^{(t)}(\sigma)} \left(\sigma - \hat{x}_{iJj}^{(t)}\right) d\sigma > 0.$$

となる.この議論は他の項にも拡張できる.ゆえに,$(x, p, \lambda) \neq (\hat{x}, \hat{p}, \hat{\lambda})$ のときはいつでも $V(x, p, \lambda) > 0$ となる.

次に,

$$\dot{V} = \sum_{t \in T} \left\{ \sum_{(i,J) \in \mathcal{A}} \sum_{j \in J} \left[\left(-x_{iJj}^{(t)}\right)^+_{\lambda_{iJj}^{(t)}} \left(\lambda_{iJj}^{(t)} - \hat{\lambda}_{iJj}^{(t)}\right) - \left(\frac{\partial f_{iJ}(z'_{iJ})}{\partial x_{iJj}^{(t)}} + q_{iJj}^{(t)} - \lambda_{iJj}^{(t)}\right) \right. \right.$$
$$\left. \left. \cdot \left(x_{iJj}^{(t)} - \hat{x}_{iJj}^{(t)}\right) \right] + \sum_{i \in \mathcal{N}} \left(y_i^{(t)} - \sigma_i^{(t)}\right) \left(p_i^{(t)} - \hat{p}_i^{(t)}\right) \right\}.$$

である.ここで

$$(-x(t)_{iJj})^+ \lambda_{iJj}^{(t)} \left(\lambda_{iJj}^{(t)} - \hat{\lambda}_{iJj}^{(t)}\right) \leq -x_{iJj}^{(t)} \left(\lambda_{iJj}^{(t)} - \hat{\lambda}_{iJj}^{(t)}\right),$$

に注意して欲しい.不等式が等式になるのは,$x_{iJj}^{(t)} \leq 0$ または $\lambda_{iJj}^{(t)} \geq 0$ の場合と,$x_{iJj}^{(t)} > 0$ でかつ $\lambda_{iJj}^{(t)} < 0$ の場合で,$(-x_{iJj}^{(t)})^+ \lambda_{iJj}^{(t)} = 0$ となる.なぜなら,$\hat{\lambda}_{iJj}^{(t)} \geq 0, -x_{iJj}^{(t)}(\lambda_{iJj}^{(t)} - \hat{\lambda}_{iJj}^{(t)}) \geq 0$ だからである.ゆえに,

$$\dot{V} \leq \sum_{t \in T} \left\{ \sum_{(i,J) \in \mathcal{A}} \sum_{j \in J} \left[-x_{iJj}^{(t)} \left(\lambda_{iJj}^{(t)} - \hat{\lambda}_{iJj}^{(t)}\right) - \left(\frac{\partial f_{iJ}(z'_{iJ})}{\partial x_{iJj}^{(t)}} + q_{iJj}^{(t)} - \lambda_{iJj}^{(t)}\right) \right. \right.$$
$$\left. \left. \cdot \left(x_{iJj}^{(t)} - \hat{x}_{iJj}^{(t)}\right) \right] + \sum_{i \in \mathcal{N}} \left(y_i^{(t)} - \sigma_i^{(t)}\right) \left(p_i^{(t)} - \hat{p}_i^{(t)}\right) \right\}$$
$$= (\hat{q} - q)'(x - \hat{x}) + (\hat{p} - p)'(y - \hat{y})$$
$$+ \sum_{t \in T} \left\{ \sum_{(i,J) \in \mathcal{A}} \sum_{j \in J} \left[-\hat{x}_{iJj}^{(t)} \left(\lambda_{iJj}^{(t)} - \hat{\lambda}_{iJj}^{(t)}\right) - \left(\frac{\partial f_{iJ}(z'_{iJ})}{\partial x_{iJj}^{(t)}} + \hat{q}_{iJj}^{(t)} - \hat{\lambda}_{iJj}^{(t)}\right) \right. \right.$$
$$\left. \left. \cdot \left(x_{iJj}^{(t)} - \hat{x}_{iJj}^{(t)}\right) \right] + \sum_{i \in \mathcal{N}} \left(\hat{y}_i^{(t)} - \sigma_i^{(t)}\right) \left(p_i^{(t)} - \hat{p}_i^{(t)}\right) \right\}$$
$$= \sum_{t \in T} \sum_{(i,J) \in \mathcal{A}} \sum_{j \in J} \left(\frac{\partial f_{iJ}(\hat{z}'_{iJ})}{\partial \hat{x}_{iJj}^{(t)}} - \frac{\partial f_{iJ}(z'_{iJ})}{\partial x_{iJj}^{(t)}}\right) \left(x_{iJj}^{(t)} - \hat{x}_{iJj}^{(t)}\right) - \lambda' \hat{x},$$

ただし,最後の行は Karush-Kuhn-Tucker 条件 (5.18)–(5.22) および次の事実による.

$$\begin{aligned}
p'y &= \sum_{t\in T}\sum_{i\in\mathcal{N}} p_i^{(t)} \left(\sum_{\{J|(i,J)\in\mathcal{A}\}} \sum_{j\in J} x_{iJj}^{(t)} - \sum_{\{j|(j,I)\in\mathcal{A}, i\in I\}} x_{jIi}^{(t)} \right) \\
&= \sum_{t\in T}\sum_{(i,J)\in\mathcal{A}}\sum_{j\in J} x_{iJj}^{(t)} \left(p_i^{(t)} - p_j^{(t)} \right) = q'x.
\end{aligned}$$

ゆえに，関数 $\{f_{iJ}\}$ の狭義凸性のおかげで $\dot{V} \leq -\lambda'\hat{x}$ を得る．等号が成立する必要十分条件は $x = \hat{x}$ である．よって $\hat{x} \geq 0$ であるので，すべての $\lambda \geq 0$ に対して $\dot{V} \leq 0$ となる．λ の初期選択が $\lambda(0) \geq 0$ だとしたら，主-双対アルゴリズムから $\lambda(\tau) \geq 0$ となることがわかる．$\lambda \leq 0$ のときはいつでも $\dot{\lambda} \geq 0$ であるので，これは真である．ゆえに，リアプノフの安定理論により，このアルゴリズムは真に大域的かつ漸近的に安定である． □

このアルゴリズムの大域的かつ漸近的な安定性は，(x,p) の初期選択が何であったとしても，主-双対アルゴリズムが問題 (5.13) の唯一の解に収束することを意味する．しかしながら，λ の初期選定は非負要素を選択する必要がある．さらに，$x(\tau)$ が，任意の所与の τ に対して実現可能な解を与えるという保障はない．ゆえに，実現可能な解を得る前に始動時間が必要な場合もある．我々が現在持っているアルゴリズムは連続時間アルゴリズムで，実際には離散メッセージ交換で稼働するアルゴリズムが必要となる．アルゴリズムを離散化するために時間ステップ $n = 0, 1, \ldots$ を考え，微分を差分で置き換える．

$$x_{iJj}^{(t)}[n+1] = x_{iJj}^{(t)}[n] - \alpha_{iJj}^{(t)}[n]\left(\frac{\partial f_{iJ}(z'_{iJ}[n])}{\partial x_{iJj}^{(t)}[n]} + q_{ij}^{(t)}[n] - \lambda_{iJj}^{(t)}[n]\right), \quad (5.23)$$

$$p_i^{(t)}[n+1] = p_i^{(t)}[n] + \beta_i^{(t)}[n]\left(y_i^{(t)}[n] - \sigma_i^{(t)}\right), \quad (5.24)$$

$$\lambda_{iJj}^{(t)}[n+1] = \lambda_{iJj}^{(t)}[n] + \gamma_{iJj}^{(t)}[n]\left(-x_{iJj}^{(t)}[n]\right)^+_{\lambda_{iJj}^{(t)}[n]}, \quad (5.25)$$

ただし，

$$\begin{aligned}
q_{ij}^{(t)}[n] &:= p_i^{(t)}[n]p_j^{(t)}[n], \\
y_i^{(t)}[n] &:= \sum_{\{J|(i,J)\in\mathcal{A}\}}\sum_{j\in J} x_{iJj}^{(t)}[n] - \sum_{\{j|(j,I)\in\mathcal{A}, i\in I\}} x_{jIi}^{(t)}[n],
\end{aligned}$$

である．また，$\alpha_{iJj}^{(t)}[n] > 0$, $\beta_i^{(t)}[n] > 0$, $\gamma_{iJj}^{(t)}[n] > 0$ はステップの大きさである．分散化されたアルゴリズムは同期ラウンドで動作し，ノードは各ラウンドで情報を交換する．この同期は，実際には緩和できると期待される．

我々は各ノードにプロセッサを具備する．ノード i のプロセッサは，変数 p_i, $\{x_{iJj}\}_{\{J,j|(i,J)\in\mathcal{A},j\in J\}}$, $\{\lambda_{iJj}\}_{\{J,j|(i,J)\in\mathcal{A},j\in J\}}$ の動静を保持していると仮定する．このように，変数をプロセッサに割り当てることによりこのアルゴリズムは分散され，ノードは主-双対アルゴリズムの更新ごとに近隣ノードのみと情報を交換すればよい．主-双対法のまとめを図 5.5. に示す．

---

1. 各ノード i は，$p_i[0]$, $\{x_{iJj}[0]\}_{\{J,j|(i,J)\in\mathcal{A},j\in J\}}$, $\{\lambda_{iJj}[0]\}_{\{J,j|(i,J)\in\mathcal{A},j\in J\}}$ をすべての $(i,J) \in \mathcal{A}$ かつ $j \in J$ であるような (J,j) について，$\lambda_{iJj}[0] \geq 0$ となるように初期化する．各ノード i は，$p_i[0]$, $\{x_{iJj}[0]\}_{j\in J}$, $\{\lambda_{Jj}[0]\}_{j\in J}$ を各出力のハイパーアーク (i,J) 上に送る．
2. n 回目の更新で，各ノード i は $p_i[n+1]$ と $\{x_{iJj}[n+1]\}_{\{J,j|(i,J)\in\mathcal{A},j\in J\}}$ と $\{\lambda J_{iJj}[n+1]\}_{\{J,j|(i,J)\in\mathcal{A},j\in J\}}$ とを，式 (5.23)〜式 (5.25) を用いて計算する．各ノード i は，$p_i[n+1]$, $\{x_{iJj}[n+1]\}_{j\in J}$, $\{\lambda_{iJj}[n+1]\}_{j\in J}$ を，各出力のハイパーアーク (i,J) 上に送る．
3. 現在のコーディングサブグラフ $z'[n]$ を計算する．各ノード i で，すべての出力のハイパーアーク (i,J) について

$$z'_{iJ}[n] := \left(\sum_{t\in T}\left(\sum_{j\in J} x^{(t)}_{iJj}[n]\right)^m\right)^{1/m}$$

を設定する．
4. コーディングサブグラフ $\{z'[n]\}$ が収束するまで，ステップ 5.1.1.5 と 5.1.1.5 を繰り返す．

図 5.5　主-双対方式のまとめ

5.1.1.5　劣勾配方式（Subgradient method）

線形コスト関数の劣勾配法を示す．若干の修正を加えると，これは凸関数にも適用できる．ゆえに，目的関数 f は次の形をとると仮定する．

$$f(z) := \sum_{(i,J)\in\mathcal{A}} a_{iJ} z_{iJ},$$

ただし，$a_{iJ} > 0$ である．

ラグランジュ双対問題 (5.10) を考える:

$$\begin{aligned}
&\text{maximize } \sum_{t\in T} q^{(t)}_{(} p^{(t)}_{)} \\
&\text{subject to } \sum_{t\in T}\sum_{K\subset J} p^{(t)}_{iJK} = a_{iJ} \quad \forall (i,J)\in\mathcal{A},
\end{aligned} \qquad (5.26)$$

$$p_{iJK}^{(t)} \geq 0, \quad \forall (i,J) \in \mathcal{A}, K \subset J, t \in T,$$

ただし

$$q^{(t)}(p^{(t)}) := \min_{x^{(t)} \in F^{(t)}} \sum_{(i,J)\in\mathcal{A}} \sum_{j \in J} \left(\sum_{\{K \subset J | K \ni j\}} \frac{p_{iJK}^{(t)}}{b_{iJK}} \right) x_{iJj}. \tag{5.27}$$

損失なしの場合，式 (5.26) および式 (5.27) で定義される双対問題はいくぶん簡単になり，各ハイパーアーク (i,J) に対して一つの双対変数 $p_{iJJ}^{(t)}$ が必要となる．最適化問題 (5.4) に関連する場合は，それに対応する主変数はより少ししかないので，双対問題はさらに簡単になる．特に，ラグランジュ双対に対して，

$$\begin{aligned}
&\text{maximize} \sum_{t \in T} \hat{q}^{(t)}(p^{(t)}) \\
&\text{subject to} \sum_{t \in T} p_{iJ_m^{(i)}}^{(t)} = s_{iJ_m^{(i)}}, \quad \forall i \in N, m = 1, \ldots, M_i, \\
&\qquad\qquad\; p_{iJ}^{(t)} \geq 0, \quad \forall (i,J) \in A, t \in T,
\end{aligned} \tag{5.28}$$

を得る．ただし

$$s_{iJ_m^{(i)}} := a_{iJ_m^{(i)}} - a_{iJ_{m-1}^{(i)}},$$

また，

$$\hat{q}^{(t)}(p^{(t)}) := \min \hat{x}^{(t)} \in \hat{F}^{(t)} \sum_{(i,j) \in \mathcal{A}'} \left(\sum_{m=1}^{m(i,j)} p_{iJ_m^{(i)}}^{(t)} \right) \hat{x}_{ij}^{(t)}. \tag{5.29}$$

問題の仮定から，すべての $(i,J) \in \mathcal{A}$ について $s_{iJ} > 0$ であることに注意して欲しい．

三つのすべての場合において双対問題は非常に似ており，それらを解くために基本的には同じアルゴリズムを用いることができる．ここで，最適化問題 (5.4) に関連する場合についての劣勾配法を示す．すなわち，次の主問題

$$\begin{aligned}
&\text{minimize} \sum_{(i,J) \in \mathcal{A}} a_{iJ} z_{iJ} \\
&\text{subject to} \sum_{k \in J_{M_i}^{(i)} \setminus J_{m-1}^{(i)}} \hat{x}_{ik}^{(t)} \leq \sum_{n=m}^{M_i} z_{iJ_n^{(i)}}, \quad \forall i \in \mathcal{N}, m = 1, \ldots, M_i, t \in T, \\
&\qquad\quad \hat{x}^{(t)} \in \hat{F}^{(t)}, \quad \forall t \in T
\end{aligned} \tag{5.30}$$

と双対 (5.28) である．ただし，他の場合には簡単な修正が可能であるという理解を前提とする．

まず，問題 (5.29) は実は最短経路問題であり，単純な非同期分散解が使用できるということを指摘する．この解は分散非同期 Bellman-Ford アルゴリズム（例えば [11 (5.2 節)] 参照）として知られている．

さて，双対問題 (5.28) を解くために劣勾配最適化法を用いる（例えば [8 (6.3.1 節)] または [106 (I.2.4 節)] 参照）．我々は双対問題 (5.28) の実行可能な集合の更新 $p[0]$ から始める．非負整数 n について更新 $p[n]$ が付与されたとき，我々は問題 (5.29) を T 内の各 t について解き，$x[n]$ を得る．

$$g^{(t)}_{iJ^{(i)}_m[n]} := \sum_{k \in J^{(i)}_{M_i} \setminus J^{(i)}_{m-1}} \hat{x}^{(t)}_{ik}[n].$$

そして，各 $(i, J) \in \mathcal{A}$ について

$$p_{iJ}[n+1] := \arg\min_{v \in P_{iJ}} \sum_{t \in T} \left(v^{(t)} - \left(p^{(t)}_{iJ}[n] + \theta[n]g^{(t)}_{iJ}[n]\right)\right)^2 \tag{5.31}$$

を割り当てる．ここで，P_{iJ} は $|T|$ 次元単体

$$P_{iJ} = \left\{v \mid \sum_{t \in T} v^{(t)} = s_{iJ}, v \geq 0\right\},$$

$\theta[n] > 0$ は適切なステップサイズとする．言い換えれば，$p_{iJ}[n+1]$ は $p_{iJ}[n] + \theta[n]g_{iJ}[n]$ の P_{iJ} へのユークリッド射影（Euclidean projection）に設定される．

射影を行うために次の命題を使用する．

命題 5.3：$u := p_{iJ}[n] + \theta[n]g_{iJ}[n]$ とする．T の要素に $u^{(t1)} \geq u^{(t2)} \geq \cdots \geq u^{(t|T|)}$ と番号を付けるとする．$\hat{k}$ を以下の条件を満たす最小の k とする．

$$\frac{1}{k}\left(s_{iJ} - \sum_{r=1}^{t_k} u^{(r)}\right) \leq -u^{(t_{knn+1})}$$

あるいは，このような k が存在しない場合には，$\hat{k} = |T|$ と設定する．すると，射影 (5.31) は次式により達成される．

$$p^{(t)}_{iJ}[n+1] = \begin{cases} u^{(t)} + \frac{s_{iJ} - \sum_{r=1}^{t_k} u^{(r)}}{k^n} & \text{if } t \in \{t_1, \ldots, t_{\hat{k}}\}, \\ 0 & \text{otherwise.} \end{cases}$$

証明： 我々は次の問題を解きたい．

$$\text{minimize} \sum_{t \in T}(v^{(t)} - u^{(t)})^2$$
$$\text{subject to } v \in P_{iJ}.$$

まず，目的関数と制約集合 P_{iJ} は両方とも凸であるので，P_{iJ} 内の大域最適化の必要十分条件は

$$\hat{v}^{(t)} > 0 \Rightarrow (u^{(t)} - \hat{v}^{(t)}) \geq (u^{(r)} - \hat{v}^{(r)}), \quad \forall r \in T \tag{5.32}$$

となる（例えば [8 (2.1 節)] を参照）．T の要素に $u^{(t_1)} \geq u^{(t_2)} \geq \ldots \geq u^{(t_{|T|})}$ と番号付けをするとする．すると，$l = 1, \ldots, k$ については $v^{(t_l)} > 0$，$l > kn+1$ については $v^{(t_l)} = 0$ となる集合 $\{1, \ldots, |T|\}$ 内に指標 k が存在することを示す．もしそうでないとしたら，ベクトルの要素を入れ替えることによりコストの低い実現可能な解が得られる．ゆえに，条件 (5.32) からすべての $t \in \{t_1, \ldots, t_{kn}\}$ について $\hat{v}^{(t)} = u^{(t)} + d$ を満たし，また，すべての $t \in \{t_{kn+1}, \ldots, t_{|T|}\}$ について $d \leq -u^{(t)}$ を満たす d が存在する．これは，$d \leq -u^{(t_{k+1})}$ と等価である．$\hat{v}^{(t)}$ は単体 P_{iJ} 内にあるので，

$$kd + \sum_{t=1}^{t_k} u^{(t)} = s_{iJ},$$

となる．さらに，

$$d = \frac{1}{k}\left(s_{iJ} - \sum_{t=1}^{t_k} u^{(t)}\right).$$

$\hat{k}$ が次式を満たす最小の k のとき，$k = \hat{k}$ をとることにより，

$$\frac{1}{k}\left(s_{iJ} - \sum_{r=1}^{t_k} u^{(r)}\right) \leq -u(t_{k+1}),$$

あるいは，もしこのような k が存在しないならば $\hat{k} = |T|$ となり，次式を得ることがわかる．

$$\frac{1}{\hat{k}-1}\left(s_{iJ} - \sum_{t=1}^{t_k-1} u^{(t)}\right) > -u^{(t_k)},$$

この再変形により次式を得る．

$$d = \frac{1}{\hat{k}}\left(s_{iJ} - \sum_{t=1}^{t_k} u^{(t)}\right) > -u^{(t_k)}.$$

ゆえに，もし $v^{(t)}$ が

$$v^{(t)} = \begin{cases} u^{(t)} + \frac{s_{iJ} - \sum_{r=1}^{t_{\hat{k}}} u^{(r)}}{\hat{k}} & \text{if } t \in \{t_1, \ldots, t_{\hat{k}}\}, \\ 0 & \text{otherwise,} \end{cases} \quad (5.33)$$

で与えられるとしたら，$v^{(t)}$ は実現可能で，最適化条件 (5.32) が満足されていることがわかる．$d \leq -u^{(t_k+1)}$ であるので，式 (5.33) は次式のようにも書けることに注意して欲しい．

$$v^{(t)} = \max\left(0, u^{(t)} + \frac{1}{\hat{k}}\left(s_{iJ} - \sum_{r=1}^{t_k} u^{(r)}\right)\right). \quad (5.34)$$

□

劣勾配最適化法の欠点は，十分に更新を繰り返せばラグランジュ双対問題 (5.28) の最適値の近似値を与えるものの，主最適解（primal optimal）を与えるわけではないことである．しかしながら，劣勾配最適化法で主解（primal solution）を取り戻す方法がある．Sherali and Choi[123] による以下の方法を使用する．

$\{\mu_l[n]\}_{l=1,\ldots,n}$ を各非負整数 n の凸結合荷重の列とする．すなわち，すべての $l = 1, \ldots, n$ について $\sum_{l=1}^{n} \mu_l[n] = 1$ および $\mu_l[n] \geq 0$ である．さらに，

$$\gamma_{ln} := \frac{\mu_l[n]}{\theta[n]}, \quad l = 1, \ldots, n, \quad n = 0, 1, \ldots,$$

および

$$\Delta \gamma_n^{\max} := \max_{l=2,\ldots,n} \{\gamma_{ln} - \gamma_{(l-1)n}\}.$$

を定義する．

命題 5.4：もしステップの大きさ $\{\theta[n]\}$ と凸結合荷重 $\{\mu_l[n]\}$ が次のように選択されたとする．

(i) すべての $l = 2, \ldots, n$ および $n = 0, 1, \ldots$ について $\gamma_{ln} \geq \gamma_{(l-1)n}$．
(ii) $n \to \infty$ につれて $\Delta \gamma_n^{\max} \to 0$．
(iii) $n \to \infty$ につれて $\gamma_{1n} \to 0$ であり，ある $\delta > 0$ およびすべての $n = 0, 1, \ldots$ に対して $\gamma_{nn} \leq \delta$ である．

このとき，主問題に対する最適解を次式で与えられる主更新（primal iterate）$\{\tilde{x}[n]\}$ の列の任意の集積点から得る．

$$\tilde{x}[n] := \sum_{l=1}^{n} \mu_l[n]\hat{x}[l], \quad n = 0, 1, \ldots. \tag{5.35}$$

証明：劣勾配法が収束する双対の実現可能な解を $\bar{p}$ と仮定する．そして式 (5.31) を用ると，$n \geq m$ に対して次式を満たすある m が存在する．

$$p_{iJ}^{(t)}[n+1] = p_{iJ}^{(t)}[n] + \theta[n]g_{iJ}^{(t)}[n] + c_{iJ}[n]$$

これは，$\bar{p}_{iJ}^{(t)} > 0$ となるすべての $(i, J) \in \mathcal{A}$ と $t \in T$ を対象とする．

$\tilde{g}[n] := \sum_{l=1}^{n} \mu_l[n]g[l]$ とする．ある $(i, J) \in \mathcal{A}$ と $t \in T$ を考える．$\bar{p}_{iJ}^{(t)} > 0$ ならば $n > m$ に対し，

$$\begin{aligned}
g_{iJ}^{(t)}[n] &= \sum_{l=1}^{m} \mu_l[n]g_{iJ}^{(t)}[l] + \sum_{l=m+1}^{n} \mu_l[n]g_{iJ}^{(t)}[l] \\
&= \sum_{l=1}^{m} \mu_l[n]g_{iJ}^{(t)}[l] + \sum_{l=m+1}^{n} \frac{\mu_l[n]}{\theta[n]}(p_{iJ}^{(t)}[n+1] - p_{iJ}^{(t)}[n] - c_{iJ}[n]) \\
&= \sum_{l=1}^{m} \mu_l[n]g_{iJ}^{(t)}[l] + \sum_{l=m+1}^{n} \gamma_{ln}(p_{iJ}^{(t)}[n+1] - p_{iJ}^{(t)}[n]) \\
&\quad - \sum_{l=m+1}^{n} \gamma_{ln}c_{iJ}[n].
\end{aligned} \tag{5.36}$$

を得る．そうでなければ，$\bar{p}_{iJ}^{(t)} = 0$ ならば式 (5.34) から，

$$p_{iJ}^{(t)}[n+1] \geq p_{iJ}^{(t)}[n] + \theta[n]g_{iJ}^{(t)}[n] + c_{iJ}[n],$$

を得る．ゆえに

$$\tilde{g}_{iJ}^{(t)}[n] \leq \sum_{l=1}^{m} \mu_l[n]g_{iJ}^{(t)}[l] + \sum_{l=m+1}^{n} \gamma_{ln}(p_{iJ}^{(t)}[n+1] - p_{iJ}^{(t)}[n]) - \sum_{l=m+1}^{n} \gamma_{ln}c_{iJ}[n]. \tag{5.37}$$

簡単にわかるように，更新 $\{\tilde{x}[n]\}$ の列は主実行可能で，次式を設定することにより，主実行可能な列 $\{z[n]\}$ を得ることができる．

$$z_{iJ_m^{(i)}}[n] := \max_{t \in T}\left\{\sum_{k \in J_{M_i}^{(i)} \setminus J_{m-1}^{(i)}} \tilde{x}_{ik}^{(t)}[n]\right\} - \sum_{m'=m+1}^{M_i} z_{iJ_{m'}^{(i)}}[n]$$

第5章 サブグラフ選択

$$= \max_{t \in T} \tilde{g}_{iJ_m^{(i)}} - \sum_{m'=m+1}^{M_i} z_{iJ_{m'}^{(i)}}[n]$$

これは，$m = M_i$ から開始し，$m = 1$ に向かって再帰的に行う．Sherali and Choi [123] は，ステップの大きさ $\{\theta[n]\}$ および凸結合荷重 $\{\mu_l[n]\}$ に関する要求条件が満たされれば，$k \to \infty$ につれて，

$$\sum_{l=1}^{m} \mu_l[n] g_{iJ}^{(t)}[l] + \sum_{l=m+1}^{n} \gamma_{ln} \left(p_{iJ}^{(t)}[n+1] - p_{iJ}^{(t)}[n] \right) \to 0$$

となることを示した．ゆえに，式 (5.36) と式 (5.37) から十分に大きい k に対して，

$$\sum_{m'=m}^{M_i} z_{iJ_{m'}^{(i)}}[n] = -\sum_{l=m+1}^{n} \gamma_{ln} c_{iJ_m^{(i)}}[n].$$

主問題 (5.30) を思い出すと，$\bar{p}$ による補完的なゆるみ (complementary slackness) は $\{\tilde{x}[n]\}$ の任意の収束列の限界で成立する． □

ステップの大きさと凸結合加重の要求条件は，次の選択により満足される（[123 (系 2–4)]）：

(i) $\theta[n] > 0$, $\lim_{n \to 0} \theta[n] = 0$, $\sum_{n=1}^{\infty} \theta_n = \infty$ となるステップの大きさ $\theta[n]$，およびすべての $l = 1, \ldots, n, n = 0, 1, \ldots$ について，$\mu_l[n] = \theta[l] / \sum_{k=1}^{n} \theta[k]$ で与えられる凸結合荷重 $\{\mu_l[n]\}$．

(ii) すべての $n = 0, 1, \ldots$ について，$\theta[n] = a/(b + cn)$ で与えられるステップの大きさ $\theta[n]$．ただし，$a > 0$, $b \geq 0$, $c > 0$ で，凸結合荷重 $\mu_l[n]$ はすべての $l = 1, \ldots, n$ と $n = 0, 1, \ldots$ について $\mu_l[n] = 1/n$ で与えられる；

(iii) すべての $n = 0, 1, \ldots$ について，$\theta[n] = n - \alpha$ で与えられるステップの大きさ $\theta[n]$．ただし，$0 < \alpha < 1$ で，凸結合荷重 $\mu_l[n]$ はすべての $l = 1, \ldots, n$, $n = 0, 1, \ldots$ について $\mu_l[n] = 1/n$ で与えられる．

さらに，三つの選択肢すべてにおいて，$\mu_l[n+1]/\mu_l[n]$ をすべての n について l と独立に持っており，主更新は次式を用いて更新的に計算できる．

$$\begin{aligned} x[n] &= \sum_{l=1}^{n} \mu_l[n] \hat{x}[l] \\ &= \sum_{l=1}^{n} \mu_l[n] \hat{x}[l] + \mu_n[n] \hat{x}[n] \end{aligned}$$

$$= \phi[n-1]\tilde{x}[n-1] + \mu_n[n]\hat{x}[n],$$

ただし，$\phi[n] := \mu_l[n+1]/\mu_l[n]$ である．

これにより，分散アルゴリズムを得る．図 5.6 に劣勾配法をまとめる．この方法は真の分散アルゴリズムであるが，これもまた同期的更新で演算を行う．同様に，この同時性は実際には緩和されると期待される．

---

1. 各ノード i はその出力のハイパーアークのために s_{iJ} を計算し，$p_{iJ}[0]$ を式 (5.28) の実行可能な集合内の一点に初期化する．例えば，$p_{iJ}^{(t)}[0] := s_{iJ}/|T|$ とする．各ノード i は，s_{iJ} と $p_{iJ}[0]$ を各出力ハイパーアーク (i, J) 上に送る．
2. n 回目の更新で $p^{(t)}[n]$ をハイパーアークコストとして使い，分散 Bellman-Ford 等の分散最短経路アルゴリズムを実行して，すべての $t \in T$ に関する $\hat{x}^{(t)}[n]$ を決定する．
3. 各ノード i は，命題 5.3 を用いてその出力ハイパーアークの $p_{iJ}[n+1]$ を計算する．各ノード i は，$p_{iJ}[n+1]$ を各出力ハイパーアーク (i, J) 上に送る．
4. ノードは，次式を設定することにより主更新 $\tilde{x}[n]$ を計算する．
$$\tilde{x}[n] := \sum_{l=1}^{n} \mu_l[n]\hat{x}[l].$$
5. 現在のコーディングサブグラフ $z[n]$ は，主更新（primal iterate）$\tilde{x}[n]$ を用いて計算される．各ノード i で
$$z_{iJ_m^{(i)}}[n] := \max_{t \in T}\left\{\sum_{k \in J_{M_i}^{(i)} \setminus J_{m-1}^{(i)}} \tilde{x}_{ik}^{(t)}[n]\right\} - \sum_{m'=m+1}^{M_i} z_{iJ_{m'}^{(i)}}[n]$$
を，$m = M_i$ から始めて $m = 1$ に向けて再帰的に設定する．
6. 主更新の列 $\{\tilde{x}[n]\}$ が収束するまで，ステップ 1–5 を繰り返す．

図 5.6　劣勾配方式のまとめ

5.1.1.6　応用：最小伝送無線ユニキャスト

さて，コーディングによるコネクションを確立するために十分な要素を議論してきた．しかし，コーディングを行う価値はあるのだろうか？ 確かに，コーディングはすべてのネットワーク通信において用いられるべきだというものではない．状況によっては，コーディングによって得られる利得は追加の手間に見合うだけのものでなく，単純にパケットをルーティングをするべき場合もある．本節では，コーディングの価値がある一つの応用例を説明する．

ここで，最小伝送無線ユニキャストの問題を取り上げる．これは損失有り無線ネットワークで，パケットあたりの使用伝送数を最小にしてユニキャストコネクションを確立する問題である．この効率性評価基準（efficiency criterion）は5.1.1.2節と同じである．これは一般的な効率性基準で，不要なパケットの送付はエネルギーと帯域の両方を浪費するという事実を反映する．

無線ユニキャストには多数の方法がある．ここでは5個を取り上げる．このうちの3個（方法 (i)–(iii)）はルーティング法で，2個（方法 (iv) と (v)）はコーディング法である．

(i) エンドツーエンド再送：ソースからシンクまで1経路が選択され，パケットはシンクまたは宛先ノードによって受取確認される．パケットの受取確認がソースに受信されなければ，パケットは再送される．これは，信頼性がアーク層より上の再送法により供給されている状況を表す．例えば，トランスポート層のTCP（transmission control protocol）により供給され，アーク層では信頼性確保の仕組みはない．

(ii) エンドツーエンドコーディング：ソースからシンクまで1経路が選択され，エンドツーエンドの前方誤り訂正（FEC; forward error correction）符号が用いられる．この符号にはリード・ソロモン符号，LT 符号 [89]，またはRaptor 符号 [99, 124] 等があり，ソースとシンクの間で失われたパケットを修復する．これはディジタルファウンテン法 [17] による信頼性確保である．

(iii) アークバイアーク 再送：ソースからシンクまで1経路が選択され，自動再送要求（ARQ;automatic repeat request）がアーク層で用いられ，経路内の各アークで失われたパケットの再送を要求する．ゆえに，各アークごとに意図した受信者に対してパケットの受取確認がなされ，パケットの受取確認が送信者に受信されなかった場合はパケットが再送される．

(iv) パスコーディング：ソースからシンクまで1経路が選択され，経路内の各ノードは損失パケットを修復するためにコーディングを用いる．このための最も素直な方法は，各ノードでFEC符号を用いて，受信パケットを復号・再符号化することである．このような方法の欠点は遅延である．経路内の各ノードが，それぞれあるブロック内のパケットの符号化・復号を行うのである．この欠点を克服する一つの方法は，「重畳的」な方法で運用される符号を使用することである．すなわち，それまでに受信したパケットからの復号を伴わない符号化により形成されたパケットを送出する．4.1節のランダム線形ネットワークコーディ

ング法はこのような符号である．複雑さの小さい一つの変化形が [109] に記されている．

(v) フルコーディング: この場合は経路はまとめて回避され，効率運用問題（efficient operation problem）に対する我々の解を用いる．問題 (5.2) を解いてサブグラフを見つけ，4.1 節の線形コーディング法を用いる．物理層の設計の修正が制限されている，あるいは情報を搬送するパケットのタイミングについては踏み込まないという条件を課されているならば，この方法は到達率の限界を示す．

次の実験を考える．単位ノード密度を達成するように大きさが設定された正方形の領域内に，ノードが一様分布に従ってランダムに配置される．このネットワークでは伝送は距離減衰とレイリーフェージングを受けるが，干渉は受けない（スケジューリングのため）．ゆえに，ノード i が伝送するとき，ノード j の信号雑音比（SNR; signal-to-noise ratio）は $\gamma d(i,j)^{-\alpha}$ である．ただし，γ は単位平均で指数関数的に分布する確率変数，$d(i,j)$ はノード i と j の距離，α は減衰パラメータで 2 とする．ノード i から伝送されたパケットは，SNR が β を超えるとき，すなわち $\gamma d(i,j)^{-\alpha} \geq \beta$ のとき，ノード j に成功裡に受信される．ただし，β は閾値で 1/4 とする．もし，パケット i が成功裡に受信されなかったとしたら，それは完全に失われる．もし，受取確認が送付されるとしたら，受取確認はパケットが失われるのと同じように失われる可能性があり，経路を逆にたどる．

各種の大きさのランダムネットワークにおいて各種の方法を使用したときに要求されるパケットごとの平均伝送数は，図 5.7 に示されている．ランダムな瞬間ごとに要求される伝送数の総数を最小化するように，経路またはサブグラフが選択される．ただし，エンドツーエンドの再送とエンドツーエンドのコーディングの場合は，ソースノードから要求される伝送数を最小化するように経路またはサブグラフが選択されるので，これらの場合は除く（これらの場合の伝送数の総数を最小化するための最適化は，最短経路アルゴリズムで直接行うことはできない）．エンドツーエンドコーディングとアークバイアーク再送は，既にエンドツーエンド再送において目覚しい改善を示しているのに対し，コード化法はさらに一層目覚しい改善を示すことがわかる．9 ノードの大きさのネットワークでは，フルコーディングは既にアークバイアーク再送に対して 2 倍の改善が見られる．さらに，ネットワークの大きさが大きくなるに従って各種方法の性能は異なってくる．

ここで，我々は性能を単純にパケットごとの必要伝送数によって議論している．いくつかの場合，例えば輻輳では，評価指標はこの量に対して超線形的に増加し，性能

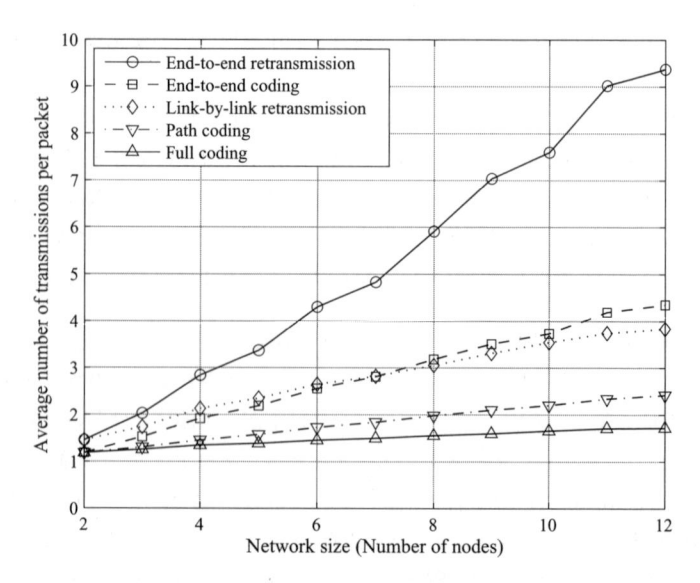

図 5.7 1 パケットあたりの平均伝送数. ネットワークの大きさの関数として，各種の無線ユニキャスト方式について示す.

の改善は図 5.7 に描かれているものよりもさらに大きい．我々はあらゆる速度において，特に大きなネットワークでは，コーディングは目覚しい利得を与えることを見る.

5.1.2 ■処理制限コーディング

前節では，ネットワーク内のすべてのノードがコーディングの能力を有していると仮定し，コーディングサブグラフの関数として表現可能な資源を最小化する問題に焦点を当てていた．しかし，コーディングのために必要な計算処理そのものが希少な資源だったとしたらどうだろうか？ 例えば，現在使用されているネットワークでルーティングの能力しかない場合，各ノードにコーディング能力を追加更新するためのコストが発生するという場合に当てはまる．計算処理に制限のある場合は，コーディングをネットワークノードの部分集合のみで行うように制限したい．伝送のための資源と計算処理のための資源をトレードオフしたことになる.

計算処理制限問題は通常は難しい．所与のサブグラフでコーディングが必要なノードの最小集合を単に決定することが NP 困難であり [78]，多数個のシンクがあるマルチキャストコネクションには発見的な手法が必要であると示唆している．しかしながら，シンクの数が少ない場合，最適解はフローに基づく方法により見つけることがで

きる．この方法は Bhattad et al. [16] によるが，フローをシンクごとに分割するだけでなく，シンクの集合ごとに分割する．ゆえに，集合 T 内のシンクへのマルチキャストに関して，我々は各 $t \in T$ へのフロー $x^{(t)}$ を持つだけでなく，各 $T' \subset T$ へのフロー $x^{(T')}$ を持つ．Bhattad らによるフローの定式化では，シンク数の増加により指数的に増加する変数や制約が多数ある．ゆえに，これは $|T|$ が小さいときにのみ実行可能となる．しかしこの制約のもとでは，この方法で最適解が見つかる．

シンクの数がより大きい場合には，準最適な発見法（suboptimal heuristics）によって解が求められる．Kim et al. [78] は遺伝的アルゴリズムに基づく斬新な方法を提案し，良い実験的性能を示している．

5.1.3 ■セッション間コーディング

最適セッション間コーディングは，前述のように非常に難しい．実際，良質のセッション間コーディングでも非常に難しい．自明ではない（non-trivial）セッション間コーディングの解を見つける数少ない方法の一つは，Koetter と Médard により提案された [82]．彼らの方法は，スカラ線形コードの限定された組（class）の中だけで探索を行うが，それでも複雑さはネットワークの大きさと指数的に関係している．実用性から目を離してはいけないので，セッション間コードの探求に関して欲張りすぎてはいけない．

3.5.1 節で議論したように，我々が取りうる地道な方法は次の通りである．セッション間コーディングの最も身近な例は変形バタフライネットワーク（図 1.2）および変形無線バタフライネットワーク（図 1.4）であるので，これら二つの場合で例示されるセッション間コーディング事例を直接拡張したものを求める．

第一歩として，損失無し有線ネットワークの場合を考える．変形バタフライネットワークを図 5.8 に再掲する．セッション間コーディング無しでは，大きさが 1 単位のフロー $x^{(1)}$ と $x^{(2)}$ の二つが必要となる．それぞれ，s_1 から始まり t_1 で，あるいは s_2 から始まり t_2 で終わる．これら二つのフローのそれぞれには唯一の可能な解がある．

$$\begin{aligned} x^{(1)} &= (x^{(1)}_{s_11}, x^{(1)}_{s_21}, x^{(1)}_{s_1t_2}, x^{(1)}_{12}, x^{(1)}_{s_2t_1}, x^{(1)}_{2t_2}, x^{(1)}_{2t_1}) = (1,0,0,1,0,0,1), \\ x^{(2)} &= (x^{(2)}_{s_11}, x^{(2)}_{s_21}, x^{(2)}_{s_1t_2}, x^{(2)}_{12}, x^{(2)}_{s_2t_1}, x^{(1)}_{2t_2}, x^{(2)}_{2t_1}) = (0,1,0,1,0,1,0). \end{aligned}$$

この解は我々が知っているように，アーク $(1,2)$ の容量の制約を超えてしまうので実行可能でない．セッション間コーディングなしでは，アーク $(1,2)$ へのパケット投入の総速度は 2 となり，その容量 1 を超える．しかしながら，我々が知っているように，二つのセッションの各々からのパケットがノード 1 で XOR を施される，単純な

第 5 章■サブグラフ選択

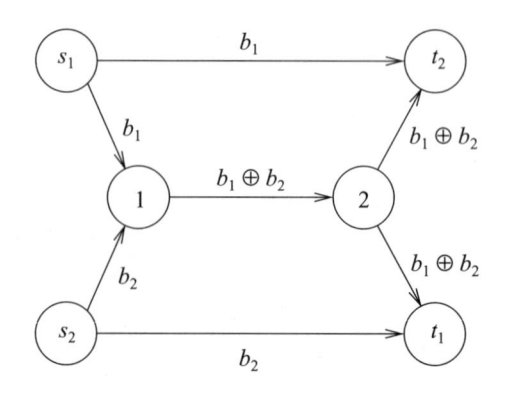

図 5.8 変形バタフライネットワーク．このネットワークでは各アークは 1 個のパケットを高信頼で運搬できる有向リンクである．

セッション間コーディングによりこの状況は解決し，アーク $(1,2)$ へのパケット投入速度を 2 から 1 へ低減し，アーク (s_1, t_2) と (s_2, t_1) へのパケット投入速度をゼロから 1 に増加する．このコードの影響をフロー方程式で定式化できるなら，修正バタフライネットワークにより例示された形のセッション間コーディングの事例を，システム的に見つけるフローに基づく方法に発展することができそうである．

このようなフローの定式化は Traskov et al. [130] により開発された．数式では，各コーディングの機会に応じて 3 個の変数が導入された．毒変数 p, 解毒要求変数 q, 解毒変数 r である．毒変数 p は，2 個のセッションを一緒にして XOR でコーディングした影響を表している．アークが毒されたフローを運搬している．すなわち二つの別個のセッションのものを XOR したパケットを運搬しているとすると，アーク (i,j) 上の毒変数 p_{ij} は真に負である．そうでない場合はゼロになる．このようなフローを「毒されている」というのは，XOR されたパケットはそれだけでは意図された宛先にとって有益ではないからである．解毒変数 r は，追加の「治療」パケットを表す．これは，毒の影響を元に戻すことができるように送られる必要がある．すなわち，XOR されたパケットを復号して，実際に有益なパケットを復元できるようにするためである．アーク (i,j) 上の解毒変数 r_{ij} は，もしそのアークが治療パケットを運搬しているならば真に正であり，そうでなければゼロである．解毒要求変数 q は本質的には想像上の変数で，実際の物理的実態となんら対応する必要がなく，ネットワーク容量も消費しない．しかしながら，これは，治療パケットを送るように要求する実際の短いプロトコルメッセージと対応することができる．解毒要求は，コーディングと治療パケットが送られるノードとを結びつける．そこで p から q と r への巡回路を作り，フ

5.1 ■ フローに基づく方法

ローの定式化を容易にする．アーク (i,j), q_{ij} への解毒要求は，そのアークが解毒要求を運搬しているとすれば真に負である．そうでなければゼロとなる．

Traskov らのフロー形成は，一つの例を用いて最もよく理解できる．例として変形バタフライネットワークを取り，図 5.9 ではこのネットワークの毒，解毒要求，解毒変数を示す．我々は各変数を二つずつ持っている．一つは $1 \to 2$ で，フロー 2 のコーディングの影響に関係し，もう一つの $2 \to 1$ は，フロー 1 のコーディングの影響に関係する．$p(2 \to 1)$ と $q(2 \to 1)$ と $r(2 \to 1)$ と同様に，$p(1 \to 2)$ と $q(1 \to 2)$ と $r(1 \to 2)$ は巡回路を形成することに注意．

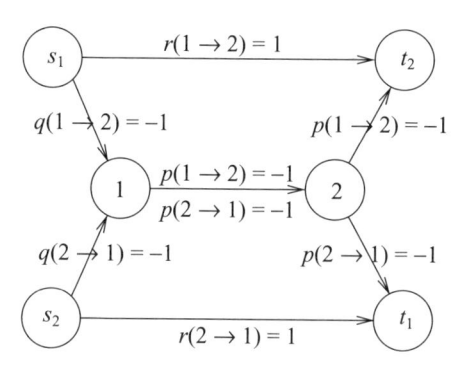

図 5.9　変形バタフライネットワーク．毒/解毒要求と解毒変数が示されている [130]．

この定式化は，全ノードでコーディングが行われる一般的な損失無し有線ネットワークに拡張されたとき，次のようなサブグラフ選択問題となる．

$$\text{minimize } f(z)$$

subject to $z \in Z$,

$$\sum_{\{j|(i,j)\in \mathcal{A}\}} x_{ij}^{(c)} - \sum_{\{j|(j,i)\in \mathcal{A}\}} x_{ji}^{(c)} = \begin{cases} R_c & \text{if } i = s_c, \\ -R_c & \text{if } j = t_c, \\ 0 & \text{otherwise,} \end{cases} \quad \forall i \in \mathcal{N}, c = 1, \ldots, C,$$
(5.38)

$x \geq 0$

$x \in \mathcal{T}(z)$,

ただし，所与の z に対する $\mathcal{T}(z)$ は，なんらかの $\{p_{ij}(c \to d, k)\}$, $\{q_{ij}(c \to d, k)\}$, $\{r_{ij}(c \to d, k)\}$ について次の等式と不等式を満足する x の集合である．

第 5 章 ■ サブグラフ選択

$$\sum_{\{j|(j,i)\in\mathcal{A}\}} (p_{ji}(c\to d,k) + q_{ji}(c\to d,k) + r_{ji}(c\to d,k))$$
$$= \sum_{\{j|(i,j)\in\mathcal{A}\}} (p_{ij}(c\to d,k) + q_{ij}(c\to d,k) + r_{ij}(c\to d,k)),$$
$$\forall i,k\in\mathcal{N}, c,d=1,\ldots,C,$$

$$\sum_{\{j|(j,i)\in\mathcal{A}\}} p_{ji}(c\to d,k) - \sum_{\{j|(i,j)\in\mathcal{A}\}} p_{ij}(c\to d,k) \begin{cases} \geq 0 & \text{if } i=k, \\ \leq 0 & \text{otherwise}, \end{cases}$$
$$\forall i,k\in\mathcal{N}, c,d=1,\ldots,C,$$

$$\sum_{\{j|(j,i)\in\mathcal{A}\}} q_{ji}(c\to d,k) - \sum_{\{j|(i,j)\in\mathcal{A}\}} q_{ij}(c\to d,k) \begin{cases} \leq 0 & \text{if } i=k, \\ \leq 0 & \text{otherwise}, \end{cases}$$
$$\forall i,k\in\mathcal{N}, c,d=1,\ldots,C,$$

$$p_{ij}(d\to c,i) = p_{ij}(c\to d,i), \quad \forall j\in\{j|(i,j)\in\mathcal{A}\}, c,d=1,\ldots,C,$$

$$\sum_{c=1}^{C} \left\{ x_{ij}(c) + \sum_{k}\sum_{d>c} p_{ij}^{\max}(c,d,k) + \sum_{k}\sum_{d\neq c} r_{ij}(c\to d,k) \right\} \leq z_{ij}, \quad \forall (i,j)\in\mathcal{A},$$

$$x_{ij}(d) + \sum_{k}\sum_{c}(p_{ij}(c\to d,k) + q_{ij}(d\to c,k)) \geq 0, \quad \forall (i,j)\in\mathcal{A}, d=1,\ldots,C,$$

$$p\leq 0, r\geq 0, s\leq 0,$$

ただし

$$p_{ij}^{\max}(c,d,k)\Delta = \max(p_{ij}(c\to d,k), p_{ij}(d\to c,k)).$$

この定式化では，マルチキャストは陽には考慮されていない．複数のユニキャストセッションのためのセッション間コーディングが考慮されているのみである．これにより，二つの別々のセッションからのパケットが任意のノードで XOR されて，治療パケットが送られ，これらの演算が意味を持つ任意のノードで復号されることが許される．しかしながら，毒されたフローが再度毒されることは許されない．これらの制約のもとで，この定式化が真に正しいことは参考文献 [130] に示されている．

この定式化は損失無し無線ネットワークの場合に素直に拡張され，変形無線バタフライネットワークを同様に拡張することができる．得られる正確な式は [40] に与えられている．

5.2 ■待ち行列長に基づく手法

　待ち行列長に基づくアルゴリズム，またはバックプレッシャーアルゴリズムは参考文献 [5, 129] で最初に紹介され，複数商品（multicommodity）フロー問題，すなわちコーディングを伴わない複数ユニキャストネットワーク問題を扱っていた．基本的な考え方は以下のようにまとめられる．各ノード i は，各ユニキャストセッション c のパケットの数 $U_i^{(c)}$ を記録しておく．$U_i^{(c)}$ を，ノード i が各セッション c のために管理しているパケット $Q_i^{(c)}$ の待ち行列長と考えると都合がよい．各待ち行列は，その長さの増加関数である可能性がある．各ステップにおいてパケット伝送は，対応する開始および終了待ち行列の潜在容量の差異に応じて優先順位が付けられ，ネットワーク制約のもとでネットワーク内での統合潜在容量減少を最大化するように働く．最も単純な形では，潜在容量は待ち行列長と等しく，伝送は待ち行列長の差異に基づいて優先順位付けされる．すなわち，所与のアーク (i,j) について，セッション $\arg\max_c(U_i^{(c)} - U_j^{(c)})$ のパケットが優先的に伝送される権利を持つ．このポリシーは，各セッションのソースからそのシンクへの待ち行列長勾配の元となる．我々は，圧力勾配（pressure gradients）との類似性を取り上げ，パケットがこれらの勾配を「流下」していくと考えられる．

　異なる目的を持つ各種の形の複数商品フロー問題の漸近的な最適解を見つけるために，基本的なバックプレッシャーアルゴリズムの別の形の拡張が提案されている．例えば，潜在容量が待ち行列長で与えられているバックプレッシャーアルゴリズムが提案され，時間変化のあるネットワークでのルーティングやスケジューリングの動的制御が行われている（[129] とその他の一連の成果による）．このような手法は，最小エネルギールーティングの問題に拡張された [105]．参考文献 [6] では，指数的潜在容量関数によるバックプレッシャーアルゴリズムが提案され，実行可能な複数商品フロー問題の解を構成するための低複雑性の近似アルゴリズムとして使用されている．

　バックプレッシャー法は，異なる組のネットワークコード上の最適化に一般化することができる．根底にある考え方は，**仮想待ち行列**かつ/または**仮想伝送**が適切に定義されたシステムを導入することである．ネットワークの制約下で各ステップの潜在容量低減量の総計を最大化するというバックプレッシャー原理は，仮想待ち行列に基づくネットワークコーディング，ルーティング，スケジューリングの制御ポリシーを得るために適用できる．異なる目的の各種のネットワーク問題への拡張は，複数商品ルーティングの場合と同様にして得ることができる．

5.2.1 ■ 複数マルチキャストセッションのためのセッション内ネットワークコーディング

本節では，マルチキャストセッションの集合 $\mathcal{C}$ が指定されている，動的に変化するネットワーク問題を考える．各セッション $c \in \mathcal{C}$ はソースノードの集合 $\mathcal{S}_c$ を持っており，そのデータはシンクノードの集合 $\mathcal{T}_c$ から要求されている．我々は，基本的な待ち行列長に基づく方法を，セッション内ネットワークコーディングによる複数のマルチキャストセッションの場合に拡張したものとして記述する．ここでは，同一セッションからのパケットのみが一緒に符号化される．

5.2.1.1 ネットワークモデル

$N = |\mathcal{N}|$ 個のノードの集合 $\mathcal{N}$ から構成される損失無しネットワークを考える．ノード間は通信アークの集合 $\mathcal{A}$ で接続され，これらのアークは固定，または何らかの指定された過程に従って時間変動する．このネットワークを共有しているマルチキャストセッションの集合 $\mathcal{C}$ がある．各セッション $c \in \mathcal{C}$ はソースノードの集合 $\mathcal{S}_c \subset \mathcal{N}$ と結びついている．各ソースノードにおける外部からのセッション c のパケットの到着過程は，シンクノードの集合 $\mathcal{T}_c \subset \mathcal{N} \setminus \mathcal{S}_c$ の各々に送信される．1 セッションの最大シンク数を $\tau_{\max}$ と記す．

時間はスロットに区切られており，時間単位は正規化されているので，時間スロットが整数時間（integral time）$\tau = 0, 1, 2, \ldots$ に対応するとする．簡単のため，パケット長とアーク伝送速度を固定と仮定し，スロットごとのパケット数を整数に制限する．チャネル状態は有限集合の値をとるベクトル $\underline{S}(\tau)$ で表され，各スロット τ の継続中は固定で，スロット開始時に知らされていると仮定する．説明の簡単のため，外部からのパケット到着過程とチャネル過程はスロットをまたがって独立で，一様に分布している（i.i.d.）と仮定する．以下に記されている待ち行列長に基づくポリシーは，定常的エルゴード過程にも適用する．以下の分析は参考文献 [103] にあるものと似たような方法により，後者の場合に一般化できる[*1]．

有線・無線両方のネットワークを考える．我々のモデルでは，有線の場合はネットワークコネクションとアーク速度が陽に指定される．無線ネットワークの場合，ネットワークコネクションとアーク伝送速度は信号と干渉の電力およびチャネル状態に依存

[*1] M 時間スロットのグループがスーパータイムスロットとして扱われている．ここで，M は十分に大きく，チャネルの時間平均と到着過程の定常状態との違いは所与の小さい値以上にはならない．

する．各時間 τ での伝送電力（power）$\underline{P}(\tau)$ のベクトルは集合 $\prod$ 内の値をとり，各スロットの間は一定であると仮定する．また，速度関数 $\underline{\mu}(\underline{P}, \underline{S})$ を与えられ，送信パワー $\underline{P}(\tau)$ とチャネル状態 $\underline{S}(\tau)$ のベクトルの関数として，瞬間アーク速度 $\underline{\mu}(\tau) = (\mu_{iJ}(\tau))$ を指定していると仮定する．

本節では，全アーク，ソース，フロー速度は単位時間あたりのパケット数で表す．ノードへ向かう，あるいはノードから出る総フロー速度について，それぞれ上界 $\mu_{\max}^{\text{out}}$ および $\mu_{\max}^{\text{in}}$ を仮定する．

5.2.1.2 ネットワークコーディングと仮想待ち行列

2.5.1.1 節に述べられた分散ランダム線形ネットワークコーディング法を係数ベクトルとともに用いる．簡単のため，本節のポリシーの記述と解析において，バッチの制約を陽に考慮はしない．ゆえに，結果は性能の上限を示し，（バッチの大きさとパケット長に関して）漸近的に接近するのみである．もし，ポリシーが複数のバッチを横断して運用されるとしたら（バッチを横断してコーディングを行わないような追加制約を下記のポリシーに追加することにより），2.5.1.1 節で議論したようにバッチの大きさが増加するに従って減少するといういくらかの容量損失がある．

2.3 節で述べたように，マルチキャストセッションのネットワークコーディングにおける解は，各シンクに対する個別フロー解の和によって与えられることをを思い出してほしい．ここで，個別シンクのフローの解の動静把握のための**仮想待ち行列**を定義する．各ノード i は，各セッション c の各シンク t について仮想待ち行列 $Q_i^{(t,c)}$ を概念的に保持している．その長さ $U_i^{(t,c)}$ は，ノード i で待ち行列にあってシンク t に向かうべく待機しているセッション c パケット数である．単一の物理セッション c のパケットは，そのパケットが行くべき各シンク t の仮想待ち行列 $Q_i^{(t,c)}$ 内のパケットに対応する．例えば図 5.10 のバタフライネットワークでは，ソースノード s での各物理セッション c パケットは 2 個のシンクノード t_1 および t_2 へマルチキャストされるべきものであり，各仮想待ち行列 $Q_s^{(t_1,c)}$ および $Q_s^{(t_2,c)}$ 内の 1 パケットに対応する．仮想待ち行列内の各パケットは，異なる物理パケットに対応する．ゆえに，物理パケットと仮想待ち行列内のパケットには 1 対多対応がある．

仮想待ち行列 $Q_i^{(t,c)}$ 内のパケットは，アークの終点ノード j の仮想待ち行列 $Q_j^{(t,c)}$ に向かってアーク (i,j) 上を転送される可能性がある．これは仮想伝送と呼ばれる．ネットワークコーディングによれば，セッションのシンクの任意の部分集合 $\mathcal{T}' \subset \mathcal{T}_c$ に対するアーク (i,j) 上の 1 パケットの単一物理伝送は，同時に各シンク $t \in \mathcal{T}'$ に対する $Q_i^{(t,c)}$ から $Q_j^{(t,c)}$ への 1 仮想伝送を達成する．物理的に伝送されたパケットは，仮想

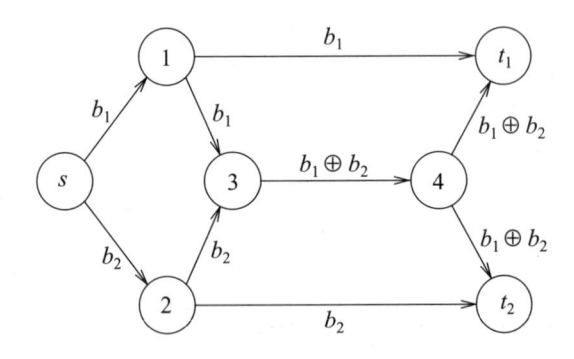

図5.10　バタフライネットワーク. 1個のマルチキャストセッション c, 1ソースノード s, 2シンクノード t_1, t_2

伝送パケットに対応する物理パケットのランダム線形符号化の組合せである．ノード i からノード集合 J へ向けた無線ブロードキャスト伝送の場合，J 内のノードがすべて伝送パケットを受信するとしても，これらのノードはパケットに含まれている制御情報に基づいてその仮想待ち行列を選択的に更新する．その方法は，各構成要素の仮想伝送がポイントツーポイントであるように，すなわち異なるシンク t に対しては異なる可能性があるなんらかの終点ノード $j \in J$ において，一つの待ち行列 $Q_i^{(t,c)}$ からもう一つの待ち行列 $Q_j^{(t,c)}$ へ向くように更新する．ゆえに，仮想パケット（仮想フロー）が保存される．我々は，物理パケット（物理フロー）が保存される非コーディングの場合との類似性を見い出すことができる．図5.11 に，2シンクのマルチキャストセッションのために2個の仮想伝送を達成する物理的ブロードキャスト伝送を示す．

$w_i^{(c)}$ を各ノード i における外部セッション c の平均到着速度とする．$i \notin \mathcal{S}_c$ について，$w_i^{(c)} = 0$ である．各ソースノード $i \in \mathcal{S}_c$ はある $\varepsilon > 0$ について，平均速度 $r_i^{(c)} = w_i^{(c)} + \varepsilon$ でコード化されたソースパケットを形成する．これは，外からのパケット到着速度 $w_i^{(c)}$ より若干大きい．各々のコード化されたソースパケットはそれまでに到着した外部パケットの独立したランダム線形組合せとして形成され，各待ち行列 $Q_i^{(t,c)}, t \in \mathcal{T}_c$ に追加される．各シンクがすべてのソースパケットを復号できるためには，$\frac{w_i^{(c)}}{r_i^{(c)}}$ は各シンクに達するパケット数とコード化されたソースパケットの総数の最大の比でなくてはならない．次節で見るように，十分に長い時間 τ についてこの条件は満足され，高い確率で復号は成功する[*2]．

[*2] バッチコーディングを用いるならば各バッチは固定数の外部パケットを含み，シンクからのフィードバックはソースが各バッチのコード化されたパケットの形成をいつ止めたらよいかを示す信号として使用可能である．これは，各バッチに対する ε の効果的な値を決定する．

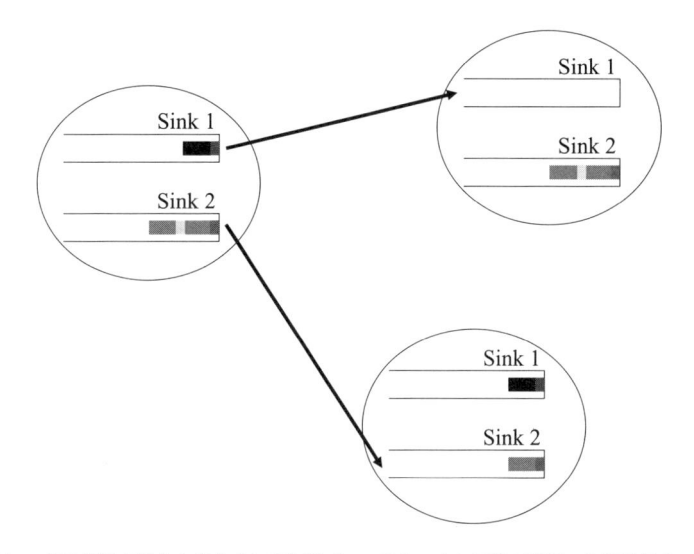

図 5.11 2 個の仮想伝送から構成される物理ブロードキャスト伝送の説明．各楕円がノードに相当．左側のノードが物理パケットをブロードキャストして，右側の 2 個のノードが受信する．そのうちの 1 個はパケットをシンク 1 の仮想待ち行列に加え，他方はシンク 2 の仮想待ち行列に加える．

$A_i^{(c)}(\tau)$ を，ノード i で時間スロット τ に生成されたセッション c のソースパケット数とする．すると次式を得る．

$$r_i^{(c)} = E A_i^{(c)}(\tau). \tag{5.39}$$

各ノードで各タイムスロットに形成されたソースパケットの総数の二次モーメントは，有限の最大値 $A_{\max}^2$ に制限されると仮定する．すなわち，

$$E\left\{\left(\sum_c A_i^{(c)}(\tau)\right)^2\right\} \leq A_{\max}^2, \tag{5.40}$$

よって，次のようになる．

$$E\left\{\sum_c A_i^{(c)}(\tau)\right\} \leq A_{\max}. \tag{5.41}$$

5.2.1.3　問題と表記

複数のマルチキャストネットワーク問題を考える．ここでは，平均ネットワーク容量は，ソース速度をサポートするために必要な最低限よりもわずかに大きいものとす

る．我々は，動的サブグラフ選択のための制御ポリシー（すなわち，パケット/送信者，ルーティングのスケジューリング）を必要とする．これは，ランダム線形ネットワークコーディングと合わせて，所与のソース速度を安定してサポートする．問題のより細かい定式化は以下の通り．

$U_i^c(\tau)$ を，時刻 τ にノード i の待ち行列における物理セッション c のパケットの数とする．安定性 (stability) は，以下の「オーバフロー」関数の形で定義される．

$$\gamma_i^{(c)}(M) = \limsup_{\tau \to \infty} \frac{1}{\tau} \sum_{\tau'=0}^{\tau} \Pr\{U_i^c(\tau') > M\}. \tag{5.42}$$

ノード i におけるセッション c の待ち行列が安定と見なされるための必要十分条件は，$M \to \infty$ につれて $\gamma_i^c(M) \to 0$ となることである．待ち行列のネットワークが安定と見なされるための必要条件は，各個別待ち行列が安定であることである．したがって，

$$U_i^c(\tau) \leq \sum_t U_i^{(t,c)}(\tau) \leq \tau_{\max} U_i^c(\tau) \forall i, c, \tau$$

であるので，ネットワークが安定であることの必要十分条件はすべての仮想待ち行列が安定であることである．

z_{iJ} は，ハイパーアーク (i, J) の時間によって変化する速度 $\mu_{iJ}(\tau)$ の平均値を表すものとする．$x_{iJj}^{(t,c)}$ を用いて，$Q_i^{(t,c)}$ から $Q_{j,j\in J}^{(t,c)}$ へ向かうアーク $(i, J) \in \mathcal{A}$ 上の平均仮想フロー速度を表す．$y_{iJ}^{(c)}$ を用いて，$(i, J) \in \mathcal{A}$ 上の平均セッション c 物理フロー速度を表す．

記述の簡単のため，規則を用いる．添字 iJj のある任意の項が，$(i, J) \in \mathcal{A}, j \in J$ でなければゼロである．また，添字 (t, c) のある任意の項が，$c \in C, t \in \mathcal{T}_c$ でなければゼロである．

$\pi_{\underline{S}}$ は，チャネル状態の値が $\underline{S}$ となる各スロットの確率を表すとする．Z は，速度ベクトル $\underline{z_S}$ の何らかの集合に関して，$\underline{z} = \sum_{\underline{S}} \pi_{\underline{S}} \underline{z_S}$ と表される全速度ベクトル $\underline{z} = (z_{iJ})$ から構成される集合とする．速度ベクトルの各々は，速度ベクトル $\{\mu_{iJ}(P, \underline{S}) | P \in \prod\}$ の集合の凸包 (convex hull) の中にある．Z は，ネットワークがサポート可能なすべての長期平均伝送速度 (z_{iJ}) の集合を表す [64, 103]．

Λ を，$(z_{iJ}) \in Z$ and $\{x_{iJj}^{(t,c)}, y_{iJ}^{(t,c)}\}$ のための値が存在し，次式を満足する全速度ベクトル $(r_i^{(c)})$ の集合とする．

$$x_{tJi}^{(t,c)} = 0 \forall c, t, J, i \tag{5.43}$$

$$x_{iJj}^{(t,c)} \geq 0 \forall i, j, c, t, J \tag{5.44}$$

$$r_i^{(c)} \leq \sum_{J,j} x_{iJj}^{(t,c)} - \sum_{j,I} x_{jIi}^{(t,c)} \forall i,c,t \in \mathcal{T}_c, t \neq i \tag{5.45}$$

$$\sum_{j \in J} x_{iJj}^{(t,c)} \leq y_{iJ}^{(c)} \forall i,J,c,t \tag{5.46}$$

$$\sum_c y_{iJ}^{(c)} \leq z_{iJ} \forall i,J \tag{5.47}$$

式 (5.43)〜式 (5.47) は，損失無しの場合の問題 (5.1) における実行可能な集合に対応する．そこでは，各セッション c ごとに単一のソースノード s_c ではなく，$\mathcal{S}_c$ で記述される複数のソースノードがあり得る．ある（セッション，シンク）の対 $(c, t \in \mathcal{T}_c)$ のための変数 $\{x_{iJj}^{(t,c)}\}$ は，各ソースノード $s \in \mathcal{S}_c$ から t まで（不等式 (5.44)–(5.45)），最低 $r_s^{(c)}$ の速度で運搬するフローを定義する．ここでは，t に向けた仮想フローは t から離れるように再送されることはない（式 (5.43)）．

以下に，待ち行列長に基づくポリシーを示す．これは，安定していて $(r_i^{(c)} + \varepsilon') \in \Lambda$ となる任意のネットワーク問題に対して，所与のソース速度を漸近的に達成する[*3]．この条件は解が存在することをほのめかしているが，待ち行列長に基づくポリシーは解の変数の知識無しで運用できると仮定している．

5.2.1.4　制御ポリシー

制御の決定を各タイムスロット τ の最初に行い，次のように運用するポリシーを考える．

- 電力割当（power allocation）：伝送電力 $\underline{P}(\tau) = (P_{iJ}(\tau))$ の 1 ベクトルが，実行可能な電力割当の集合 $\prod$ から選択される．これは，チャネル状態 $S(\tau)$ と同時にアーク速度 $\underline{\mu}(\tau) = (\mu_{iJ}(\tau))$ を決定する．タイムスロット内では一定と仮定される．
- セッションスケジューリング，速度割当，ネットワークコーディング：各アーク (i, J) について，各セッション c の各シンク t が各宛先ノード $j \in J$ に対して伝送速度 $\mu_{iJj}^{(t,c)}(\tau)$ に割り当てられる．この割り当てられた速度は，次の全体的なアーク速度制約を満足する必要がある．

[*3] この特定の式はサポートのための十分なネットワーク容量を備えている．各セッション c に対して，各ノードでの追加ソース速度 ε' により単純な解と分析が可能である．他の方法として少しだけ複雑な式を用いることもできる．各セッション c に対して，追加ソース速度 ε' を実際のソースノード $s \in \mathcal{S}_c$ だけで包含する．相関のあるソースの場合の [65] と類似の方法による．

第5章 サブグラフ選択

$$\mu_{iJ}(\tau) \geq \sum_{c \in \mathcal{C}} \max_{t \in \mathcal{T}_c} \sum_{j \in J} \mu_{iJj}^{(t,c)}(\tau).$$

変数 $\mu_{iJj}^{(t,c)}(\tau)$ は，$Q_i^{(t,c)}$ から $Q_j^{(t,c)}$ への仮想伝送の最大速度を与える．各リンク上にある待ち行列対への仮想伝送におけるこの限界値の他に，$Q_i^{(t,c)}$ から出て開始ノードが i のすべてのノードリンク上に向けられる仮想伝送の総数もまた，タイムスロット開始時の待ち行列長 $U_i^{(t,c)}(\tau)$ により限定される．アーク (i,J) 上に物理的に伝送される各セッション c パケットは，$\mathbb{F}_q$ 内での (i,J) 上での仮想伝送の集合に対応するパケットのランダム線形組合せである．(i,J) 上での仮想伝送は，各々が $\mathcal{T}_c$ 内の異なるシンクと結び付いている．ゆえに，(i,J) 上のセッション c に割り当てられたセッションは，各シンク t の総割当速度 $\sum_{j \in J} \mu_{iJj}^{(t,c)}(\tau)$ についてシンク $t \in \mathcal{T}_c$ 上で最大である．

次の動的ポリシーは，制御の決定にあたって待ち行列長情報を信頼しており，入力あるいはチャネル統計の知識を要求することはない．ポリシーの背後の直感的説明は，上記制約のもとで，各タイムスロットの仮想伝送の総荷重の最大化をめざしているということである．

バックプレッシャーポリシー

各タイムスロット τ における伝送電力 $(P_{iJ}(\tau))$ および割り当てられた速度 $(\mu_{iJj}^{(t,c)}(\tau))$ は，以下に示すようにスロットの開始時点での待ち行列長 $(U_i^{(t,c)}(\tau))$ に基づいて選択される．

- セッションスケジューリング：各アーク (i,J) について
  - 各セッション c およびシンク $t \in \mathcal{T}_c$ について，1終了ノード

$$\begin{aligned} j_{iJ}^{(t,c)*} &= \arg\max_{j \in J} \left(U_i^{(t,c)} - U_j^{(t,c)} \right) \\ &= \arg\min_{j \in J} U_j^{(t,c)} \end{aligned}$$

  が選ばれる．簡単のため，$U_{iJ}^{(t,c)*}$ が $U_{j_{iJ}^{(t,c)*}}^{(t,c)}$ を示す．
  - 1セッション

$$c_{iJ}^* = \arg\max_c \left\{ \sum_{t \in \mathcal{T}_c} \max\left(U_i^{(t,c)} - U_{iJ}^{(t,c)*}, 0 \right) \right\}$$

  が選ばれる．

$$w_{iJ}^* = \sum_{t \in \mathcal{T}_{c_{iJ}^*}} \max\left(U_i^{(t,c)} - U_{iJ}^{(t,c)*}, 0\right) \tag{5.48}$$

を選ばれたセッションの荷重とする．

- 電力制御：状態 $S(\tau)$ が観測され，電力割当

$$P(\tau) = \arg\max_{\underline{P} \in \Pi} \sum_{i,J} \mu_{iJ}(P, S(\tau)) w_{iJ}^* \tag{5.49}$$

が選択される．

- 速度割当：各アーク (i, J) について

$$\mu_{((t,c))}^{(t,c)}(\tau) = \begin{cases} \mu_{iJ}(\tau) & \text{if } c = c_{iJ}^*, t \in \mathcal{T}_c, j = j_{iJ}^{(t,c)*} \text{ and } U_i^{(t,c)} - U_j^{(t,c)} > 0 \\ 0 & otherwise \end{cases} \tag{5.50}$$

同時伝送が干渉し合うネットワークでは，式 (5.49) の最適化は中央管理解を必要とする．独立伝送のために十分なチャネルがあるとしたら，最適化は各伝送者ごとに独立に施される．バックプレッシャーポリシーの安定性は，長期入力とチャネル統計に基づく解の知識を仮定するランダム化ポリシーとの比較結果が示されている．ランダム化されたポリシーが安定であり，ランダム化されたポリシーの安定性はバックプレッシャーポリシーの安定性につながることを示す．

<u>ランダム化されたポリシー</u>
$(z_{iJ}) \in Z$ および $\{x_{iJj}^{(t,c)}, y_{iJ}^{(t,c)}\}$ の値は，次式を満足するように与えられているとする．

$$x_{tJi}^{(t,c)} = 0 \quad \forall c, t, J, i \tag{5.51}$$

$$x_{iJj}^{(t,c)} \geq 0 \quad \forall i, j, c, t, J \tag{5.52}$$

$$r_i^{(c)} + \varepsilon' \leq \sum_{J,j} x_{iJj}^{(t,c)} - \sum_{j,I} x_{jIi}^{(t,c)} \quad \forall i, c, t \in \mathcal{T}_c, t \neq i \tag{5.53}$$

$$\sum_{j \in J} x_{iJj}^{(t,c)} \leq y_{iJ}^{(c)} \quad \forall i, J, c, t \tag{5.54}$$

$$\sum_c y_{iJ}^{(c)} \leq z_{iJ} \quad \forall i, J \tag{5.55}$$

が与えられている．

次の補題は，任意の速度のベクトル $(z_{iJ}) \in Z$ に対し，時間変化するチャネル状態 $\underline{S}(\tau)$ に従って時間平均リンク速度が (z_{iJ}) に収束するように電力が割り当てられることを示す．

補題 5.1：速度ベクトル $(z_{iJ}) \in Z$ を考える．安定かつランダム化された電力割当計画が存在し，リンク速度 $\mu_{iJ}(\tau)$ を与え，以下を満足する．

$$\lim_{\tau \to \infty} \frac{1}{\tau} \sum_0^\tau \mu_{iJ}(\tau') = z_{iJ}$$

すべての $(i,J) \in \mathcal{A}$ について確率 1 で，各タイムスロット τ についてチャネル状態 $\underline{S}(\tau)$ が値 $\underline{S}$ をとり，電力割当は有限集合 $\underline{P}_{\underline{S},1}, \ldots, \underline{P}_{\underline{S},m}$ から定常確率 $q_{\underline{S},1}, \ldots, q_{\underline{S},m}$ に従ってランダムに選択される．

証明：（概要）5.2.1.3 節の Z の定義およびカラテオドリの定義（例えば [12] を参照）により，速度ベクトル $\underline{z}_{\underline{S}}$ のある集合について $(z_{iJ}) = \sum_{\underline{S}} \pi_{\underline{S}} \underline{z}_{\underline{S}}$ となる．その各々は，$\{\underline{\mu}_{iJ}(\underline{P},\underline{S}) | \underline{P} \in \prod\}$ 内のベクトルの凸結合である．安定ランダム化電力割当ポリシーは，各状態 $\underline{S}$ の凸結合の荷重に従って選択される [104]． □

ランダム化されたポリシーは，次式を満たすように設計される．

$$E\{\mu_{iJj}^{(t,c)}(\tau)\} = x_{iJj}^{(t,c)}. \tag{5.56}$$

各タイムスロット τ に対し，伝送電力 $(P_{iJ}(\tau))$ および割当速度 $(\mu_{iJj}^{(t,c)}(\tau))$ が，所与の値 (z_{iJ}) および $\{x_{iJj}^{(t,c)}, y_{iJ}^{(t,c)}\}$ および以下のようなチャネル状態 $\underline{S}(\tau)$ に基づいて選択される．

- 電力割当：チャネル状態 $\underline{S}(\tau)$ が観察され，補題 5.6 のアルゴリズムに基づいて電力が割り当てられ，瞬間アーク速度 $\mu_{iJ}(\tau)$ および長期平均速度 z_{iJ} を与える．
- セッションスケジューリングと速度割当：各アーク (i,J) に対して，1 セッション $c = c_{iJ}$ が確率 $\frac{y_{iJ}^{(c)}}{\sum_c y_{iJ}^{(c)}}$ でランダムに選択される．そのシンク $t \in \mathcal{T}_c$ の各々は，確率 $\frac{\sum_j x_{iJj}^{(t,c)}}{y_{iJ}^{(c)}}$ で独立に選択される．$\mathcal{T}_{iJ} \subset \mathcal{T}_c$ は，選択されたシンクの集合を表すとする．各 $t\tau T_{iJ}$ に対して，J 内の 1 宛先ノード $j = j_{iJ}^{(t,c)}$ が確率 $\frac{x_{iJj}^{(t,c)}}{\sum_j x_{iJj}^{(t,c)}}$ で選択される．対応する割当速度は

$$\mu_{iJj}^{(t,c)}(\tau) = \begin{cases} \frac{\sum_c y_{iJ}^{(c)}}{z_{iJ}} \mu_{iJ}(\tau) & \text{if } c = c_{iJ}, t \in \mathcal{T}_{iJ} \text{ and } j = j_{iJ}^{(t,c)} \\ 0 & \text{otherwise} \end{cases} \tag{5.57}$$

5.2 ■待ち行列長に基づく手法

定理 5.1：入力速度 $(r_i^{(c)})$ が $(r_i^{(c)} + \varepsilon') \in \Lambda, \varepsilon' > 0$ ならば，ランダム化されたポリシーとバックプレッシャーポリシーの両方がシステムを安定化し，平均総仮想待ち行列長は次のように評価される．

$$\sum_{i,c,t} \overline{U_i^{(t,c)}} = \limsup_{\tau \to \infty} \frac{1}{\tau} \sum_{\tau'=0}^{\tau-1} \sum_{i,c,t} E\{U_i^{(t,c)}(\tau')\} \leq \frac{BN}{\varepsilon'} \quad (5.58)$$

ただし

$$B = \frac{\tau_{\max}}{2} \left((A_{\max} + \mu_{\max}^{\text{in}})^2 + (\mu_{\max}^{\text{out}})^2 \right). \quad (5.59)$$

この定理の証明は，以下の結果を用いる．

定理 5.2：$\underline{U}(\tau) = (U_1(\tau), \ldots, U_n(\tau))$ を待ち行列長のベクトルとする．リアプノフ関数 $L(\underline{U}(\tau)) = \sum_{j=1}^{n} [U_j(\tau)]^2$ を定義する．すべての τ について，ある正の制約 C_1, C_2 に対して，

$$E\{L(\underline{U}(\tau+1)) - L(\underline{U}(\tau))|\underline{U}(\tau)\} \leq C_1 - C_2 \sum_{j=1}^{n} U_j(\tau) \quad (5.60)$$

が成立し，また，もし $E\{L(\underline{U}(0))\} < \infty$ ならば

$$\sum_{j=1}^{n} \overline{U_j} = \limsup_{\tau \to \infty} \frac{1}{\tau} \sum_{\tau'=0}^{\tau-1} \sum_{j=1}^{n} E\{U_j(\tau')\} \leq \frac{C_1}{C_2} \quad (5.61)$$

となり，各待ち行列は安定である．

証明：$\underline{U}(\tau)$ の分布上の式 (5.60) の期待値を $\tau = 0, 1, \ldots, T-1$ に対して加算することにより，

$$E\{L(U(T)) - L(U(0))\} \leq TC_1 - C_2 \sum_{\tau=0}^{T-1} \sum_{j=1}^{n} E\{U_j(\tau)\}.$$

を得る．$L(\underline{U}(T)) > 0$ であるので，

$$\frac{1}{T} \sum_{\tau=0}^{T-1} \sum_{j=1}^{n} E\{U_j(\tau)\} \leq \frac{C_1}{C_2} + \frac{1}{TC_2} E\{L(\underline{U}(0))\}.$$

$T \to \infty$ のときの $\limsup$ をとることにより式 (5.61) が与えられる．各待ち行列は安定である．なぜなら，

$$\gamma_j(M) = \limsup_{\tau \to \infty} \frac{1}{\tau} \sum^{\tau} \tau' = 0 \Pr\{U_j(\tau') > M\}$$

$$\leq \limsup_{\tau \to \infty} \frac{1}{\tau} \sum_{\tau'=0}^{\tau} E\{U_j(\tau')\}/M \tag{5.62}$$

$$\leq \frac{C_1}{C_2 M} \to 0, \quad M \to \infty, \tag{5.63}$$

だからである.ただし,式 (5.62) が成り立つのは $U_j(\tau')$ が非負だからである.□

定理 5.1 の証明:待ち行列長は次式に従って発展する.

$$U_i^{(t,c)}(\tau+1) \leq \max\left\{U_i^{(t,c)}(\tau) - \sum_{J,j} \mu_{iJj}^{(t,c)}(\tau), 0\right\}$$
$$+ \sum_{j,I} \mu_{jIi}^{(t,c)}(\tau) + A_i^{(c)}(\tau) \tag{5.64}$$

これは,$Q_i^{(t,c)}$ から出る仮想伝送の総数は待ち行列長 $U_i^{(t,c)}(\tau)$ に制限されるというポリシーを反映する.

リアプノフ関数 $L(\underline{U}) = \sum_{i,c,t}(U_i^{(t,c)})^2$ を定義する.式 (5.64) を二乗し,いくつかの負の項を右辺から落とすことにより,

$$[U_i^{(t,c)}(\tau+1)]^2 \leq \left[U_i^{(t,c)}(\tau)\right]^2 + \left[\left(A_i^{(c)} + \sum_{j,I} \mu_{jIi}^{(t,c)}\right)^2 + \left(\sum_{J,j} \mu_{iJj}^{(t,c)}\right)^2\right]$$
$$-2U_i^{(t,c)}(\tau)\left[\sum_{J,j} \mu_{iJj}^{(t,c)} - \sum_{j,I} \mu_{jIi}^{(t,c)} - A_i^{(c)}\right] \tag{5.65}$$

を得る.ここで,$\mu_{iJj}^{(t,c)}$ と $A_i^{(c)}$ の時間依存性は簡単のために示されていない.これらの値は考慮している時間スロットの間,一定値を保つからである.

すべての i, c, t 上での式 (5.65) の合計の期待値をとる.ここで,

$$\sum_{i,c,t}\left(\sum_{J,j} \mu_{iJj}^{(t,c)}\right)^2 \leq \sum_{i,c} \tau_{\max}\left(\max_{t \in \mathcal{T}_c} \sum_{J,j} \mu_{iJj}^{(t,c)}\right)^2$$
$$\leq \sum_{i} \tau_{\max}\left(\sum_{c}\left[\max_{t \in \mathcal{T}_c} \sum_{J,j} \mu_{iJj}^{(t,c)}\right]\right)^2 \tag{5.66}$$
$$\leq N \tau_{\max}\left(\mu_{\max}^{\text{out}}\right)^2,$$

および

$$\sum_{i,c,t}\left(A_i^{(c)}+\sum_{j,I}\mu_{jIi}^{(t,c)}\right)^2 \leq \sum_{i,c}\tau_{\max}\left(A_i^{(c)}+\max_{t\in\mathcal{T}_c}\sum_{j,I}\mu_{jIi}^{(t,c)}\right)^2$$

$$\leq \sum_i \tau_{\max}\left(\sum_c\left[A_i^{(c)}+\max_{t\in c}\sum_{j,I}\mu_{jIi}^{(t,c)}\right]\right)^2 \quad (5.67)$$

$$\leq N\tau_{\max}\left(A_{\max}+\mu_{\max}^{\text{in}}\right)^2$$

に注意する.(ただし,コーシー・シュワルツ不等式をステップ (5.66) とステップ (5.67) で使用).さらに式 (5.39) と式 (5.40) を使うことにより,ドリフトの表現を得る.

$$E\{L(U(\tau+1))-L(U(\tau))|U(\tau)\} \leq 2BN -$$
$$2\sum_{i,c,t}U_i^{(t,c)}(\tau)\left[E\left\{\sum_{J,j}\mu_{iJj}^{(t,c)}-\sum_{j,I}\mu_{jIi}^{(t,c)}|\underline{U}(\tau)\right\}-r_i^{(c)}\right]. \quad (5.68)$$

式 (5.53) と式 (5.56) を式 (5.68) に代入することにより次式を得る.

$$E\{L(U(\tau+1))-L(U(\tau))|U(\tau)\} \leq 2BN - 2\varepsilon'\sum_{i,c,t}U_i^{(t,c)}(\tau) \quad (5.69)$$

ただし,B は式 (5.59) で定義されている.

定理 5.2 の適用により,次式を得る.

$$\sum_{i,c,t}\overline{U_i^{(t,c)}} \leq \frac{BN}{\varepsilon'}. \quad (5.70)$$

ゆえに,ランダム化されたポリシーは待ち行列占有限界 (5.58) を満たす.

バックプレッシャーポリシーに関しては,$E\{\mu_{iJj}^{(t,c)}(\tau)|\underline{U}(\tau)\}$ は $U(\tau)$ に依存する.ドリフト表現 (5.68) は,次のように表すことができる.

$$E\{L(\underline{U}(\tau+1))-L(\underline{U}(\tau))|\underline{U}(\tau)\} \leq 2BN - 2\left[D-\sum_{i,c,t}U_i^{(t,c)}(\tau)r_i^{(c)}\right]$$

ただし,

$$D=\sum_{i,c,t}U_i^{(t,c)}(\tau)\left[E\left\{\sum_{J,j}\mu_{iJj}^{(t,c)}-\sum_{j,I}\mu_{jIi}^{(t,c)}|\underline{U}(\tau)\right\}\right],$$

はドリフトの表現の一部で,ポリシーに依存するものであり,次のように書き直すことができる.

$$D = \sum_{i,J,j} \sum_{c,t} E\left\{\mu_{iJj}^{(t,c)}|\underline{U}(\tau)\right\} \left(U_i^{(t,c)}(\tau) - U_j^{(t,c)}(\tau)\right). \tag{5.71}$$

式 (5.71) の値を二つのポリシーについて比較し，次式を得た．

$$\begin{aligned}
D_{\text{rand}} &= \sum_{i,J,j} \sum_{c,t} x_{iJj}^{(t,c)} \left(U_i^{(t,c)} - U_j^{(t,c)}\right) \\
&\leq \sum_{i,J} \sum_{c} y_{iJ}^c \sum_t \max_{j \in Z} \left(U_i^{(t,c)} - U_j^{(t,c)}\right) \\
&\leq \sum_{i,J} \sum_{c} y_{iJ}^c w_{iJ}^* \\
&\leq \sum_{i,J} z_{iJ} w_{iJ}^* \\
&= \sum_{i,J} \left(\sum_S \pi_S z_{iJ}^S\right) w_{iJ}^* \\
&\leq \sum_{\underline{S}} \pi_{\underline{S}} \max_{P \in \Pi} \sum_{i,J} \mu_{iJ}(\underline{P},\underline{S}) w_{iJ}^* \\
&= D_{\text{back-pressure}}
\end{aligned}$$

ただし，最後のステップは式 (5.49) および式 (5.50) による．バックプレッシャーポリシーのリアプノフドリフトは，ランダム化ポリシーのドリフトに比べてより負であるため，限界 (5.70) はバックプレッシャーポリシーにも適用する． □

待ち行列長に基づくポリシーは，各アーク (i,j) の大きさが 1 で，$\underline{P}$ または $\underline{S}$ に依存しない容量 μ_{ij} の宛先ノードの集合を有する有線ネットワークの場合は，単純化される．

有線ネットワークのバックプレッシャーポリシー

各タイムスロット τ および各アーク (i,j) については以下の通り．

- セッションスケジューリング：1 セッション

$$c_{ij}^* = \arg\max_c \left\{\sum_{t \in \mathcal{T}_c} \max\left(U_i^{(t,c)} - U_j^{(t,c)}, 0\right)\right\}$$

が選ばれる．

- 速度割当：$Q_i^{(t,c)}$ から $Q_j^{(t,c)}$ への仮想伝送の最大速度は次のように設定される．

$$\mu_{ij}^{(t,c)}(\tau) = \begin{cases} \mu_{ij} & \text{if } c = c_{ij}^*, t \in \mathcal{T}_c, \text{ and } U_i^{(t,c)} - U_j^{(t,c)} > 0 \\ 0 & otherwise. \end{cases}$$

- ネットワークコーディング：アーク (i,j) 上を物理的に伝送される各セッション c のパケットは，$\mathbb{F}_q$ 内の (i,j) 上の仮想伝送の集合に対応するパケットのランダム線形組合せである．この仮想伝送は，その各々が $\mathcal{T}_c$ 内の異なるシンクと結び付けられている．

定理 5.1 は，各シンクがソース速度と漸近的に近い速度でパケットを受信できることを意味する．実際の情報を復活するには，各シンクがコード化されたパケットを復号できることも必要もある．次の定理は，すべてのシンクが情報を復号できるわけではない確率が，コーディングブロック長が増すにつれて指数関数的にゼロに近付くことを示す．

定理 5.3：外部からの到着速度 $w_i^{(c)} = r_i^{(c)} - \varepsilon$ に対して，もし $(r_i^{(c)})$ が真に Λ の内部にあるならば，十分に長い時間 τ において全シンクノードがそのセッションの外部から来るパケットを復号できない確率は，コード長が増すにつれて指数関数的に減少する．

証明：2.5 節で述べたように，所与のパケット伝送列 $\mathcal{S}$ と対応する静的ネットワーク $\mathcal{G}$ で，同じノード $\mathcal{N}$ の集合と $\mathcal{S}$ 内の伝送に対応するリンクとの間に並行した議論が展開できる．以下の解析は，2.4.2 節の静的ネットワークのランダムネットワークコーディングをこの対応に基づいて拡張したものである．

任意のセッション c を考える．セッション c のパケットに対応付けてランダムに選択されたネットワークコーディング系をベクトル $\underline{\xi} = (\xi_1, \ldots, \xi_\nu)$ で表す．任意のシンク $t \in \mathcal{T}_c$ を考える．定理 5.1 から，ある十分に長い時間 τ の間に高い確率で $(r_i^{(c)} - \varepsilon)\tau$ 個の外来パケットのコード化された組合せに対応する，セッション c のソースノード i から t までの $r_i^c \tau - \sum_j U_j^{(t,c)}(\tau) \geq (r_i^{(c)} - \varepsilon)\tau$ 個のパケット仮想フローがある．t が各セッション c のソースノードから受信した $(r_i^{(c)} - \varepsilon)\tau$ 個のパケットのうち任意のものを取り上げる．各行がこれらのパケットの係数ベクトルと等しい行列の，$\underline{\xi}$ の多項式としての行列式を $d^{(t,c)}(\underline{\xi})$ と表す．この仮想フローに対応する物理パケット伝送を考える．この物理伝送は，待ち行列 $Q_j^{(t,c)}$ を含む．そのソースノードから発信される伝送がコード化されてない独立パケットで，ネットワーク内に他のノードシンクや仮想フローが無い場合には，これらの物理伝送はコード化されない物理フローを構成する．この場合に対応する $\underline{\xi}$ の値を $\underline{\tilde{\xi}}$ と記す．ここで，$d^{(t,c)}(\underline{\tilde{\xi}}) = \pm 1$ である[*4]．ゆえに，$d^{(t,c)}(\underline{\xi})$ は恒等的にゼロではない．

[*4]このコード化されていないフローの場合，t に受信される $(r_i^{(c)} - \varepsilon)\tau$ 個のセッション c

ネットワークコーディング係数 $\underline{\xi}$ の関数としての積 $\prod_{c,t\in\mathcal{T}_c} d^{(t,c)}(\underline{\xi})$ が恒等的にゼロではないので，Schwartz-Zippel の定理により，コード係数を大きさ q の有限体から一様かつランダムに選択した値がゼロとなる確率が q に反比例する．q はコード長に対して指数関数的に増加するので，結果が成立する． □

5.2.2 ■セッション間コーディング

待ち行列長に基づく方法はまた，3.5 節で述べたように単純なセッション間ネットワークコードのサブグラフ選択に拡張できる．ネットワークコーディング戦略の異なる組では，パケットのコーディング/ルーティングの履歴の異なる側面が，特定のノードでパケットがいったいどのように符号化/復号/削除されるのかを制約する．これらの側面を用いて異なる商品あるいは待ち行列を定義することにより，このような制約が伝搬して他のノードの制御判定に影響を与えることが可能となる．最適化を行う戦略の組は，複雑さや収束速度とともに商品の選択とアルゴリズムの詳細によって決められる．

毒-解毒対コード（3.5.1 節）の組の上での最適化のための待ち行列長に基づくアルゴリズムは，[40, 56] に与えられている．両アルゴリズムの共通の性質は，XOR コーディング演算を仮想伝送の一つの形として扱うことによってコーディングの決定を行うことである．これは前節の仮想伝送と異なり，物理ネットワークアーク上では発生しない．コーディング演算は，開始待ち行列 (start queue) の集合の各々から 1 パケットを取り，終了待ち行列 (end queue) の集合の各々に 1 パケットを追加する点が実際のアーク伝送と類似している．毒-解毒対コーディングでは，一緒に符号化されるパケットに対応して二つの開始待ち行列がある．また，アルゴリズムの変化形に依存して，終了待ち行列は結果の毒パケットかつ/または解毒パケットに対応している[*5]．各ステップで前節と類似の手法によりアーク上の物理伝送間での優先順位付けをする他に，アルゴリズムはまた，各ノードでのコーディング可能性の中から開始と終了待ち行列の正の潜在的差異が最大のものを選択する．[56] には，近隣の待ち行列長に基づいて各毒パケットを復号する決定を行う仮想復号伝送もある．興味のある読者は [40,56] の詳細を参考にしてほしい．

この系統のより単純なアルゴリズムは，色々な戦略の組の上で最適化を行う際に用いることができる．戦略の例は 3.5.2 節の「定型無線 1 ホップ XOR コーディングシナ

のパケットの係数ベクトルは行列の行を形成する．
[*5]解毒パケットの発生源となり得るノードに対しては別個の制御メッセージが送付されなければならない．

リオ」があり，コーディングの機会を最適に創出・開発するためにルーティング/MAC制御を行う．このような方法は，COPE プロトコルを一般化する．COPE プロトコルは，3.5.2.2 節および 3.5.2.3 節で議論したように，コーディングのことを考慮していないルーティングおよび MAC プロトコルが所与されていることを仮定している．COPE は，802.11 無線ネットワーク上の UDP セッションで優れた性能を示すことが実験的に示されている [74,75]．しかし，理論モデルのもとで厳格に研究はされていない．待ち行列長に基づく方法は，無線 1 ホップ XOR コードの種々の組にまたがる分散最適化の一つの可能な取組法である．

5.3 ▉注釈と参考文献

　パケットネットワークのコーディングにおいて，最初にサブグラフ選択の課題にスポットを当てたのは Cui et al. [30]，Lun et al. [92–94, 97, 98]，Wu et al. [137,138] である．これらの論文は，すべてセッション内コーディングのフローに基づく方法について記述している．この成果に続く拡張は数多く，[14,16,78,88,119,120,128,135,139,140] 等がある．我々が示した分散アルゴリズムでは，主-双対法 (primal-dual method) と劣勾配法 (subgradient method) がそれぞれ [97] と [92] で最初に出てきた．我々が議論したセッション間コーディングのフローに基づく方法は，Traskov et al. [130] によるものである．その他，無線ネットワークにおける COPE 的なコーディングが，Sengupta et al. [122] により最近取り上げられた．

　パケットネットワークのコーディングにおいて，サブグラフ選定の待ち行列長に基づく方法が最初に現れたのは [65] のセッション内マルチキャストコーディングの場合である．本章で示された取組方法と分析は [64] のもので，[103] の multi-commodity ルーティングの場合を一般化している．セッション間コーディングの待ち行列長に基づく方法は，有望だがまだ始まったばかりである．この分野の最近の成果のいくつかは [40, 56] に記されている．

　三角グリッドネットワークの無線 XOR コーディングにおけるサブグラフ選択の一手法は [37] に示されている．

第6章

敵対的な誤りに対するセキュリティ

　無線アドホックやピアツーピアネットワーク等の非集中制御型設定のマルチキャストは，分散ネットワークコーディングおよびその頑健性の特徴が活かせる潜在的応用領域である．このような設定においては，パケットはエンドホストから他のエンドホストに向けて符号化されて転送される．したがって，奪取されたノードに対するセキュリティを考えることが重要である．

　ネットワークコーディングは，ネットワークセキュリティに新たな可能性をもたらす一方，新たな課題ももたらす．マルチキャストネットワークコーディングの一つの特長は，各シンクノードへの複数経路を含むサブグラフが簡単に使えることである．複数経路をまたがってのコーディングは，ネットワーク内のアークや伝送の限定された部分集合を観察したり制御したりしようとする敵に対抗する，情報理論的セキュリティ向上の効果的な方法となり得る．また，適切に設計された冗長性を付加することにより，ランダム線形ネットワークコーディングの分散マルチキャスト方式に誤り検出や誤り訂正能力を付加することができる．これについては後述する．一方，中継ノードでのコーディングは，伝統的なセキュリティ手法に問題を起こすことになる．例えば，符号化された組合せが誤りのあるパケットを含んでいるとさらに多くの誤りパケットを生み出す．誤りパケットの割合が限度を越えると，**伝統的な誤り訂正符号の効果が弱くなる**．また，伝統的なシグネチャ方式では，信頼性のない途中ノードでのコーディングは許されない．[21] の準同型（homomorphic）署名方式は楕円曲線暗号に基づくものであり，ノードでパケットの線形結合の署名が許される．楕円曲線上の co-Diffie-Hellman 問題の困難さの仮定のもとで署名の偽造を予防し，パケットの変造を検出する．本章では，マルチキャストネットワークコーディングにおける敵対的誤り検出と訂正の問題に焦点をあてる．問題解決には，情報理論的アプローチをとる．

第 6 章 ■敵対的な誤りに対するセキュリティ

記法の凡例

行列を太字の大文字で，ベクトルを太字の小文字で記す．添え字 T で指定されていない限り，すべてのベクトルは行ベクトルである．二つのベクトル $\mathbf{x}$ と $\mathbf{y}$ を連結したもの（concatenation）を $[\mathbf{x}, \mathbf{y}]$ と記す．ベクトルや行列で，その要素（行/列）がネットワークのアークを添え字として順番付けられているものについては，要素（行/列）の順番付けとアークのトポロジ的順番付けは対応しているものとする．

6.1 ■誤り訂正

我々が考えるのはネットワークコーディングマルチキャストで，その舞台は巡回路無しのグラフ $\mathcal{G} = (\mathcal{N}, \mathcal{A})$ で，単一ソースノード $s \in \mathcal{N}$ およびシンクノードの集合 $\mathcal{T} \subset \mathcal{N}$ が設定されたものである．問題は，アーク（またはパケット）の未知の部分集合 $\mathcal{Z} \subset \mathcal{A}$ に導入された誤りを訂正し，高信頼な通信を可能とするものである[*1]．高信頼通信が可能な最大レートは $|\mathcal{Z}|$，および最小ソース–シンクカット容量 $m = \min_{t \in \mathcal{T}} R(s, t)$ に依存している．ここで，$R(s,t)$ は s と t の間の最小ソース–シンクカット容量である．以下で，理論的限界およびネットワーク誤り訂正コードの構成について議論する．

6.1.1 ■集中制御ネットワークコーディングにおける誤り訂正の限界

6.1.1.1 モデルと問題定式化

ネットワークコードが集中的に設計されてすべての参加者（ソース，シンク，敵対者）に知らされている場合が，伝統的な代数的コーディング理論からネットワークコーディングへの最も直接的な一般化である．

ここでの問題の定式化は，3.2 節の場合と似ている．3.2 節では，すべてのアークは同じ容量を持つと仮定しており（ノード間の複数アークの接続も可能），我々はアーク容量に比べてソースレートはどのくらい大きくできるかということに興味がある．ネットワークという言葉を用いるとき，$(\mathcal{G}, s, \mathcal{T})$ または等価的に $(\mathcal{N}, \mathcal{A}, s, \mathcal{T})$ を指す．

一般性を損なうことなく，ソースノードの入力次数をゼロと仮定する[*2]．ネットワークが巡回路無しであるので，遅延無しネットワークコーディングモデルを採用することができる．すなわち，アーク l の n 個目のシンボルが送信されるのは，その始点ノー

[*1] 静的なアークベースモデルと動的なパケットベースネットワークモデルとの間の対応関係については 2.5 節を参照．
[*2] もしそうでなければ，2.4.1 節のように入力次数ゼロの仮想ソースノードを付加することができる．

ド $o(l)$ がその入力過程の n 個目のシンボルを受信した後に限られる．我々が考慮するのは，スカラネットワークコーディングに限定する．すなわち，アーク l に送信された n 個目のシンボルは，ノード $o(l)$ の各入力過程の n 個目のシンボルの関数である．この関数は，すべての n について同様である．送信されたシンボルはアークアルファベット $\mathcal{Y}$ に属し，それは何らかの**素数べき**であるような q に対する $\mathbb{F}_q$ と等しいと仮定する．これらに関して，コーディングモデルは 2.2 節の遅延無しスカラ線形コーディングモデルに似ている．しかしながら，我々は任意の（非線形でありうる）コーディング演算を許し，ソースアルファベット $\mathcal{X}$ がアークアルファベット $\mathcal{Y}$ と異なることも許す．所与の数の固定レートソース過程の代わりに，レート $\log|\mathcal{X}|$ の単一のシングルソース過程を有する．アーク容量 $\log|\mathcal{Y}|$ に関連して制限を付ける．

2.2 節のように，ソースと各アークについて単一シンボルに焦点を当てることができる．アーク l に対するコーディング演算は関数 $\phi_l : \mathcal{X} \to \mathcal{Y}$（$o(l) = s$ の場合），または $\phi_l : \prod_{k:d(k)=o(l)} \mathcal{Y} \to \mathcal{Y}$（$o(l) \neq s$ の場合）となる．すべてのネットワークアークに対するコーディング演算の集合は，ネットワークコード $\phi = \{\phi_l : l \in \mathcal{A}\}$ を定義する．X をランダムなソースシンボル，Y_l をアーク l の最終ノード $d(l)$ で受信されるランダムシンボルとする[*3]．

$$Y_{\mathcal{I}(l)} := \begin{cases} X & o(l) = s \text{ のとき} \\ \{Y_k : d(k) = o(l)\} & o(l) \neq s \text{ のとき} \end{cases}$$

でアーク l の入力シンボルの集合を記す．

アーク $l \in \mathcal{A}$ を，トポロジに準じて番号を付けて扱う．すなわち，小さい番号のアークは大きい番号のアークの上流に位置するようにする．簡単のため，アークとその番号を互換的に扱う．l においてアーク誤りが発生しないならば $Y_l = \phi_l(Y_{\mathcal{I}(l)})$ となり，$Y_l \neq \phi_l(Y_{\mathcal{I}(l)})$ のときはアーク誤り発生という．

ちょうど z 個のアークで誤りが発生するとき，（ネットワーク内で）**z-誤り**が発生するという．誤り発生時に，$\mathcal{T}$ 内の各シンクがまだソースシンボルを再生できるとき，ネットワークコードは **z-誤りを訂正する**という．すべての $z' \leq z$ について z'-誤りを訂正できるとき，ネットワークコードは **z-誤り修正可能**（z-error-correcting）という．アークの集合 $\mathcal{Z}$ について，各アーク $l \in \mathcal{Z}$ において誤りが発生し，他のアークで

[*3] 送信されたシンボルは受信されたシンボルと異なる可能性がある．すなわち，アークにおける干渉で誤りが発生する可能性があるからである．その他の誤りの原因として，敵対的ノードや欠陥ノードがネットワークコーディングで指定されたものと異なる値を送信する場合もあり得る．以下の分析は受信したシンボルに焦点を当てたもので，両方の場合に適応できる．

は誤りが発生しないとき，$\mathcal{Z}$-誤りが発生するといい，$\mathcal{Z}$ はその誤りの**誤りパタン**と呼ぶ．$\mathcal{Z}$-**誤り訂正符号**はすべての $\mathcal{Z}$-誤りを訂正する．

以下に示すネットワーク誤り訂正限界の証明では，多くの追加定義を使用している．各アーク $l \in \mathcal{A}$ について，（誤り無し）**広域コーディング関数** $\tilde{\phi}_l : \mathcal{X} \to \mathcal{Y}$ を定義する．ただし，すべてのアークが誤り無しのとき $\phi_l(X) = Y_l$ である．$\Gamma_+(\mathcal{Q}) := \{(i,j) : i \in \mathcal{Q}, j \notin \mathcal{Q}\}$ でカット $\mathcal{Q}$ の前進アークの集合を示し，$|\Gamma_+(\mathcal{Q})|$ はカットの**サイズ**と呼ばれる．

6.1.1.2 上限

本節では，ソースアルファベットの大きさの上限を示す．これは，ポイントツーポイント誤り訂正符号の古典的なハミングおよびシングルトン限界との類似（analog）である．ここでは任意の（非線形であり得る）コーディング関数 ϕ_l を考え，アーク l に付随する誤り値 e_l を次のように定義する．

$$e_l := (Y_l - \phi_l(Y_{\mathfrak{I}(l)})) \mod q. \tag{6.1}$$

e_l がアーク入力 $Y_{\mathfrak{I}(l)}$ の値に関連付けて定義されていることに注意して欲しい．これにより，e_l はノード $d(l)$ の一入力に過ぎないと考えることができる．すなわち，コードとアーク誤りが付与された場合，次式を用いて帰納的にアーク値 Y_l をトポロジ順に決めることができる．

$$Y_l := (\phi_l(Y_{\mathfrak{I}(l)}) + e_l) \mod q. \tag{6.2}$$

最初にネットワークが誤り無しとした場合のアーク値を求め，次にアーク誤りをトポロジ順に「適用」としても同じ結果が得られる．すなわち，$e_l \neq 0$ である各アーク l について，Y_l に e_l を mod q で加算し，番号のより大きいアークの値を順々に変えていく．アーク l 上の誤りは番号のより若いアークには影響を与えないことに注意する．（ネットワーク）誤りはベクトル $e := (e_l : l \in \mathcal{A}) \in \mathcal{Y}^{|\mathcal{A}|}$ で定義される．我々は，誤りとその対応ベクトルを互換的に参照する．

定理 6.1（ハミング限界の一般化）：$(\mathcal{G}, s, \mathcal{T})$ を巡回路無しネットワーク $m = \min_{t \in \mathcal{T}} R(s,t)$ とする．アルファベット $\mathcal{X}$ の情報ソースに関して，$(\mathcal{G}, s, \mathcal{T})$ 上に z-誤り訂正符号が存在したとすると，$(z \leq m)$ のとき

$$|\mathcal{X}| \leq \frac{q^m}{\sum_{i=0}^{Z} \binom{m}{i}(q-1)^i},$$

ただし,q はアークアルファベット $\mathcal{Y}$ の大きさとする.

証明:所与のネットワークコード ϕ およびアークの集合 $\mathcal{L}$ について,ソースの値が $x \in \mathcal{X}$ で,最大 z 個の誤りがネットワーク内で発生するとき,ベクトル $(Y_l : l \in \mathcal{L})$ のすべての可能な値の集合を $\mathrm{out}(\phi, z, \mathcal{L}, x)$ と表す.

ϕ を z-誤り訂正符号とする.ソースノード s とシンクノード t を分離する任意のカット $\mathcal{Q}$,および任意の異なるソース値 $x, x' \in \mathcal{X}$ を考える.誤りの数が z 個までは,t が x と x' を区別できるために

$$\mathrm{out}(\phi, z, \Gamma_+(\mathcal{Q}), x) \cap \mathrm{out}(\phi, z, \Gamma_+(\mathcal{Q}), x') = \emptyset. \tag{6.3}$$

である必要がある.

$\mathcal{Z}$ 誤りからなる集合 $\mathcal{E}$ を考える.ただし,$\mathcal{Z} \subset \Gamma_+(\mathcal{Q}), |\mathcal{Z}| \le z$ である.$\mathbf{e}, \mathbf{e}'$ を $\mathcal{E}$ 内の二つの異なる誤り,k_0 を $\mathbf{e}$ と $\mathbf{e}'$ の k 個目の要素が異なる最小のアークインデックス k とする.固定ソース値 $s \in \mathcal{X}$ について,$Y_l, l < k_0$ の値は $\mathbf{e}$ と $\mathbf{e}'$ の二つの誤りのもとで同じである.一方,二つの誤りに対する Y_{k_0} の値は異なる.ゆえに,$(Y_l : l \in \Gamma_+(\mathcal{Q}))$ の値は $\mathcal{E}$ 内の異なる誤りに対して異なる.$|\Gamma_+(\mathcal{Q})| = j$ とする.$|\mathcal{E}| = \sum_{i=0}^{z} \binom{j}{i} (q-1)^i$ であるので,

$$\mathrm{out}(\phi, z, \Gamma_+(\mathcal{Q}), x') \ge \sum_{i=0}^{z} \binom{j}{i} (q-1)^i. \tag{6.4}$$

式 (6.3) および式 (6.4) から,$(Y_l : l \in \Gamma_+(\mathcal{Q}))$ のとり得る値は q^j 個しかないので,ソースの数は下式で限定される.

$$|\mathcal{X}| \ge \frac{q^j}{\sum_{i=0}^{z} \binom{j}{i} (q-1)^i}$$

任意のソースシンクカットに関して上限が成り立つことから,定理が得られる. □

定理 6.2(シングルトン限界の一般化):$(\mathcal{G}, s, \mathcal{T})$ を巡回路無しネットワーク,$m = \min_{t \in \mathcal{T}} R(s, t)$ とする.アルファベット $\mathcal{X}$ の情報ソースに関して,$(\mathcal{G}, s, \mathcal{T})$ 上に z-誤り訂正符号が存在したとすると,$(m > 2z)$ のとき,

$$\log |\mathcal{X}| \le (m - 2z) \log q.$$

証明：$\{\phi_l : l \in \mathcal{A}\}$ はアルファベット $|\mathcal{X}|$ の情報ソースに対する z 誤り訂正コードとする．ただし，$m > 2z$ および

$$|\mathcal{X}| > q^{m-2z} \tag{6.5}$$

である．我々はこれが矛盾を引き起こすことを示す．

ソースと t の間に大きさ m のカット Ω が存在するようなシンク $t \in \mathcal{T}$ を考える．$k_1, \ldots, k_m$ を $\Gamma_+(\Omega)$ のアークとし，トポロジー順に並んでいるとする．すなわち，$k_1 < k_2 < \cdots < k_m$ である．式 (6.5) から，二つの異なるソースシンボル $x, x' \in \mathcal{X}$ が存在し，$\tilde{\phi}_{k_i}(x) = \tilde{\phi}_{k_i}(x') \forall 1, 2, \ldots, m-2z$ である．ゆえに，次のように書くことができる．

$$(\tilde{\phi}_{k_i}(x), \ldots, \tilde{\phi}_m(x)) = (y_1, \ldots, y_{m-2z}, u_1, \ldots, u_z, w_1, \ldots, w_z) \tag{6.6}$$

$$(\tilde{\phi}_{k_i}(x'), \ldots, \tilde{\phi}_m(x')) = (y_1, \ldots, y_{m-2z}, u'_1, \ldots, u'_z, w'_1, \ldots, w'_z) \tag{6.7}$$

ソースシンボルが x であると仮定する．$\mathcal{Z}$ をアーク

$$\{k_{m-2z+1}, \ldots, k_{m-z}\}$$

の集合と仮定する．$(Y_{k_1}, \ldots, Y_{k_m})$ の値を式 (6.6) におけるその誤り無し値から，次式

$$(y_1, \ldots, y_{m-2z}, u'_1, \ldots, u'_z, w''_1, \ldots, w''_z) \tag{6.8}$$

へ変換する $\mathcal{Z}$ 誤りを次のように構成することができる．$(Y_{k_1}, \ldots, Y_{k_m})$ の誤り無し値から始め，$\mathcal{Z}$ のアークに対してトポロジ順に誤りを付加する．まず，値が $(u'_1 - y_{k_{m-2z+1}}) \bmod q = (u'_1 - u_1) \bmod q$ の誤りをアーク k_{m-2z+1} にする．これにより，$y_{k_{m-2z+1}}$ の値が u_1 から u'_1 に変化する．これにより，$Y_j, j > k_{m-2z+1}$ の値が変わる可能性があるが，Y_j, j, k_{m-2z+1} の値は変わらないことに注意．アーク $k_{m-2z+1}, i = 2, \ldots, z$ に対しても同様に進める．$(u'_1 - y_{k_{m-2z+1}}) \bmod q$ の値に誤りを与え，対応する $Y_j, j > k_{m-2z+1}$ の値を更新する．この過程の最後の $(Y_{k_1}, \ldots, Y_{k_m})$ の値は式 (6.8) に与えられている．

ソースシンボル x' についても似たような方法をたどって，アークの集合 $\mathcal{Z}' = \{k_{m-2z+1}, \ldots, k_m\}$ について，$(Y_{k_1}, \ldots, Y_{k_m})$ の値を，式 (6.7) の誤り無し値から式 (6.8) の値に変換する $\mathcal{Z}'$ 誤りを構成することができる．

ゆえに，シンク t はソースシンボル x と x' を信頼性を持って区別することができない．これは矛盾である． □

6.1.1.3　一般的線形ネットワークコード

次節でソースアルファベットの下限を導出するが，その前に**一般的線形ネットワークコーディング**の概念を導入する．これは限界を示すネットワーク誤り訂正コードの構成に用いられる．直感的に言うと，一般的線形コードは以下の最大独立特性（maximal independence property）を満たすスカラ線形コードである．アークのあらゆる部分集合について，もしその（広域）コーディングベクトルが何らかのネットワークコードにおいて線形独立であり得るならば，一般的線形コードは以下のように定義される．

定義 6.1：巡回路無しネットワーク $(\mathcal{N}, \mathcal{A}, s, \mathcal{T})$ において，成分（entry）が有限体 $\mathbb{F}_q$ の要素（element）である n-次元コーディングベクトル $\{\mathbf{c}_l : l \in \mathcal{A}\}$ を持つ線形ネットワークコードが与えられたとする．各ノード $i \in \mathcal{N}$ が $\mathbb{F}_q^n$ の線形部分空間 W_i と結合されているとする．ただし，

$$W_i = \begin{cases} \mathbb{F}_q^n & \text{if } i = s \\ \text{span}(\{\mathbf{c}_l : d(l) = i\}) & \text{if } i \in \mathcal{N} \setminus s \end{cases}$$

アークの任意の部分集合 $\mathcal{S} \subset \mathcal{A}$ について以下が成り立つとき，ネットワークコードは一般的であるという．

$$W_{o(l)} \not\subset \text{span}(\{\mathbf{c}_k : k \in \mathcal{S} \setminus l\}) \quad \forall l \in \mathcal{S} \tag{6.9}$$

$$\Rightarrow \text{コーディングベクトル } \mathbf{c}_l (l \in \mathcal{S}) \text{ は線形独立} \tag{6.10}$$

式 (6.9) は式 (6.10) の必要条件であることに注意．一般的コードの定義は，逆が成立することを要請する．

一般的線形コードは，マルチキャスト線形コード（2.2 節）よりも強い線形独立性の要請を満たす．マルチキャスト線形コードは，各シンクノードが入力について最大階数を持つことを要請しているだけである．よって，一般的線形コードはマルチキャスト線形コードであるが，マルチキャスト線形コードはいつも一般的なわけではない．

一般的線形コードは，マルチキャスト線形コードを構成したときと類似の方法で構成することができる．マルチキャストコードを構成するために 2.4.2 節で紹介したランダム線形コーディング技術により，一般的線形ネットワークコードも構成できる．その構成できる確率は，体の大きさが無限大に近付くときに漸近的に 1 に近付く．しかし，所与のネットワークで一般的コードを構成する場合に同様の成功確率を達成するためには，マルチキャストコードに比べてかなり大きい体が必要となる．また，2.4.1

第6章 ■敵対的な誤りに対するセキュリティ

節の集中確定的手法と似たような手法をとることもできる．任意の正整数 n および巡回路無しネットワーク $(\mathcal{N}, \mathcal{A}, s, \mathcal{T})$ において，要素が $\binom{|\mathcal{A}|+n-1}{n-1}$ 個以上の有限体 F 上で，次のアルゴリズムにより一般的線形ネットワークコードを構成することができる．このアルゴリズムは，1個の仮想ソースノード s' と実際のソースノード s を n 個の仮想アークで接続することから始まり，ネットワークアークのコーディングベクトルをトポロジ順に設定する点[*4]がマルチキャスト線形コードを構成するためのアルゴリズム1に似ている．

ステップAでは，最大 $\binom{|\mathcal{A}|+n-1}{n-1}$ 個の集合 $\mathcal{S}$ があり，常に条件を満たすベクトル $\mathbf{w}$ を見つけることが可能であることに注意してほしい．アルゴリズム2により構成されたネットワークコードが常に一般的であることを帰納的に示すことができる．証明は [146] に記されている．

アルゴリズム 2: 一般的線形ネットワークコード構成のための集中管理アルゴリズム

 Input: $\mathcal{N}, \mathcal{A}, s, \mathcal{T}, n$
 $\mathcal{N}' := \mathcal{N} \cup \{s'\}$
 $\mathcal{A}' := \mathcal{A} \cup \{l_1, \ldots, l_m\}$, $i = 1, \ldots, m$ に対し $o(l_i) = s', d(l_i) = s$
 for each 出力リンク $i = 1, \ldots, m$ に対し **do** $\mathbf{c}_{l_i} := [\mathbf{0}^{i-1}, 1, \mathbf{0}^{n-i}]$
 for each $l \in \mathcal{A}$ **do** $\mathbf{c}_{l_i} := \mathbf{0}$ を初期化;
 for each $i \in \mathcal{N}$ （トポロジ的順番に） **do**
  A **for each** 出力リンク $l \in \mathcal{O}(i)$ に対し **do**
   $\mathbf{c}_l := \mathbf{w} \in \mathrm{span}(\{\mathbf{c}_k : d(k) = i\})$ ただし
   $\mathrm{span}(\{\mathbf{c}_k : d(k) = i\}) \not\subset \mathrm{span}(\{\mathbf{c}_k : k \in \mathcal{S}\})$ となる $\mathcal{A} \setminus l$ 内の $n-1$ 個のアークの任意の集合 $\mathcal{S}$ に対して $\mathbf{w} \not\in \mathrm{span}(\{\mathbf{c}_k : k \in \mathcal{S}\})$ となる．

6.1.1.4 下限

次に，ソースアルファベットの大きさの下限を導出する．これは，古典的な Gilbert および Varshamov 限界をポイントツーポイント誤り訂正符号に一般化する．これらの限界は，限界内のパラメータを使用した場合にネットワーク誤り訂正コードが存在

[*4] アークのコーディング係数はアークのコーディングベクトルから得ることができる．

するということを示すための十分な条件を与える.

証明は構成することによって行う. 本節でネットワーク誤り訂正コードを構成するために, スカラ線形ネットワークコーディングの一般化を用いる. すなわち, アークアルファベット $\mathcal{Y}$ は有限体 $\mathbb{F}_q$, ソースアルファベット $\mathcal{X}$ は n-次元線形空間 $\mathbb{F}_q^n$ で, n を最小ソース-シンクカットの大きさ $m = \min_{t \in \mathcal{T}} R(s,t)$ と設定する (基本的なスカラ線形ネットワークコーディング (2.2 節) ではソースアルファベットは n-次元線形空間 $\mathbb{F}_q^n$ 全体となる. ただし, n はソース過程の数である). 線形ネットワーク誤り訂正コードでは, $\mathcal{X}$ は何らかの $k \leq m$ について $\mathbb{F}_q^m$ の k-次元部分空間である. 我々は, ソース値 $\mathbf{x} \in \mathcal{X}$ を $\mathbb{F}_q$ の要素から構成される長さ m の行ベクトルと考える. アークコーディング演算 $\phi = \{\phi_l : l \in \mathcal{A}\}$ (6.1.1.1 節で定義) と, $\mathcal{X} \subset \mathbb{F}_q^m$ の選択も含む完全ネットワークコードを区別するために, 我々は前者を台 (underlying) (スカラ線形ネットワーク) コードと呼ぶ. 本節では, 前節で記されたように, 所与のネットワークのために構成できる一般線形コードを台コード ϕ として用いる. 残された課題は, 所与の誤り事象の集合のもとでその値が区別できるように $\mathcal{X}$ を選択することである.

アーク l に結び付けられている誤り値 e_l は, $\mathbb{F}_q$ における Y_l と $\phi_l(Y_{\mathcal{I}(l)})$ の差異と定義付けられる. 式 (6.1) と式 (6.2) の代わりに次式を得る.

$$e_l := Y_l - \phi_l(Y_{\mathcal{I}(l)}) \quad (6.11)$$

$$Y_l = \phi_l(Y_{\mathcal{I}(l)}) e_l \quad (6.12)$$

ここで, すべての演算は $\mathbb{F}_q$ で行われる. 誤りはベクトル $\mathbf{e} := (e_l : l \in \mathcal{A}) \in \mathbb{F}_q^{|\mathcal{A}|}$ で定義される. Y_l は線形関係 (6.12) により再帰的に与えられるので, Y_l の値は次の和で表される.

$$\tilde{\phi}_l(\mathbf{x}) + \theta_l(\mathbf{e})$$

ただし, $\tilde{\phi}_l$ と θ_l は ϕ で決定される線形関数であり, その引数 $\mathbf{x}, \mathbf{e}$ はそれぞれソース値と誤り値である. アーク l の誤り無し広域コーディング関数 $\tilde{\phi}_l(\mathbf{x})$ は $\mathbf{x}\mathbf{c}_l^T$ で与えられる. ただし, $\mathbf{c}_l$ は台コード ϕ 内のアーク l の広域コーディングベクトルである.

誤りパターンの集合 Υ を考え, Υ^* をその誤りのパターンが Υ によるすべての誤りの集合とする. Υ^* 内の任意の誤りについて, 入力リンク $l \in \mathcal{I}(t)$ に基づいて t が $\mathbf{x}$ と $\mathbf{x}'$ を区別することができるならば, 異なるソース値 $\mathbf{x}, \mathbf{x}'$ の対はシンクノード t で Υ-分離可能 (separable) であるという. 言い換えれば, $\forall \mathbf{e}, \mathbf{e}' \in \Upsilon^*$ では

$$(\tilde{\phi}_l(\mathbf{x}) + \theta_l(\mathbf{e}) : l \in \mathcal{I}(t)) \neq (\tilde{\phi}_l(\mathbf{x}') + \theta_l(\mathbf{e}') : l \in \mathcal{I}(t)) \quad (6.13)$$

である．$\mathbf{x}, \mathbf{x}'$ の対が各シンクノードで Υ-分離可能であるとき，Υ-分離可能であるという．

この分離可能性の条件をソース値の集合 $\mathcal{X}$ 上の制限に翻訳したい．一般性を損なうことなく，各シンクの入力アークはちょうど m 個，すなわちソース-シンク最小カット数であると仮定する．$\mathbf{C}_t$ を，各列が t の入力アーク $l \in \mathcal{I}(t)$ のコーディングベクトル $\mathbf{c}_l(\mathbf{x})$ に対応する行列とする．行ベクトル $(\theta_l(\mathbf{e}) : l \in \mathcal{I}(t))$ を $\mathbf{p}_t(\mathbf{e})$ で表す．すると，式 (6.13) は次のように書くことができる．

$$\mathbf{x}\mathbf{C}_t + \mathbf{p}_t(\mathbf{e}) \neq \mathbf{x}'\mathbf{C}_t + \mathbf{p}_t(\mathbf{e}').$$

両辺に右から $\mathbf{x}\mathbf{C}_t^{-1}$ をかけることにより[*5]，$\mathbf{x}, \mathbf{x}'$ の対が t で Υ-分離可能であるための以下の同等な条件を得る．$\forall \mathbf{e}, \mathbf{e}' \in \Upsilon^*$ とすると，

$$\mathbf{x} + \mathbf{p}_t(\mathbf{e})\mathbf{C}_t^{-1} \neq \mathbf{x}' + \mathbf{p}_t(\mathbf{e}())\mathbf{C}_t^{-1}.$$

次の集合

$$\Xi(\phi, \Upsilon, t) := \{\mathbf{p}_t(\mathbf{e})\mathbf{C}_t^{-1} : \mathbf{e} \in \Upsilon^*\} \quad (6.14)$$

$$\Delta(\phi, \Upsilon) := \bigcup_{t \in \mathcal{T}}\{\mathbf{w} = \mathbf{u}' - \mathbf{u} : \mathbf{u}, \mathbf{u}' \in \Xi(\phi, \Upsilon, t)\} \quad (6.15)$$

を定義し，集合 $\{\mathbf{x} + \mathbf{w} : \mathbf{w} \in \Delta(\phi, \Upsilon)\}$ を $\mathbf{x} + \Delta(\phi, \Upsilon)$ と記すことにより次の補題を得る．

補題 6.1：

(a) ソース値の対 $\mathbf{x}, \mathbf{x}' \in \mathbb{F}_q^m$ は，次式が成り立つ場合に限り Υ-分離可能である．

$$\mathbf{x}' \notin \mathbf{x} + \Delta(\phi, \Upsilon). \quad (6.16)$$

(b) 一般的な台コード ϕ からソースアルファベットを集合 $\mathcal{X} \in \mathbb{F}_q^m$ に限定することによって得られるネットワークコードは，$\mathcal{X}$ 内のベクトルが対ごとに Υ-分離可能の場合に限りネットワークの Υ-誤り訂正コードである．

$K = |\mathcal{A}|$ をネットワーク内のアークの数，

$$\Upsilon_j := \{\mathcal{Z} : |\mathcal{Z}| = j, \mathcal{Z} \in \Upsilon\} \quad (6.17)$$

を Υ 内の誤りパターンの，ちょうど j 個のアークを有する部分集合とする．

[*5]台コードは一般的であるので逆が存在する．

6.1 ■誤り訂正

定理 6.3（一般化された Gilbert-Varshamov 限界）：所与の任意の誤りパタン Υ および次式を満たす任意の正整数 A について，ソースアルファベットの大きさが $|\mathcal{X}| = A$ である Υ-誤り訂正コードを構成できる．

$$(A-1)|\mathcal{T}| \left(\sum_{j=0}^{K} |\Upsilon_j|(q-1)^j\right)^2 < q^m. \tag{6.18}$$

次式を満たす任意の正整数 k について，k-次元線形 Υ-誤り訂正コードを構成できる．すなわち，$|\mathcal{X}| = q^k$ である．

$$|\mathcal{T}| \left(\sum_{j=0}^{K} |\Upsilon_j|(q-1)^j\right)^2 < q^{m-k}.$$

証明：まず所与の台コード ϕ を考える．補題 6.1 から，任意の対 $\mathbf{x}, \mathbf{x}' \in \mathcal{X}$ について式 (6.16) が成立する集合 $\mathcal{X} \subset \mathbb{F}_q^m$ を見つけることができれば，ソースアルファベットを $\mathcal{X}$ に限定することによって，ϕ から求められるネットワークコードは Υ-誤り訂正コードである．

定理の最初の部分では Gilbert 限界を一般化しているが，我々は Gilbert[48] に類似した貪欲な手法をとる．次式を満たす任意の正整数 A について，ソースアルファベットの大きさが $|\mathcal{X}| = A$ である Υ-誤り訂正コードを構成できることを示す．

$$(A-1)|\Delta(\phi, \Upsilon)| < q^m. \tag{6.19}$$

まず，ソース値の候補の集合 $\mathcal{W}$ は $\mathbb{F}_q^m$ に初期化できる．$i = 1, \ldots, A-1$ について，i 番目のステップで任意のベクトル $\mathbf{x}_i \in \mathcal{W}$ が選ばれ，$\mathcal{W}$ に追加される．また，集合 $(x_i + \Delta(\phi, \Upsilon)) \cap \mathcal{W}$ 内のすべてのベクトルが $\mathcal{W}$ から削除される．これは，各ステップで削除されるベクトルの数が最大 $|\mathbf{x}_i + \Delta(\phi, \Upsilon)| = |\Delta(\phi, \Upsilon)|$ であり，各ステップ $i \leq A-1$ において，条件 (6.19) から $\mathcal{W}$ は少なくとも次式の大きさとなるので可能となる．

$$\begin{aligned}|\mathbb{F}_q^m| - i|\Delta(\phi, \Upsilon)| &\geq q^m - (A-1)|\Delta(\phi, \Upsilon)| \\ &> 0\end{aligned}$$

この過程で構成される集合 $\mathcal{X}$ について，任意の対 $\mathbf{x}, \mathbf{x}' \in \mathcal{X}$ は式 (6.16) を満たす．

定理の後半では Farshamov 限界を一般化しているが，我々は Varshamov[133] と類似の方法をとる．次式を満たす任意の正整数 k について，k-次元線形 Υ-誤り訂正コードを構成できる．すなわち，$|\mathcal{X}| = q^k$ であることを示す．

$$|\Delta(\phi, \Upsilon)| < q^{m-k}. \tag{6.20}$$

線形コーディングについて,ソースアルファベット $\mathcal{X}$ は $\mathbb{F}_q^m$ の線形部分空間であり,任意の対 $\mathbf{x}, \mathbf{x}' \in \mathcal{X}$ について式 (6.16) を満たす条件は次式の条件と等価である.

$$\Delta(\phi, \Upsilon) \cap \mathcal{X} = \{\mathbf{0}\}. \tag{6.21}$$

そのパリティチェック行列 $\mathbf{H}$ を構成することにより, $\mathcal{X}$ を構成する.パリティチェック行列 $\mathbf{H}$ は,次式を満たすランク $m-k$ を持つ $(m-k) \times m$ 行列である.

$$\mathcal{X} = \{\mathbf{x} : \mathbf{x} \in \mathbb{F}_q^m, \mathbf{H}\mathbf{x}^T = \mathbf{0}\}. \tag{6.22}$$

ここで

$$\Delta^*(\phi, \Upsilon) := \Delta(\phi, \Upsilon) \setminus \{\mathbf{0}\} \tag{6.23}$$

を定義することにより,式 (6.21) は次式の条件と等価であることがわかる.

$$\mathbf{H}\mathbf{w}^T \neq \mathbf{0}^T \; \forall \mathbf{w} \in \Delta^*(\phi, \Upsilon). \tag{6.24}$$

$\mathbf{H}$ を構成するために,まず $\Delta^*(\phi, \Upsilon)$ を, $\Delta_i(\phi, \Upsilon)$ がその最後のゼロでない要素が i 番目の要素であるようなすべてのベクトル $\mathbf{w} \in \Delta^*(\phi, \Upsilon)$ を含むように,部分集合 $\Delta_1(\phi, \Upsilon), \ldots, \Delta_m(\phi, \Upsilon)$ に分割する.すなわち

$$\Delta_i(\phi, \Upsilon) := \{\mathbf{w} \in \Delta^*(\phi, \Upsilon) : \mathbf{w} = (w_1, w_2, \ldots, w_i, 0, \ldots, 0), w_i \neq 0\}. \tag{6.25}$$

$\mathbf{h}_i^T$ を $\mathbf{H}$ の i 番目の行に対応する行ベクトルとする.すなわち $[\mathbf{h}_1^T \ldots \mathbf{h}_m^T]$ とする.我々は $\mathbf{h}_1^T$ を $\mathbb{F}_q^{m-k}$ 内の任意の非ゼロベクトルと等しいと設定する. $i = 2, 3, \ldots, m$,について, $\mathbf{h}_i^T$ を $\mathbb{F}_q^{m-k} \setminus \mathcal{K}_i(\mathbf{h}_q^T, \ldots, \mathbf{h}_{i-1}^T)$ 内の任意のベクトルに等しいように漸近的に設定する.ここで

$$\mathcal{K}_i(\mathbf{h}_q^T, \ldots, \mathbf{h}_{i-1}^T) :$$
$$= \left\{ \mathbf{k}^T \in \mathbb{F}_q^{m-k} : \text{何らかの } \mathbf{w} \in \Delta_i(\phi, \Upsilon) \text{ について } w_i \mathbf{k}^T + \sum_{j=1}^{i-1} w_j \mathbf{h}_j^T = \mathbf{0}^T \right\};$$

これは, $\mathbf{h}_i^T$ についての選択肢の数が少なくとも

$$|\mathbb{F}_q^{m-k}| - |\mathcal{K}_i(\mathbf{h}_q^T, \ldots, \mathbf{h}_{i-1}^T)| \geq q^{m-k} - |\Delta_i(\phi, \Upsilon)|$$
$$\geq q^{m-k} - |\Delta_i(\phi, \Upsilon)|$$

$$> \quad 0.$$

であるので可能となる．構成より，式 (6.24) は満たされる．

台コード ϕ の選択の独立な限界を求めるために，次式に注意する．

$$|\Delta_i(\phi,\Upsilon)| \leq \sum_{t\in\mathcal{T}} |\Xi(\phi,\Upsilon,t)|^2 \tag{6.26}$$
$$\leq |\mathcal{T}||\Upsilon^*|^2 \tag{6.27}$$

ここで，式 (6.26) は式 (6.15) 内の $\Delta_i(\phi,\Upsilon)$ の定義から，式 (6.27) は式 (6.14) 内の $\Xi(\phi,\Upsilon,t)$ の定義から導かれる．次の式，

$$\Upsilon_j := \{\mathcal{Z} : |\mathcal{Z}| = j, \mathcal{Z}\in\Upsilon\} \tag{6.28}$$

は Υ 内の誤りパタンの部分集合で，ちょうど j 個のアークからなるものであったことを思い出してほしい．すると，Υ^* 内の誤り数は次式で与えられる．

$$|\Upsilon^*| = \sum_{j=0}^{K} |\Upsilon_j|(q-1)^j. \tag{6.29}$$

定理は，式 (6.19) と式 (6.20) を式 (6.26)，式 (6.27)，式 (6.28) に組み合わせることにより成立する． □

次に，Υ が z の部分集合を集めたもの，あるいはより少ないアークの場合を取り上げる（$z \leq m$）．より一般的な限界 (6.27) をこのケースに合わせて厳しくする $|\Delta_i(\phi,\Upsilon)|$ 上の限界とともに，異なる証明の方法をとることができる．そして，単に定理 6.3 をこのケースに特化して得られる値よりも厳しい下記の限界を得る．

定理 6.4（一般化された Varshamov 限界の強化版）: 任意の固定された巡回路無しネットワークで，最小カットが $m = \min_{t\in\mathcal{T}} R(s,t)$，$k = m - 2z > 0$，かつ q が十分に大きい場合，ネットワークの k-次元線形 z-誤り訂正コードが存在する．

証明：定理 6.3 の証明と同様に，$(2z) \times m$ パリティチェック行列 $\mathbf{H}$ を構成することにより $\mathcal{X}$ を構成する．Υ が z 個以下のアークの部分集合の収集である場合に式 (6.24) を満たすために，行列 $\mathbf{H}$ が必要である．この場合は，それぞれ式 (6.23) と式 (6.25) で定義された集合

$$\Delta^*(\phi,\Upsilon), \Delta_i(\phi,\Upsilon), 1 \leq i \leq m$$

は
$$\Delta^*(\phi,z), \Delta_i(\phi,z), 1 \leq i \leq m$$
と表される.

各集合 $\Delta_i(\phi,z), 1 \leq i \leq m$ は，それぞれの大きさが $q-1$ の $|\Delta_i(\phi,z)|/(q-1)$ 個の同値類（equivalence class）に分割される．その結果，各同値類内のベクトルは相互に非ゼロスカラ倍数となっている．これらの同値類 $\mathfrak{Q} \subset \Delta_i(\phi,z)$ の任意の 1 個に対し，行列 $\mathbf{H}$ が全ベクトル $\mathbf{w} \in \mathfrak{Q}$ について

$$\mathbf{H}\mathbf{w}^T = \mathbf{0}^T \tag{6.30}$$

を満たすための必要十分条件は，それがベクトル $(w_1,\ldots,w_{i-1},1,0,\ldots,0) \in \mathfrak{Q}$ に関して式 (6.30) を満たすことである．または，等価的に

$$\mathbf{h}_i = -\sum_{j=1}^{i-1} w_j \mathbf{h}_j.$$

とも言える．ゆえに，式 (6.30) を満たす $\mathbf{w} \in \mathfrak{Q}$ があるような $\mathbf{H}$ ($\mathbf{h}_i,\ldots,\mathbf{h}_{i-1},\mathbf{h}_{i+1}$, $\ldots,\mathbf{h}_m$ でその最初の $i-1$ 個が $\mathbf{h}_i$ を決めるのだが，これらの任意の値に対応して) の値の数はちょうど $q^{2z(m-1)}$ 個である．式 (6.30) を満たす $\mathbf{w} \in \Delta_i(\phi,z)$ が存在するような $\mathbf{H}$ の値の数は，最大で次式のようになる．

$$\sum_{i=1}^{m} q^{2z(m-1)}|\Delta_i(\phi,z)|/(q-1) = q^{2z(m-1)}|\Delta^*(\phi,z)|/(q-1) \tag{6.31}$$
$$\leq q^{2z(m-1)}|\Delta(\phi,z)|/(q-1). \tag{6.32}$$

以下のように，より一般的な限界 (6.27) より厳しい $|\Delta(\phi,z)|$ 上の限界を得る．式 (6.14) と式 (6.15) から次式を得る．

$$\Delta(\phi,z) = \bigcup_{t \in \mathcal{T}} \{\mathbf{p}_t(\mathbf{e})\mathbf{C}_t^{-1} - \mathbf{p}_t(\mathbf{e}')\mathbf{C}_t^{-1} : w_H(\mathbf{e}) \leq z, w_H(\mathbf{e}') \leq z\}$$

ただし，w_H はハミング荷重を表す．$\mathbf{p}_t(\mathbf{e})$ は $\mathbf{e}$ 内の線形関数なので，次の二式を得る．

$$\mathbf{p}_t(\mathbf{e})\mathbf{C}_t^{-1} - \mathbf{p}_t(\mathbf{e}')\mathbf{C}_t^{-1} = \mathbf{p}_t(\mathbf{e}-\mathbf{e}')\mathbf{C}_t^{-1}$$

$$\{\mathbf{e}-\mathbf{e}' : w_h(\mathbf{e}) \leq z, w_h(\mathbf{e}') \leq z\} = \{\mathbf{d} : w_h(\mathbf{d}) \leq 2z\}.$$

ゆえに

$$\Delta(\phi, z) = \bigcup_{t \in \mathcal{T}} \{\mathbf{p}_t(\mathbf{d})\mathbf{C}_t^{-1} : w_H(\mathbf{d}) \leq 2z\} \tag{6.33}$$

となり，次式を与える．

$$|\Delta(\phi, z)| \leq |\mathcal{T}|2^K(q-1)^{2z-1} < |\mathcal{T}|2^K q^{2zm-1}. \tag{6.34}$$

式 (6.34) を用いて，式 (6.32) を上から

$$q^{2z(m-1)}|\mathcal{T}|2^K(q-1)^{2z-1} < |\mathcal{T}|2^K q^{2zm-1} \tag{6.35}$$

で抑えることができる．もし $q \geq 2^K|\mathcal{T}|$ ならば，式 (6.35) の右辺は q^{2zm} で上限を与えられる．$\mathbb{F}_q$ 上の $2z \times m$ 行列の数は q^{2zm} であるので，$q \geq 2^K|\mathcal{T}|$ について $\mathbf{H}\mathbf{w}^t \neq \mathbf{0}^t \forall \mathbf{w} \in \Delta^*(\phi, z)$ となる $\mathbf{H}$ が存在し，必要とするネットワークコードを与える □

6.1.2 ■分散ランダムネットワークコーディングと多項式複雑度の誤り訂正

本節では，分散パケットネットワークの設定におけるネットワーク誤り訂正を取り上げる．本節のモデルと手法は，前節に比べて二つの点で異なっている．第一は，全参加者にあらかじめ知らしめられている集中設計ネットワークコードの代わりに，分散ランダム線形ネットワークコーディングを用いている点である．第二は，各パケットに固定量のオーバヘッドを付加することを許している点である．このオーバヘッドは，大きなパケットに分散譲渡することもできる．この設定において，漸近的に最適なネットワーク誤り訂正コードの構成および多項式複雑度のコーディングおよびデコーディングアルゴリズムを説明する．

6.1.2.1 コーディングベクトルによる方法

2.5.1 節に述べた，コーディングベクトルを用いた分散ランダムコーディング法による，ソースノード s からシンクノードの集合 $\mathcal{T}$ へ向けた r パケットのバッチのマルチキャスティングを考える．非敵対的パケットは入力パケット，すなわちパケット形成に先立ってその発信ノードから受信されたパケットの，$\mathbb{F}_q$ におけるランダム線形結合で形成される[*6]．敵はパケットのデータシンボルだけでなく，コーディングベクトル

[*6] 一パケットの全 n 個のシンボルは同一のランダム線形コーディング演算を施される．

を改ざんすることもできる．入力パケットの線形結合ではないパケットは**敵対的**と呼ばれる．

以下に，そのパラメータが m だけでなく敵対的パケットの最大数 z_0 にも依存するネットワーク誤り訂正コードを記述する．m はパケットのバッチの中の最小ソース-シンクカット容量（最大誤り無しマルチキャストレート）である．そのパケットのバッチの中のソースパケットの数は，

$$r = m - z_0 \tag{6.36}$$

と設定される．各パケット内での冗長シンボルの割合は ρ と記され，何らかの $\varepsilon > 0$ について

$$\rho = (z_0 + \varepsilon)/r \tag{6.37}$$

と設定される．

$i = 1, \ldots, r$ について i 番目のソースパケットは，有限体 $\mathbb{F}_q$ の要素による長さ n の行ベクトル $\mathbf{x}_i$ で示される．ベクトルの最初の $n - \rho n - r$ 個の要素は独立外来データシンボル，次の ρn 個は冗長シンボル，最後の r 個のシンボルはパケットコーディングベクトル（i 番目の要素のみが唯一の非ゼロ要素の単位ベクトル）である．そのコードに対応する情報レートは，バッチごとのパケット数で表すと $r(1 - \rho - \frac{r}{n}) = m - 2z_0 - \varepsilon - r^2/n$ である．ただし，r^2/n の項は，コーディングベクトルを入れ込むためのオーバヘッドにより，パケットの長さ n の増加に伴って減少する．誤り確率は，ε が減少するに従って指数的に減少することを示す．

我々は $\mathbf{X}$ を用いて，その i 番目の行が $\mathbf{x}_i$ の $r \times n$ 行列を表す．これは $[\mathbf{U}\ \mathbf{R}\ \mathbf{I}]$ というブロックの形で表すことができる．ここで，$\mathbf{U}$ は外来データシンボルの $r \times (n - \rho n - r)$ 行列，$\mathbf{R}$ は冗長シンボルの $r \times \rho n$ 行列，$\mathbf{I}$ は $r \times r$ 単位行列を表す．

$r\rho n$ 個の冗長シンボルは以下のように求められる．任意の行列 $\mathbf{M}$ について，$\mathbf{M}$ の列を次々と積み重ねて得られる列ベクトルを $\mathbf{v}_\mathbf{M}^T$ で表し，その転置の列ベクトルを $\mathbf{v}_\mathbf{M}$ で表す．列ベクトルで表されている行列 $\mathbf{M}$ は，$[\mathbf{v}_\mathbf{U}, \mathbf{v}_\mathbf{R}, \mathbf{v}_\mathbf{I}]^T$ で表すことができる．$\mathbf{D}$ を，各要素を独立かつ一様にランダムに $\mathbb{F}_q$ から取得した $r\rho n \times rn$ 行列とする．$\mathbf{v}_\mathbf{R}$（または $\mathbf{R}$）を構成する冗長シンボルは，$\mathbf{v}_\mathbf{R}$ のための次の式を解くことによって得られる．

$$\mathbf{D} \left[\mathbf{v}_\mathbf{U}, \mathbf{v}_\mathbf{R}, \mathbf{v}_\mathbf{I} \right]^T = 0 \tag{6.38}$$

$\mathbf{D}$ の値は全参加者に知られている．

$\mathbf{y}_u$ を，非敵対的なパケット u を表すベクトルとする．ネットワーク内に誤りがないとすると，すべてのパケット u について $\mathbf{y}_u = \mathbf{t}_u \mathbf{X}$ となる．ここで，$\mathbf{t}_u$ はパケットのコーディングベクトルである．敵対的パケットは追加のソースパケットとみなすことができる．i 番目の敵対的パケットを表すベクトルを $\mathbf{z}_i$ と表す．i 番目の行が $\mathbf{z}_i$ の行列を $\mathbf{Z}$ と表す．

以降，本節では，シンクノード $t \in \mathcal{T}$ のうちの任意の一つに焦点を当てる．w を，t で受信する線形独立なパケットの数とする．$\mathbf{Y} \in \mathbb{F}_q^{w \times n}$ を，その i 番目の行が i 番目のパケットを表す行列とする．ネットワーク内のすべてのコーディング演算は $\mathbb{F}_q$ 内の線形演算であるので，$\mathbf{Y}$ は次のように表すことができる．

$$\mathbf{Y} = \mathbf{GX} + \mathbf{KZ} \tag{6.39}$$

ただし，行列 $\mathbf{G} \in \mathbb{F}_q^{w \times r}$ および $\mathbf{K} \in \mathbb{F}_q^{w \times z}$ は，それぞれソースからあるいは敵対的パケットからのシンクにおける線形独立な入力パケットへの線形写像を表す．

$\mathbf{X}$ の最後の r 行から構成される行列は単位行列であるので，$\mathbf{Y}$ の最後の r 行から構成される行列 $\mathbf{G}'$ は

$$\mathbf{G}' = \mathbf{G} + \mathbf{KL} \tag{6.40}$$

となる．ただし，$\mathbf{L}$ は $\mathbf{Z}$ の最後の r 行から構成される行列である．誤り無しの設定では $\mathbf{G}' = \mathbf{G}$ となる．誤りがある場合は，シンクは $\mathbf{G}'$ は知っているが $\mathbf{G}$ は知らない．ゆえに，式 (6.39) は次のように書き直せる．

$$\begin{aligned} \mathbf{Y} &= \mathbf{G}'\mathbf{X} + \mathbf{K}(\mathbf{Z} - \mathbf{LX}) & (6.41)\\ &= \mathbf{G}'\mathbf{X} + \mathbf{E}. & (6.42) \end{aligned}$$

行列 $\mathbf{E}$ は，直感的にはシンクで検知可能な実効誤りと解釈できる．この行列は，受信パケットのデータ値と，コーディングベクトルに対応するデータ値を与える．この行列の最後の r 行は，すべてゼロである．

補題 6.2：確率は最小 $(1 - \frac{1}{q})^{|\mathcal{A}|} > 1 - \frac{|\mathcal{A}|}{q}$ で（$|\mathcal{A}|$ はネットワーク内のアーク数），行列 $\mathbf{G}'$ は列の数に等しいランク（full column rank）を有し，$\mathbf{G}'$ と $\mathbf{K}$ の列空間（column space）はゼロベクトル以外において互いに交わらない．

証明：敵対的パケットが追加ソースパケットで代替されたとすると，式 (6.36) から，ソースパケットの総数は最大 $r + z_0 + m$ 個となる．定理 2.3 および定理 2.6 から，

確率は最小 $(1-\frac{1}{q})^{|A|}$ で，$\mathbb{F}_q$ におけるランダム線形ネットワークコーディングにより，t で元々のソースパケットを復号できる[*7]．これは，$\mathbf{G}$ が列の数に等しいランク（full column rank）を有し，$\mathbf{G}'$ と $\mathbf{K}$ の列空間（column space）がゼロベクトル以外において互いに交わらないことに対応する．この結果は，式 (6.40) に注目することにより得られる．すなわち，$\mathbf{G}'$ の任意の線形結合は $\mathbf{G}$ の 1 個以上の列，および $\mathbf{K}$ のゼロ個以上の列（非ゼロで $\mathbf{K}$ の列空間にない）の線形結合に対応する．□

シンク t における復号過程は以下の通りである．まず，ソースは z，すなわち敵対的パケットからシンクへの最小カットを判定する．これは高い確率で $w-r$，すなわちシンクで受信される線形独立パケット数とソースパケット数の差に等しい．次に，シンクは $\mathbf{Y}$ の z 個の列を選択する．これは，$\mathbf{G}'$ の列と合わせて，$\mathbf{Y}$ の列空間の基底（basis）を形成する．我々は一般性を損なうことなく，最初の z 列が選択されることを仮定することができ，対応する部分行列を $\mathbf{G}''$ と記す．行列 $\mathbf{Y}$ は，行列 $[\mathbf{G}''\mathbf{G}']$ と対応した基底により書き直すと，次の形となる．

$$\begin{aligned}\mathbf{Y} &= [\mathbf{G}''\,\mathbf{G}']\begin{bmatrix} \mathbf{I}_Z & \mathbf{Y}^Z & \mathbf{0} \\ \mathbf{0} & \mathbf{Y}^X & \mathbf{I}_r \end{bmatrix}\\ &= \mathbf{G}''\begin{bmatrix}\mathbf{I}_Z\,\mathbf{Y}^Z\,\mathbf{0}\end{bmatrix} + \mathbf{G}'\begin{bmatrix}\mathbf{0}\,\mathbf{Y}^X\,\mathbf{I}_r\end{bmatrix}\end{aligned} \quad (6.43)$$

ただし，$\mathbf{Y}^Z, \mathbf{Y}^X$ はそれぞれ $z \times (n-z-r)$ および $r \times (n-z-r)$ 行列である．$\mathbf{X}_1, \mathbf{X}_2, \mathbf{X}_3$ を，それぞれ最初の z 列，次の $n-z-r$ 列，最後の r 列から構成される $\mathbf{X}$ の部分行列とする．

補題 6.3：
$$\mathbf{G}'\mathbf{X}_2 = \mathbf{G}'(\mathbf{Y}^X + \mathbf{X}_1\mathbf{Y}^Z) \quad (6.44)$$

証明： 式 (6.41) と式 (6.43) を等しいとおくことにより，次式を得る．

$$\mathbf{G}'\mathbf{X} + \mathbf{K}(\mathbf{Z}-\mathbf{LX}) = \mathbf{G}''\begin{bmatrix}\mathbf{I}_Z\,\mathbf{Y}^Z\,\mathbf{0}\end{bmatrix} + \mathbf{G}'\begin{bmatrix}\mathbf{0}\,\mathbf{Y}^X\,\mathbf{I}_r\end{bmatrix}. \quad (6.45)$$

$\mathbf{G}''$ の列空間は $[\mathbf{G}''\mathbf{K}]$ の列空間で張られ，式 (6.45) は以下のように書き換えられる．

$$\mathbf{G}'\mathbf{X} + \mathbf{K}(\mathbf{Z}-\mathbf{LX}) = (\mathbf{G}'\mathbf{M}_1+\mathbf{KM}_2)\begin{bmatrix}\mathbf{I}_Z\,\mathbf{Y}^Z\,\mathbf{0}\end{bmatrix} + \mathbf{G}'\begin{bmatrix}\mathbf{0}\,\mathbf{Y}^X\,\mathbf{I}_r\end{bmatrix}. \quad (6.46)$$

[*7] しかし，追加された敵対的なソースパケットの中には，t との間の最小カットが z_0 より小さい場合は復号できないものもある．

補題 6.2 から，$\mathbf{G}'$ および $\mathbf{K}$ の列空間はゼロベクトル以外において互いに交わらない．ゆえに，$\mathbf{G}'$ を含む項を次のように書き換えられる．

$$\mathbf{G}' \begin{bmatrix} \mathbf{X}_1 & \mathbf{X}_2 & \mathbf{X}_3 \end{bmatrix} = \mathbf{G}'\mathbf{M}_1 \begin{bmatrix} \mathbf{I}_Z & \mathbf{Y}^Z & \mathbf{0} \end{bmatrix} + \mathbf{G}' \begin{bmatrix} \mathbf{0} & \mathbf{Y}^X & \mathbf{I}_r \end{bmatrix}. \tag{6.47}$$

行列の一番左側の z 列は $\mathbf{X}_1 = \mathbf{M}_1$ を与える．これを次の $n-z-r$ 列と交換することにより，式 (6.44) を得る． □

補題 6.4：q が増えるにつれて 1 に近付く確率で，式 (6.38) および式 (6.44) を同時に解いて $\mathbf{X}$ を復活することができる．

証明：列ベクトル形 $\mathbf{v}_{\mathbf{X}_1}^T, \mathbf{v}_{\mathbf{X}_2}^T, \mathbf{v}_{\mathbf{G}'\mathbf{Y}^X}^T, \mathbf{v}_{\mathbf{I}}^T$ で表される行列 $\mathbf{X}_1, \mathbf{X}_2, \mathbf{G}'\mathbf{Y}^X, \mathbf{I}$ で式のシステムを書き換える[*8]．

$\mathbf{D} = [\mathbf{D}_1 \mathbf{D}_2 \mathbf{D}_3]$ とする．ただし，$\mathbf{D}_1$ は $\mathbf{D}$ の最初の rz 列，$\mathbf{D}_2$ は次の $r(n-r-z)$ 列，$\mathbf{D}_3$ は $\mathbf{D}$ の残りの r^2 列である．また，

$$\alpha = n - r - z, \tag{6.48}$$

$y_{i,j}$ を行列 $\mathbf{Y}^Z$ の (i,j) 個目の要素とする．式 (6.38) および式 (6.44) のシステムを次のブロック行列形式で書くことができる．

$$\mathbf{A} \begin{pmatrix} \mathbf{v}_{\mathbf{X}_1}^T \\ \mathbf{v}_{\mathbf{X}_2}^T \end{pmatrix} = \begin{pmatrix} \mathbf{v}_{\mathbf{G}'\mathbf{Y}^X}^T \\ -\mathbf{D}_3 \mathbf{v}_{\mathbf{I}}^T \end{pmatrix} \tag{6.49}$$

ただし，$\mathbf{A}$ は次の通り．

$$\left[\begin{array}{cccc|ccccc} -y_{1,1}\mathbf{G}' & -y_{2,1}\mathbf{G}' & \ldots & -y_{z,1}\mathbf{G}' & \mathbf{G}' & 0 & \ldots & \ldots & 0 \\ -y_{1,2}\mathbf{G}' & -y_{2,2}\mathbf{G}' & \ldots & -y_{z,2}\mathbf{G}' & 0 & \mathbf{G}' & 0 & \ldots & 0 \\ -y_{1,3}\mathbf{G}' & -y_{2,3}\mathbf{G}' & \ldots & -y_{z,3}\mathbf{G}' & \vdots & 0 & \mathbf{G}' & 0 & 0 \\ \vdots & \vdots & \vdots & \vdots & \vdots & \vdots & 0 & \ddots & 0 \\ -y_{1,\alpha}\mathbf{G}' & -y_{2,\alpha}\mathbf{G}' & \ldots & -y_{z,\alpha}\mathbf{G}' & 0 & 0 & 0 & 0 & \mathbf{G}' \\ \hline & \mathbf{D}_1 & & & & & \mathbf{D}_2 & & \end{array} \right].$$

[*8] 任意の行列 $\mathbf{M}$ に対して，$\mathbf{v}_{\mathbf{M}}^T$ は $\mathbf{M}$ の列を次々に積み重ねて得られる列ベクトルを表すことを思い出して欲しい．

$j = 1, \ldots, \alpha$ について,$\mathbf{A}$ 内の行列の j 番目の行は式 (6.44) の j 番目の列に対応し,下記と等価である.

$$-\mathbf{G}'\mathbf{X}_1\mathbf{Y}^X + \mathbf{G}'\mathbf{X}_1 = \mathbf{G}'\mathbf{Y}^X.$$

$\mathbf{A}$ の下部の部分行列 $[\mathbf{D}_1\mathbf{D}_2]$ は,式 (6.38) に対応する.以下,$\mathbf{A}$ が列の数に等しいランクを有し(すなわち $\mathbf{A}$ の列は線形独立),これにより式 (6.49) を解くことができる確率が q が増えるにしたがって 1 に近付くことを示す.

補題 6.2 により,q が増えるにつれて 1 に近付く確率で,行列 $\mathbf{G}'$ の列,さらに $\mathbf{A}$ の最も右側の αr 列は線形独立である.$\mathbf{A}$ の左上の部分行列は,$\mathbf{A}$ の右側の部分行列(最も右側の αr 列)を含む列演算によりゼロにすることができる.元々の行列 $\mathbf{A}$ は,これらの列演算の結果の行列(または等価的に $\mathbf{B}$ と記される左下の $r\rho n \times rz$ 部分集合)が列の数に等しいランクを有する場合に限り,列の数に等しいランクを有する.$\mathbf{d}_k^T, k = 1, \ldots, rz$ で $\mathbf{D}_1$ の k 個目の列を表す.$\mathbf{Y}^Z$(その要素が $y_{i,j}$ 変数)の任意の固定値を考え,$\mathbf{b}_k^T, k = 1, \ldots, rz$ と表す.$\mathbf{b}_k^T$ は $\mathbf{d}_k^T$ の総和,および $y_{i,j}$ 変数の値で決まる $\mathbf{D}_2$ の列の線形結合に等しい.$\mathbf{D}_1$ の要素は $\mathbb{F}_q$ 内で独立かつ一様に分布しているので,$\mathbf{B}$ の要素も同様になる.$\mathbf{B}$ が列の数に等しいランクを持たない確率は $1 - \prod_{l=1}^{rz}\left(1 - \frac{1}{q^{r\rho n - l + 1}}\right)$ である.これは,十分に大きい q に対して $q^{rz - r\rho n}$ を上限とする.$\mathbf{Y}^Z$ の $q^{\alpha z}$ 個の可能な値についての上限を合わせて用いて,一つ以上の $\mathbf{Y}^Z$ の値について $\mathbf{B}$ が列の数に等しいランクを持たない確率の上限は次式で与えられる.

$$\begin{aligned} q^{rz - r\rho n + \alpha z} &= q^{rz - n(z + \varepsilon) + (n - r - z)z} \\ &< q^{-n\varepsilon}. \end{aligned} \quad (6.50)$$

式 (6.50) は,式 (6.37) および式 (6.48) による. □

復号アルゴリズムの最も複雑な過程は,式 (6.38) および式 (6.44) のシステムを解くこと,または等価的に $O(nm)$ 次元の行列の式 (6.49) を解くことである.ゆえに,復号アルゴリズムの複雑度は $O(n^3 m^3)$ である.

以上は敵が全知全能と仮定した結果であるが,そうではなくて,敵が観察できるのは限られた数のパケットだけだと仮定する.あるいは,ソースとシンクが秘密のチャネルを確保していると仮定する.そうすると,より高い通信レート $m - z_0$ が達成できる.このような全知全能でない敵のモデルは [67, 69] で分析されている.

6.1.2.2　ベクトル空間による方法

2.5.1.2 のベクトル空間による方法は，ネットワーク誤りおよび誤り訂正符号に直接適用できる．

未知のネットワーク上での分散ランダム線形ネットワークコーディングは，**演算子チャネル**（operator channel）にモデル化され，次のように定義できる．

定義 6.2：周辺空間（ambient space）W に結びついた演算子チャネルは，W の全部分空間の集合 $\mathcal{P}(W)$ に等しい入力および出力アルファベットを有するチャネルである．このチャネルの入力 V および出力 U は，次式で関係付けられている．

$$U = g_k(V) \oplus E$$

ただし，g_k は V を V のランダム k 次元部分集合に射影する（project）誤り訂正演算子，$E \in \mathcal{P}(W)$ は誤りベクトル空間である．

これにより，上記の問題はポイントツーポイントチャネルコーディング問題に変換できる．

このチャネルコーディング形成は，リード・ソロモンのようなコード構成を許す．すなわち，伝送されるベクトル空間の基底は，線形化されたメッセージ多項式を評価することにより得られる．我々は，$\mathbb{F} = \mathbb{F}_{q^m}$ を $\mathbb{F}_q$ 上の m 次元ベクトル空間とみなす．$\mathbf{u} = (u_0, u_1, \ldots, u_{j-1}) \in \mathbb{F}^j$ をソースシンボルとする．また

$$f(x) := \sum_{i=0}^{j-1} u_i x^{q^i}$$

を対応する線形多項式とする．$A = \{\alpha_1, \ldots, \alpha_l\}$ を $\mathbb{F}$ の $l \geq j$ 個の線形独立要素とする．これは，$\mathbb{F}_q$ 上に l 次元のベクトル空間 $\langle A \rangle$ を張っている．周辺空間 W は $\{(\alpha, \beta) : \alpha \in \langle A \rangle, \beta \in \mathbb{F}\}$ で与えられる．これは，$\mathbb{F}_q$ 上の $(l+m)$ 次元ベクトル空間である．ソースから送信されたベクトル空間 V は，以下の集合により張られる．

$$\{(\alpha_1, f(\alpha_1)), \ldots, (\alpha_l, f(\alpha_l))\}$$

[81] によると，これらのリード・ソロモン的コードはほぼシングルトン限界を達成し，効率的な復号アルゴリズムとなり得る．

6.2 ■敵対的誤りの検知

本節では，敵によって持ち込まれた誤りを情報理論的に検知する問題を取り上げる．敵は，メッセージ全体およびいくつかのランダムコーディング係数を除くコーディング戦略を知っている．このような状況は，例えば敵があるシンクノード（もともとソースメッセージの受け取り手のはずだったノード）を奪取した場合に発生し得る．

敵は誤りを含む敵対的パケットを z 個送信すると仮定する．各シンクは，これら $r+z$ 個のパケットのランダム線形結合であるパケットを受信する．誤り訂正の場合，最小のオーバヘッド（すなわち冗長情報の割合）は，敵に支配されてしまったアーク数あるいは送信数のソース-シンク最小カットに対する割合に依存する．誤り検知の場合，最小オーバヘッドというものは存在しない．オーバヘッドの大きさは，検知確率およびコーディングの有限体の大きさとの柔軟なトレードオフにより決まる．誤り検知方式は，敵の存在が確認されていない平時はオーバヘッドの小さい監視方式として用いることができる．これと組み合わせ，敵対的誤りが検知されたときにはオーバヘッドの大きい誤り訂正方式を稼働する．

ランダム線形コーディングに誤り検知能力を追加するには，各パケットに可変数（flexible number）のハッシュシンボルを埋め込めばよい．この方法により，シンクノードは敵による改ざんを高確率で検知することができる．唯一の必要条件は，以下に詳述するが，敵が自分のパケットを設計するときに，ランダムネットワークコーディングに関する知識が完全でないということである．敵はソースと同等（あるいソース以上）の送信能力を持っている可能性もある．極端な場合には，あるシンクで受信されるすべてのパケットが，それぞれ独立な敵対的パケットにより汚染されている可能性もある．

6.2.1 ■モデルと問題定式化

ネットワーク内の各パケット p は，有限体 $\mathbb{F}_q$ の $d+c+r$ 個のシンボルによる行ベクトル $\mathbf{w}_p$ で表される．ここで，最初の d 個の要素はデータシンボル，次の c は冗長性を付加するためのハッシュシンボル，最後の r は当該パケットの（広域）係数ベクトル $\mathbf{t}_p$ である．それぞれの外来パケットのハッシュシンボルは，データシンボルの関数 $\psi_d : \mathbb{F}_q^d \to \mathbb{F}_q^c$ で与えられる．i 個目の外来パケットのコーディングベクトルは，i 番目の要素のみがゼロでない単位ベクトルである．

行ベクトル $\mathbf{m}_i \in \mathbb{F}_q^{(c+d)}$ により，i 番目の外来パケットに関するデータとハッシュシ

ンボルの連結(concatenation)を表す.また,M を i 番目の行が $\mathbf{m}_i$ である行列とする.パケット p は,そのデータ/ハッシュシンボルがコーディングベクトルと矛盾しないとき,すなわち $\mathbf{w}_p = [\mathbf{t}_P \mathbf{M}, \mathbf{t}_p]$ となるときに**純粋**(genuine)であるという.外来パケットは純粋であり,純粋なパケットの線形結合で得られる任意のパケットもまた純粋である.**敵対的パケット**,すなわち敵から送信されたパケットは,任意のコーディングベクトルとデータ/ハッシュ値を持っている可能性がある.敵対的パケット p は,一般的に $[\mathbf{t}_p \mathbf{M} + \mathbf{v}_p, \mathbf{t}_p]$ と表すことができる.ここで,$\mathbf{v}_p$ は $\mathbf{m}_i \in \mathbb{F}_q^{(c+d)}$ 内の任意のベクトルである.$\mathbf{v}_p$ がゼロでないならば,p(および p と純粋なパケットの線形結合)は非純粋である.

パケットの集合 S は,行列ブロック $[\mathbf{T}_S \mathbf{M} + \mathbf{V}_S | \mathbf{T}_S]$ で表される.この i 番目の行は $\mathbf{w}_{p_i}$ である.ただし,p_i はこの集合の i 番目のパケットである.シンクノード t は,r 個の線形独立なパケット(すなわちそのコーディングベクトルが線形独立なパケット)から成る**復号集合**(decoding set)を収集したら復号を行う.復号集合 $\mathcal{D}$ において,復号の過程は,行列 $[\mathbf{T}_\mathcal{D} \mathbf{M} + \mathbf{V}_\mathcal{D} | \mathbf{T}_\mathcal{D}]$ に $\mathbf{T}_\mathcal{D}^{-1}$ をあらかじめ乗じることと同等である.これにより $[\mathbf{M} + \mathbf{T}_\mathcal{D}^{-1} \mathbf{V}_\mathcal{D} | \mathbf{I}]$ を得る.すなわち,受信者は $\mathbf{M} + \tilde{\mathbf{M}}$ に復号する.ここで,

$$\tilde{\mathbf{M}} = \mathbf{T}_\mathcal{D}^{-1} \mathbf{V}_\mathcal{D} \tag{6.51}$$

はオリジナルパケットと復号されたパケットの違いを表す.復号集合の中の最低1パケットが非純粋で $\mathbf{V}_\mathcal{D} \neq \mathbf{0}$ ならば,復号されたパケットは元のパケットと異なるものとなる.復号されたパケットのデータとハッシュ値が一致しない場合,すなわちパケットのデータ値に関数 ψ_d を施したものがハッシュ値と異なっていたら,復号されたパケットは**矛盾する**という.復号されたパケットの1個以上が矛盾している場合は,シンクは誤りを宣言する.

ソースから送信されたパケットのコーディングベクトルは,$\mathbb{F}_q^r$ 上に一様に分布している.**コーディングベクトルが一様分布しているパケット**が,他のパケットと線形結合された場合,結果のパケットのコーディングベクトルは同じ一様分布を持つ.ここで注目するのは,敵の情報を条件とした上での復号済み出力の分布である.敵の情報とは,敵が監視・送信したパケット,パケット間の独立/従属性に関する情報である.この設定では,$\mathbb{F}_q$ の何らかのスカラ要素でパケットをスケーリングしても,復号出力の分布は変わらない.

所与の $\mathbf{M}$ について,パケット p の値は行ベクトル $\mathbf{u}_p = [\mathbf{t}_p, \mathbf{v}_p]$ で指定される.$\mathbf{v}_p$ の値と敵の情報の条件のもとで,何らかの部分空間(空かもしれない)またはアフィ

ン部分空間 $W \subset \mathbb{F}_q^r$ に対し，敵のコーディングベクトル $\mathbf{t}_p$ が $\mathbb{F}_q^r \setminus W$ 上で一様分布のとき，パケット p は秘匿性を有するとされる．直感的には，秘匿性を有するパケットは，コーディングベクトルが敵に知られていない（前述の意味で）純粋なパケットを含む．また，最低一つの秘匿性を有するパケットを含むパケットの線形結合によるパケットも含む．秘匿性を有するパケットの集合 $\mathcal{S}$ は，敵が当該集合内の他のパケットを見ることが許されていたとしても，各々のパケットが秘匿性を保つならば**秘匿性独立**（secrecy-independent）である．それ以外の場合は**秘匿性従属**（secrecy-dependent）である．秘匿性独立か否かは，ネットワーク伝送トポロジに起因する．例えば，もしパケット p が秘匿性を有するパケットの集合 $\mathcal{S}$ の線形結合（他の秘匿性を有さないパケットと一緒の場合もある）から形成されているならば，$\mathcal{S} \cup \{p\}$ は秘匿性従属である．これらの定義を説明するために，あるシンクの復号集合が，敵対的パケット p_1 および敵対的パケット p_2 と純粋なパケット p_3 の線形結合により形成されたパケット p_4 を含んでいることを敵が知っていると仮定しよう．また，敵は p_3 に独立なパケットを一つも観察できないと仮定する．復号集合は線形独立なコーディングベクトルを持つパケットから構成されていることを思い出すと，敵の情報および任意の $\mathbf{t}_{p_4}$ の可能な値 $k_2\mathbf{v}_{p_2}$ の条件のもとで，$\mathbf{t}_{p_4}$ の分布は $\mathbb{F}_q^r \setminus \{k\mathbf{t}_{p_1} : k \in \mathbb{F}_q\}$ 上で一様である．さらに，パケット p_3 と p_4 は秘匿性従属である．

一つ以上の秘匿性を有するパケットを含む復号集合 $\mathcal{D}$ を考える．適切なパケットの順序付けを選択することにより，$[\mathbf{T}_\mathcal{D}|\mathbf{V}_\mathcal{D}]$ を次の形で表すことができる．

$$[\mathbf{T}_\mathcal{D}|\mathbf{V}_\mathcal{D}] = \begin{bmatrix} \mathbf{A} + \mathbf{B}_1 & \mathbf{V}_1 \\ \mathbf{N} + \mathbf{A} + \mathbf{B}_2 & \mathbf{V}_2 \\ \mathbf{B}_3 & \mathbf{V}_3 \end{bmatrix} \tag{6.52}$$

ただし，行列 $\mathbf{B}_i \in \mathbb{F}_q^{S_i \times r}$，$\mathbf{V}_i \in \mathbb{F}_q^{S_i \times (d+c)}$，$i = 1, 2, 3$，$\mathbf{N} \in \mathbb{F}_q^{S_2 \times S_1}$ の任意の所与の値に対し，行列 $\mathbf{A} \in \mathbb{F}_q^{S_1 \times r}$ は $\mathbf{T}_\mathcal{D}$ が特異でない（non singular）すべての値の上で一様な条件付き分布を有する．最初の $s_1 + s_2$ 行は秘匿性を有するパケットに対応し，初めの s_1 行は秘匿性独立なパケットの集合に対応する．$\mathcal{D}$ 内の秘匿性を有するパケットの間で秘匿性の依存関係が無いならば，$s_2 = 0$ となる．

6.2.2 ■検知確率

次に，非純粋なパケットを含むパケット集合から復号を行う場合を取り上げる．非純粋なパケットは，復号されたパケットがオリジナルの外来パケットと異なるものに

なってしまう原因となる．定理の最初の部分は，復号されたパケットの同様に確からしい可能値（equally likely potential values）の数の下限を与える．敵がその敵対的パケットをどのように設計したとしても，この限界値を超えて出力として可能性のある値の範囲を絞り込むことはできない．定理の後半は，単純な多項式ハッシュ関数においてデータ値とハッシュ値が矛盾しない復号出力候補の割合の上限を与える．この際，$k = \lceil \frac{d}{c} \rceil$，すなわちデータシンボル数とハッシュシンボル数の割合の天井関数を可変数とする．k の値が大きければオーバヘッドは小さいが，敵による改ざんを検知する確率は低くなる．このトレードオフは，ネットワーク設計のパラメータである．

定理 6.5：s_1 個の秘匿性のある（非純粋な可能性もある）パケットの，秘匿性独立な部分集合を含む復号集合 $\mathcal{D}$ を考える．その復号集合は，少なくとも一つの非純粋なパケットを含むと仮定する．

a) 敵は，復号されたパケットの少なくとも $(q-1)^{s_1}$ 個の同様に確からしい値の集合の中で，シンクで得られるのはどの値であるかを判定することはできない．特に，各々のパケットについて，敵が $q-1$ 個の同様に確からしい値の集合の中のどの値が得られるのかを判定できないパケットが少なくとも s_1 個ある．

b) $\psi : \mathbb{F}_q^k \to \mathbb{F}_q$ を，$(x_1, \ldots, x_k), x_i \in \mathbb{F}_q$ から下式へ対応付ける関数とする．

$$\psi(x_1, \ldots, x_k) = x_1^2 + \cdots + x_k^{k+1} \tag{6.53}$$

ただし，$k = \lceil \frac{d}{c} \rceil$ である．ある外来パケットにおいて，データシンボル $x_1, \ldots, x_d$ をハッシュシンボル $y_1, \ldots, y_c$ に対応付ける関数 ψ_d が次式で定義されると仮定する．

$$\begin{aligned} y_i &= \psi(x_{(i-1)k+1}, \ldots, x_{ik}) \quad \forall i = 1, \ldots, c-1 \\ y_c &= \psi(x_{(c-1)k+1}, \ldots, x_d) \end{aligned}$$

すると，誤りを検知しない確率は最大で $\left(\frac{k+1}{q}\right)^{s_1}$ である．

証明：付録 6.A を参照． □

系 6.1：ハッシュ関数 ψ_d を定理 6.5b と同様に定義する．あるシンクが s 個の秘匿性を有するパケットの秘匿性独立な集合，および少なくとも一つの非純粋なパケットを含む r 個以上のパケットを得るとする．そのシンクが二つ以上の復号集合を用いて復号したとすると，誤りを検知できない確率は最大で $\left(\frac{k+1}{q}\right)^s$ となる．

例：オーバヘッド2%（$k=50$），コード長 = 7，$s=5$の場合，検知確率は最低でも98.9%である．オーバヘッド1%（$k=100$），コード長 = 8，$s=5$の場合，検知確率は最低でも99.0%である．

この手法は前述の比較的緩い仮定のもとでは有効だが，シンクで受信された純粋なパケットが何らかのw次元の部分空間$W \subset \mathbb{F}_q^r$内にあるコーディングベクトルを有していることを敵が知っている場合には使えない．敵は以下の戦略により，復号出力を支配することができてしまう．よって，復号されたパケットのデータとハッシュ値が矛盾しないことも確定（ensure）できてしまう．

敵は，W内の線形独立な係数ベクトルを有するw個の純粋なパケットをシンクが受信したことを確定できる．必要ならば，同様なパケットを追加することにより確実性を高められる．また，シンクにそのコーディングベクトル$\mathbf{t}_1, \ldots, \mathbf{t}_{r-w}$が$W$にない$r-w$個の非純粋なパケットを敵は供給することもできる．$\mathbf{t}_{r-w+1}, \ldots, \mathbf{t}_r$を$W$における基底ベクトル（basis vector）の集合とする．$\mathbf{T}$をi行が$\mathbf{t}_i$の行列とする．すると，r個のパケットのコーディングベクトルは次の行列の行で表される．

$$\left[\begin{array}{c|c} \mathbf{I} & \mathbf{0} \\ \hline \mathbf{0} & \mathbf{K} \end{array}\right] \mathbf{T}$$

ただし，$\mathbf{K}$は$\mathbb{F}_q^{w \times w}$内の特異でない行列である．式 (6.55) から次式を得る．

$$\left[\begin{array}{c|c} \mathbf{I} & \mathbf{0} \\ \hline \mathbf{0} & \mathbf{K} \end{array}\right] \mathbf{T}\tilde{\mathbf{M}} = \left[\begin{array}{c} \tilde{\mathbf{V}} \\ \hline \mathbf{0} \end{array}\right],$$

$$\tilde{\mathbf{M}} = \mathbf{T}^{-1} \left[\begin{array}{c|c} \mathbf{I} & \mathbf{0} \\ \hline \mathbf{0} & \mathbf{K}^{-1} \end{array}\right] \left[\begin{array}{c} \tilde{\mathbf{V}} \\ \hline \mathbf{0} \end{array}\right]$$

$$= \mathbf{T}^{-1} \left[\begin{array}{c} \tilde{\mathbf{V}} \\ \hline \mathbf{0} \end{array}\right].$$

敵は$\mathbf{T}$を知っていて$\tilde{\mathbf{V}}$を支配できるので，$\tilde{\mathbf{M}}$を判定できる．

6.3 ■注釈と参考文献

YeungとCaiがネットワークコーディングにおける誤り訂正の研究を始めた．彼らは本章で示した集中管理のネットワーク誤り訂正の限界を導出した [19, 145]．分散ランダムネットワークコーディングにおける敵対的誤りの検知および訂正のそれほど複雑ではない（low-complexity）方式は，それぞれ Ho et al. [59] と Jaggi et al. [68, 69] により示された．ベクトル空間法は，Koetter と Kshischang により開発された [81]．

ネットワークコーディングのセキュリティに関するその他の関連研究で本節で示されなかったものの中では，Charles et al. [21] と Zhao et al. [150] が開発したマルチキャストネットワークコーディングのための署名方式がある．盗聴を行う敵の存在下でのマルチキャストネットワークコーディングにおいて秘匿性を確立する問題は，[15, 18, 42, 128] で取り上げられた

6.A ■付録: 敵対的誤り検知の結果の証明

まず，定理6.5の証明で用いた二つの結果を確立する．式(6.53)で定義したハッシュ関数を考える．$x_{k+1} = \psi(x_1, \ldots, x_k)$ のとき，ベクトル $(x_1, \ldots, x_{k+1}) \in \mathbb{F}_q^{k+1}$ は矛盾がないと呼ぶ．

補題 6.5：次の集合

$$\{\mathbf{u} + \gamma \mathbf{v} : \gamma \in \mathbb{F}_q\}$$

内の q 個のベクトルのうち，矛盾がない可能性があるのは最大で $k+1$ 個である．ただし，$\mathbf{u} = (u_1, \ldots, u_{k+1})$ は $\mathbb{F}_q^{k+1}$ 内の固定されたベクトル，$\mathbf{v} = (v_1, \ldots, v_{k+1})$ は $\mathbb{F}_q^{k+1}$ 内の固定された非ゼロベクトルである．

証明：$\mathbf{u} + \gamma \mathbf{v}$ 内のいくつかのベクトルに矛盾がないとする．すなわち

$$u_{k+1} + \gamma v_{k+1} = (u_1 + \gamma v_1)^2 + \cdots + (u_k + \gamma v_k)^{k+1} \tag{6.54}$$

任意の $\mathbf{u}$ の固定値および任意の $\mathbf{u}$ の固定されたゼロでない値について，式(6.54) は次数 $1 + \tilde{k}$ の γ の多項式である．ここで $\tilde{k} \in [1, k]$ は，対応する $v_{k'}$ が非ゼロの最も大きい添え字である．すなわち，$v_{\tilde{k}} \neq 0, v_{k'} = 0 \quad \forall k' > \tilde{k}$ である．この式は，最大で $1 + \tilde{k} \leq 1 + k$ 個の根しか持ち得ない．ゆえに，この性質は γ の最大 $1+k$ 個の値についてしか成立しない． □

第 6 章 ■ 敵対的な誤りに対するセキュリティ

系 6.2：$\mathbf{u}$ を $\mathbb{F}_q^n$ が固定された行ベクトル，$\mathbf{Y}$ を $\mathbb{F}_q^{n\times(k+1)}$ が固定された非ゼロ行列とする．行ベクトル g が $\mathbb{F}_q^n$ 上で一様に分布しているとすると，ベクトル $\mathbf{u} + g\mathbf{Y}$ に矛盾がない確率は最大 $\frac{k+1}{q}$ である．

証明：$\mathbf{y}_i$ と記される $\mathbf{Y}$ の i 番目の行が非ゼロであると仮定する．我々は $\mathbf{g}$ に対する可能な値の集合を，各分割部分が g_i の i 番目の要素のみが異なるすべてのベクトルで構成されるように分割できる．各分割部分において，対応する $\mathbf{u} + g\mathbf{Y}$ は $\{\mathbf{u}' + g_i \mathbf{y}_i : g_i \in \mathbb{F}_q\}$ の形である．結果は，補題 6.5 および g_i が $\mathbb{F}_q$ 上で均一に分布している事実から，成立する． □

定理 6.5 の証明：式 (6.52) で $\mathbf{A}' = \mathbf{A} + \mathbf{B}_1$ と書くことにより，$\mathbf{T}_\mathcal{D}$ は次のように表される．

$$\begin{bmatrix} \mathbf{A}' \\ \mathbf{N}(\mathbf{A}' - \mathbf{B}_1) + \mathbf{B}_2 \\ \mathbf{B}_3 \end{bmatrix}.$$

式 (6.51) から，次式を得る．

$$\begin{bmatrix} \mathbf{A}' \\ \mathbf{N}(\mathbf{A}' - \mathbf{B}_1) + \mathbf{B}_2 \\ \mathbf{B}_3 \end{bmatrix} \tilde{\mathbf{M}} = \begin{bmatrix} \mathbf{V}_1 \\ \mathbf{V}_2 \\ \mathbf{V}_3 \end{bmatrix}$$

$$\begin{bmatrix} \mathbf{A}' \\ -\mathbf{N}\mathbf{B}_1 + \mathbf{B}_2 \\ \mathbf{B}_3 \end{bmatrix} \tilde{\mathbf{M}} = \begin{bmatrix} \mathbf{V}_1 \\ \mathbf{V}_2 - \mathbf{N}\mathbf{V}_1 \\ \mathbf{V}_3 \end{bmatrix}$$

これは次のように整理できる．

$$\begin{bmatrix} \mathbf{A}' \\ \mathbf{B}' \end{bmatrix} \tilde{\mathbf{M}} = \begin{bmatrix} \mathbf{V}_1 \\ \mathbf{V}_2' \end{bmatrix} \tag{6.55}$$

ただし

$$\mathbf{B}' = \begin{bmatrix} -\mathbf{N}\mathbf{B}_1 + \mathbf{B}_2 \\ \mathbf{B}_3 \end{bmatrix} \tilde{\mathbf{M}}, \, \mathbf{V}_2' = \begin{bmatrix} \mathbf{V}_2 - \mathbf{N}\mathbf{V}_1 \\ \mathbf{V}_3 \end{bmatrix}.$$

6.A ■付録: 敵対的誤り検知の結果の証明

所与の $\mathbf{B}'$, $\mathbf{V}_1$, $\mathbf{V}_2'$ の値について

$$\begin{bmatrix} \mathbf{A}' \\ \mathbf{B}' \end{bmatrix} \text{の行列式がゼロでない} \Leftrightarrow \mathbf{T}_D \text{の行列式がゼロでない}$$

であるので，行列 $\mathbf{A}' \in \mathbb{F}_q^{s_1 \times r}$ は，$\begin{bmatrix} \mathbf{A}' \\ \mathbf{B}' \end{bmatrix}$ の行列式がゼロとならない集合 $\mathcal{A}$ の上で一様となる条件付分布を有する．

$\mathcal{A}$ 復号化集合が少なくとも 1 個の非純粋パケットを含むという条件は，条件 $\mathbf{V}_D \neq \mathbf{0}$ に対応する．我々は二つの場合を考慮する．それぞれの場合について，各分割集合の最大値 $\left(\frac{k+1}{q}\right)^{s_1}$ の割合の値が，矛盾のないデータとハッシュ値とともに復号出力 $\mathbf{M} + \tilde{\mathbf{M}}$ を与えるように集合 $\mathcal{A}$ を分割することができることを示す．

ケース 1 : $\mathbf{V}_2' \neq \mathbf{0}$ の場合． $\mathbf{v}'$ を $\mathbf{V}_2'$ の非ゼロ行，$\mathbf{b}_i$ を $\mathbf{B}'$ に対応する行とする．すると，$\mathbf{b}'\tilde{\mathbf{M}} = \mathbf{v}'$ となる．

まず，$\mathcal{A}$ をコセット (coset)

$$\mathcal{A}_n = \{\mathbf{A}_n + \mathbf{r}^T\mathbf{b}_i : \mathbf{r} \in \mathbb{F}_q^{(s_1)}\}, \quad n = 1, 2, \ldots, \chi$$

に分割する．ただし，

$$\chi = \frac{|\mathcal{A}|}{q^{s_1}}.$$

これは次の手順により行うことができる．$\mathcal{A}$ の任意の要素を $\mathbf{A}_1$ として選択することができる．行列 $\mathbf{A}_2, \mathbf{A}_3, \ldots, \mathbf{A}_\chi$ を順番に選択する．各 $j = 2, \ldots, \chi$ については，$\mathbf{A}_j$ は $\mathcal{A}_n$ にない $\mathcal{A}$ の任意の要素として選択することができる $(n < j)$．これにより $\mathcal{A}$ が分割されることに注意が必要である．なぜなら，二つの集合 $\mathcal{A}_n$ および $\mathcal{A}_j, (n < j)$ に何らかの要素 c が存在することは，$\mathbf{A}_j$ もまた $\mathcal{A}_n$ 内にあることを示すが，これは矛盾しているからである．また，各コセットの大きさが $|\{\mathbf{r} : \mathbf{r} \in \mathbb{F}_q^{s_1}\}| = q^{s_1}$ であることも明らかである．

このような各コセット $\mathcal{A}_n$ について，対応する $\tilde{\mathbf{M}}$ は式 (6.55) から次式を満たす．

$$\begin{bmatrix} \mathbf{A}_n + \mathbf{r}^T\mathbf{b}_i \\ \mathbf{B}' \end{bmatrix} \tilde{\mathbf{M}} = \begin{bmatrix} \mathbf{V}_1 \\ \mathbf{V}_2' \end{bmatrix}$$

$$\begin{bmatrix} \mathbf{A}_n \\ \mathbf{B}' \end{bmatrix} \tilde{\mathbf{M}} = \begin{bmatrix} \mathbf{V}_1 - \mathbf{r}^T\mathbf{v}_i \\ \mathbf{V}_2' \end{bmatrix}$$

$$\tilde{\mathbf{M}} = \begin{bmatrix} \mathbf{A}_n \\ \mathbf{B}' \end{bmatrix}^{-1} \begin{bmatrix} \mathbf{V}_1 - \mathbf{r}^T \mathbf{v}_i \\ \mathbf{V}_2' \end{bmatrix}.$$

$\mathbf{U}$ を $\begin{bmatrix} \mathbf{A}_n \\ \mathbf{B}' \end{bmatrix}^{-1}$ の最初の s_1 行からなる部分集合とする．$\mathbf{U}$ は列の数に等しいランクを有するので，$\mathbf{U}$ の線形独立な列に対応する s_1 個の添え字の集合 $\mathcal{J} \subset \{1, \ldots, r\}$ を見つけることができる．対応する $\mathbf{M} + \tilde{\mathbf{M}}$ の列を順番に考えていく．任意の考慮済みの行の値に対し，これらの s_1 個の各々がとり得る値の集合は $\{\mathbf{u} + \gamma \mathbf{v} : \gamma \in \mathbb{F}_q\}$ の形をとる．補題 6.5 を適用することにより，この場合の結果を得る．

ケース 2：$\mathbf{V}_2' = \mathbf{0}$，すなわち $\mathbf{V}_2 = \mathbf{N}\mathbf{V}_1 = \mathbf{V}_3 = \mathbf{0}$ とする．すると，$\mathbf{V}_1 \neq \mathbf{0}$ となる．もしそうでなければ，$\mathbf{V}_1 = \mathbf{V}_2 = \mathbf{0}$ および $\mathbf{V}_\mathcal{D} = \mathbf{0}$ となり，最低一つの非純粋パケットがあるという仮定と矛盾する．

我々は，$\mathcal{A}$ を各分割部分が $\mathcal{A}$ 内のすべての行列（次式で示される同一の行空間を有する）から構成されるように分割する．

$$\mathcal{A}_n = \{\mathbf{R}\mathbf{A}_n : \mathbf{R} \in \mathbb{F}_q^{s_1 \times s_1}, \det(\mathbf{R}) \neq 0\}, n = 1, 2, \ldots, \chi$$

に分割する．ただし，

$$|\mathcal{A}_n| = \prod_{i=0}^{s_1-1} \left(q^{s_1} - q^i\right), \chi = \frac{|\mathcal{A}|}{|\mathcal{A}_n|}.$$

これは，$\mathcal{A}$ の任意の要素を $\mathbf{A}_1$ として選択し，$\mathbf{A}_n, n = 1, 2, \ldots, \chi$ を $\mathbf{A}_n$ が $\mathcal{A}_j, (j < n)$ にない $\mathcal{A}$ の任意の要素をとるように順番に選択することにより行うことができる．

各 $\mathbf{A}_n, n = 1, 2, \ldots, \chi$ について，対応する $\tilde{\mathbf{M}}$ は，式 (6.55) から次式を満たす．

$$\begin{bmatrix} \mathbf{R}\mathbf{A}_n \\ \mathbf{B}' \end{bmatrix} \tilde{\mathbf{M}} = \begin{bmatrix} \mathbf{V}_1 \\ \mathbf{0} \end{bmatrix}$$

$$\begin{bmatrix} \mathbf{A}_n \\ \mathbf{B}' \end{bmatrix} \tilde{\mathbf{M}} = \begin{bmatrix} \mathbf{R}_1^{-1}\mathbf{V}_1 \\ \mathbf{0} \end{bmatrix}$$

$$\tilde{\mathbf{M}} = \begin{bmatrix} \mathbf{A}_n \\ \mathbf{B}' \end{bmatrix}^{-1} \begin{bmatrix} \mathbf{R}_1^{-1}\mathbf{V}_1 \\ \mathbf{0} \end{bmatrix}.$$

6.A ■付録: 敵対的誤り検知の結果の証明

$\mathbf{U}$ を $\begin{bmatrix} \mathbf{A}_n \\ \mathbf{B}' \end{bmatrix}^{-1}$ の最初の s_1 行からなる部分集合とする．ここで，$\mathbf{U}$ の線形独立な列に対応する s_1 個の添え字の順序付けられた集合 $\mathfrak{J} = \{i_1, \ldots, i_{s_1} : i_1 < \cdots < i_{s_1}\} \subset \{1, \ldots, r\}$ を見つけることができる．$\mathbf{U}_\mathfrak{J}$ および $\mathbf{M}_\mathfrak{J}$ を，それぞれ $\mathfrak{J}$ に対応する s_1 行から構成される $\mathbf{U}$ と $\mathbf{M}$ の部分行列とする．すると，$\mathbf{U}_\mathfrak{J}$ の行列式はゼロではなく，対応する復号パケットを表す行列の値は次の集合上で一様に分布する．

$$\{\mathbf{M}_\mathfrak{J} + \mathbf{R}'\mathbf{V}_1 : \mathbf{R}' \in \mathbb{F}_q^{s_1 \times s_1}, \det(\mathbf{R}') \neq 0\} \tag{6.56}$$

ν を $\mathbf{V}_1$ のランクとする．$\mathbf{V}_1$ における ν 個の独立行の集合を考える．対応する行の添え字の集合を $\mathfrak{I}$，これらの行から構成される $\mathbf{V}_1$ の部分行列を $\mathbf{V}_\mathfrak{I}$ と記す．よって，

$$\mathbf{V}_1 = \mathbf{L}\mathbf{V}_\mathfrak{I}$$

と書くことができる．ただし，$\mathbf{L} \in \mathbb{F}_q^{S1 \times \nu}$ は列の数に等しいランク ν を有する．我々は $\mathbf{R}_\mathfrak{I} = \mathbf{R}'\mathbf{L}$ を定義する．ただし

$$\mathbf{R}_\mathfrak{I}\mathbf{V}_\mathfrak{I} = \mathbf{R}'\mathbf{L}\mathbf{V}_\mathfrak{I} = \mathbf{R}'\mathbf{V}_1$$

となり，$\mathbf{R}_\mathfrak{I}$ は列の数に等しいランク ν を有する $\mathbb{F}_q^{s_1 \times \nu}$ 内のすべての行列の上に一様に分布している．ゆえに，式 (6.56) は次のようになる．

$$\{\mathbf{M}_\mathfrak{J} + \mathbf{R}_\mathfrak{I}\mathbf{V}_\mathfrak{I} : \mathbf{R}_\mathfrak{I} \in \mathbb{F}_q^{s_1 \times \nu}, \text{rank}(\mathbf{R}_\mathfrak{I}) = \nu\}. \tag{6.57}$$

$\mathbf{R}_\mathfrak{I}$ の行を $\mathbf{r}_1, \ldots, \mathbf{r}_{s_1}$ と表し，$\mathbf{R}_\mathfrak{I}$ の最初の n 行からなる部分行列を $\mathbf{R}_n$ と記す．我々は最初の行 $\mathbf{r}_1$ から始めて順番に考えていく．$n = 1, \ldots, s_1$ について，任意の所与の $\mathbf{R}_{n-1}$ の値の条件のもとで，i_n 番目に復号されたパケット $\mathbf{m}_{i_n} + \mathbf{r}_n\mathbf{V}_\mathfrak{I}$ に矛盾がない（consistent）確率は最大 $\frac{k+1}{q}$ であることを示す．$\mathbf{r}_n$ の条件付き確率は，同じランクを持つ任意の $\mathbf{R}_{n-1}$ について同じであることに注意して欲しい．

ケース A: $\mathbf{R}_{n-1}$ のランクがゼロ．これは $n = 1$ または $n > 1$ で $\mathbf{R}_{n-1} = \mathbf{0}$ の場合である．

$\text{rank}(\mathbf{R}_\mathfrak{I}) = \nu$ の制限を取り除くとする．すると，$\mathbf{r}_n$ は $\mathbb{F}_q^\nu$ 上に一様に分布する．補題 6.2 により，$\mathbf{m}_{i_n} + \mathbf{r}_n\mathbf{V}_\mathfrak{I}$ が矛盾のないデータおよびハッシュ値を持つ確率は最大で $\frac{k+1}{q}$ である．$\text{rank}(\mathbf{R}_\mathfrak{I}) = \nu$ の制限のもとでは，$\mathbf{0}$ に等しい

183

$\mathbf{r}_n$ の確率は低下する．対応する復号パケット $\mathbf{r}_n$ は，$\mathbb{F}_q^\nu$ が $\mathbf{r}_n = \mathbf{0}$ について矛盾がないので，それが矛盾がない確率は $\left(\frac{k+1}{q}\right)$ 以下である．

ケース B：$n > 1$ で，$\mathbf{R}_{n-1}$ のランクはゼロではない．$\mathbf{r}_n$ が $\mathbf{R}_{n-1}$ の行空間である条件のもとで，$\mathbf{r}_n = \mathbf{g}\mathbf{R}_{n-1}$ である．ただし，$\mathbf{g}$ は $\mathbb{F}_q^{n-1}$ 上で一様に分布している．$\mathbf{R}_{n-1}\mathbf{V}_\mathtt{J} \neq \mathbf{0}$ であるので，補題 6.2 により，対応する復号されたパケット

$$\mathbf{m}_{i_n} + \mathbf{r}_n \mathbf{V}_\mathtt{J} = \mathbf{m}_{i_n} + \mathbf{g}\mathbf{R}_{n-1}\mathbf{V}_\mathtt{J}$$

に矛盾がない確率は最大で $\frac{k+1}{q}$ である．

$\mathbf{r}_n$ が $\mathbf{R}_{n-1}$ の行空間でない条件のもとで，$\mathbf{r}_n$ のとり得る値の集合を次のコセットに分割することができる．

$$\{\mathbf{r} + \mathbf{g}\mathbf{R}_{n-1} : \mathbf{g} \in \mathbb{F}_q^{n-1}\}$$

ただし，$\mathbf{r}$ は $\mathbf{R}_{n-1}$ の行空間ではない．i_n 番目の復号されたパケットに対応する値は次式で与えられる．

$$\{\mathbf{m}_{i_n} + \mathbf{r}\mathbf{V}_\mathtt{J} + \mathbf{g}\mathbf{R}_{n-1}\mathbf{V}_\mathtt{J} : \mathbf{g} \in \mathbb{F}_q^{n-1}\}.$$

上述の場合と同様に $\mathbf{R}_{n-1}\mathbf{V}_\mathtt{J} \neq \mathbf{0}$ であり，補題 6.2 より，i_n 番目の復号されたパケットに矛盾がない確率は最大で $\left(\frac{k+1}{q}\right)$ である． □

系 6.1 の証明：二つ以上の異なる集合のパケットが復号に使用されるとする．これらのすべてが少なくとも一つの非純粋パケットを含んでいるわけではないとすると，異なる復号集合から得られて復号された値は異なることになり，誤りとみなされる．そうでなければ，すべての復号集合が少なくとも一つの非純粋パケットを含むと仮定する．$\mathcal{S}$ で s 個の秘匿性独立パケットからなる集合を示す．順番に当たっている集合を取り上げ，任意の集合 $j < i$ 内にない i 番目の集合にある $\mathcal{S}$ のパケット数を s'_i と記す．集合 $j < i$ 内のパケットの任意の特定値について，定理 6.5 より，集合 i の復号出力の最大割合 $\left(\frac{k+1}{q}\right)^{s'_i}$ は，矛盾ないデータおよびハッシュ値である．ゆえに，矛盾のない復号出力の全体的な割合は，最大で $\left(\frac{k+1}{q}\right)^{\sigma_i s'_i} = \left(\frac{k+1}{q}\right)^S$ である．
□

用語解説

adversarial error（敵対的な誤り）　悪意ある者により挿入された誤り．あるいはそれに相当する誤り．想定可能な最大の障害を引きおこす可能性がある．

algebraic variety（代数多様体）　多項式系の解集合．

almost surely（ほとんど確実に）　確率 1 で起こるということ．

arbitrary close to x（いくらでも x に近く）　任意の正の ε に対し，パラメータを適当に変えることにより x との差を ε 以下にできることを意味する数学的表現．

arc-disjoint　同一アークを共有しない．

characteristics（標数）　体において，その任意の元を p 倍すると必ず 0 になるような最小の自然数 p．そのような p がないときは 0 と定義する．それ以外のときは必然的に素数となる．

conformal realization theorem（等角実現定理）　n 次元ベクトルについて，その成分が 0 でないような指数を集めた集合をそのベクトルの台と言う．部分空間 $S \subseteq \mathbb{R}^n$ のゼロでないベクトル x が初等的であるとは，x より小さい台を持つベクトル $y \in S$ が存在することである．このとき，以下の定理のことである．$S \subseteq \mathbb{R}^n$ の任意のゼロでないベクトル x は，$x = z^1 + \cdots + z^m$ の形に書ける．ただしここで，$z^1, \ldots, z^m$ は台が x の台に含まれるような S の初等的ベクトルで，任意の $j = 1 \ldots n$ に対し，$z_j^i x_j \geq 0$ となる．

Conjunctive Normal Form（**CNF**）（連言正規形）　式が文字の選言の連言であるような形式．

convolutional code（畳込み（畳重）符号）　符号化装置がメモリを持っており，ある時点における出力が，その時点での入力だけではなく，過去の入力にも依存するような符号．

erasure（消失）（**loss**（損失））　位置が既知で，値が未知の誤り．

■用語解説

error（誤り） シンボル（パケット）の損傷．損傷を受けたシンボル（パケット）の元の値，およびそのネットワーク内での位置が未知．

Fano/ non-Fano matroid（Fano/非 Fano）マトロイド Fanoマトロイドとは2元を持つ体の上の3次元空間上の7つのゼロでないベクトルに対応したベクトル・マトロイドである．非Fanoマトロイドとは，9本の直線と7つの元からなるランク3のマトロイドである．

field（体（たい）） 加減乗除が通常の規則通りにできる集合．有限な集合のとき有限体という．除法を除いたものが環（かん，ring）である．

Gröbner basis（グレブナー基底） 体上の多項式環のイデアル I のグレブナー基底 G とは，I の多項式の主項で与えられるようなイデアルが，G の主項で生成されるようなもののこと．

ideal（イデアル） 環 R の部分集合であって，和と，R の元の左右からの掛け算で閉じているようなもの．

integer [programming] problem （整数 [計画] 問題） 変数の一部または全部が整数値を取るように制限された最適化問題．

inter-session network coding（セッション間ネットワークコーディング）
異なるセッションに属するパケットにまたがったコーディングが許されるネットワークコーディング．

intra-session network coding（セッション内ネットワークコーディング）
同一セッションあるいはコネクションに属するパケット間でのみコーディングが行なわれるネットワークコーディング．

joint [probability] distribution（同時 [確率] 分布） 確率変数が複数あるときに，それらすべてによって定義される事象の確率の分布．

linear [programming] problem （線形 [計画] 問題） 線形な等式または不等式による制限を受けた，線形目的関数の最適化問題．

matroid（マトロイド） 行列における一次独立の概念を一般化した組合せ論的対象．有限マトロイド M とは次の条件を満たす組 (E, I) のことで，E は有限集合，I は E の部分集合の集合である．I の元は独立集合と言われる．

- 空集合は独立である.
- 独立集合の部分集合は独立である.
- A, B が独立集合であり, A の元の数のほうが多ければ, A に入っていて, B には入っていない元で, それを B に追加してもやはり独立であるようなものが存在する.

matroid circuit / base(マトロイド回路/基底) 回路とはマトロイドにおける極小な独立集合である. 基底とは極大な独立集合である.

oblique reflection mapping theorem(斜行反射写像定理) "Fundamentals of Queueing Networks: Performance, Asymptotics, and Optimization"(H. Chen & D. D. Yao, New York, Springer-Verlag, 2001)のセクション 7.9 を見よ.

polynomial-time algorithm(多項式時間アルゴリズム) 実行するのに必要な時間が, 問題の入力のサイズに対する多項式関数で表わされるアルゴリズム.

Primal-dual method(主-双対法) 重み付き最適化問題を重み無しの完全な組合せ論的問題に帰着させる技法. 多項式時間の効率的なアルゴリズムを与える.

R-module(R 加群) 環 R の元による左掛け算と加法を持つ集合.

rateless codes(レート非固定コード) 決まった符号化率を持たないコード.

Subgradient method(劣勾配法) 最速降下法を微分不可能な目的関数に一般化したもの. 凸最適化問題に対し, 繰り返し的な方法を与える.

underlying set(台集合) 数学的構造が定義されている集合自体.

参考文献

[1] S. Acedański, S. Deb, M.Médard, and R. Koetter, "How good is random linear coding based distributed networked storage?" in *Proc. WINMEE, RAWNET and NETCOD 2005 Workshops*, Riva del Garda, Italy, Apr. 2005.

[2] A. Agarwal and M. Charikar, "On the advantage of network coding for improving network throughput," in *Proc. 2004 IEEE Information Theory Workshop (ITW 2004)*, San Antonio, TX, Oct. 2004, pp. 247–249.

[3] R. Ahlswede,N. Cai, S.-Y.R. Li, and R.W. Yeung, "Network information flow," *IEEE Trans. Inform. Theory*, vol. 46, no. 4, pp. 1204–1216, July 2000.

[4] R.K. Ahuja, T.L. Magnanti, and J.B. Orlin, *Network Flows: Theory, Algorithms, and Applications*. Upper Saddle River, NJ: Prentice Hall, 1993.

[5] B. Awerbuch and T. Leighton, "A simple local-control approximation algorithm for multicommodity flow," in *Proc. 34th Annu. IEEE Symp. Foundations of Computer Science*, Palo Alto, CA, Nov. 1993, pp. 459–468.

[6] ——, "Improved approximation algorithms for the multicommodity flow problem and local competitive routing in dynamic networks," in *STOC' 94: Proc. 26th Ann. ACM Symp. Theory of Computing*, Montreal, QC, Canada, May 1994, pp. 487–496.

[7] D. P. Bertsekas, "A class of optimal routing algorithms for communication networks," in *Proc. 5th Int. Conf. Computer Communication (ICCC' 80)*, Atlanta, GA, Oct. 1980, pp. 71–76.

[8] ——, *Nonlinear Programming*. Belmont, MA: Athena Scientific, 1995.

[9] ——, *Network Optimization: Continuous and Discrete Models*. Belmont, MA: Athena Scientific, 1998.

[10] D. P. Bertsekas, E. M. Gafni, and R. G. Gallager, "Second derivative algorithms for minimum delay distributed routing in networks," *IEEE Trans. Commun.*, vol. 32, no. 8, pp. 911–919, Aug. 1984.

[11] D. P. Bertsekas and R. Gallager, *Data Networks*, 2nd ed. Upper Saddle River, NJ: Prentice Hall, 1992.

[12] D.P. Bertsekas, A. Nedic, and A.E. Ozdaglar, *Convex Analysis and Optimization*. Belmont, MA: Athena Scientific, 2003.

[13] D. Bertsimas, I.C. Paschalidis, and J. Tsitsiklis, "On the large deviations behavior of acyclic networks of G/G/1 queues," *Ann. Appl. Probab.*, vol. 8, no. 4, pp. 1027–1069, Nov. 1998.

[14] S. Bhadra, S. Shakkottai, and P. Gupta, "Min-cost selfish multicast with network coding," *IEEE Trans. Inform. Theory*, vol. 52, no. 11, pp. 5077–5087, Nov. 2006.

[15] K. Bhattad and K.R. Nayayanan, "Weakly secure network coding," in *Proc. WINMEE, RAWNET and NETCOD 2005 Workshops*, Riva del Garda, Italy, Apr. 2005.

[16] K. Bhattad, N. Ratnakar, R. Koetter, and K.R. Narayanan, "Minimal network coding for multicast," in *Proc. 2005 IEEE Int. Symp. Information Theory (ISIT 2005)*,

Adelaide, Australia, Sept. 2005, pp. 1730–1734.
[17] J.W. Byers, M. Luby, and M. Mitzenmacher, "Adigital fountain approach to asynchronous reliable multicast," *IEEE J. Select. Areas Commun.*, vol. 20, no. 8, pp. 1528–1540, Oct. 2002.
[18] N. Cai and R.W.Yeung, "Secure network coding," in *Proc. 2002 IEEE Int. Symp. Information Theory (ISIT 2002)*, Lausanne, Switzerland, June/July 2002, p. 323.
[19] ——, "Network error correction, part II: Lower bounds," *Commun. Inf. Syst.*, vol. 6, no. 1, pp. 37–54, 2006.
[20] T.H. Chan, "On the optimality of group network codes," in *Proc. 2005 IEEE Int. Symp. Information Theory (ISIT 2005)*, Adelaide, Australia, Sept. 2005, pp. 1992–1996.
[21] D. Charles, K. Jain, and K. Lauter, "Signatures for network coding," in *Proc. 2006 Conf. Information Sciences and Systems (CISS 2006)*, Princeton, NJ, Mar. 2006, invited paper.
[22] C. Chekuri, C. Fragouli, and E. Soljanin, "On average throughput and alphabet size in network coding," *IEEE Trans. Inform. Theory*, vol. 52, no. 6, pp. 2410–2424, June 2006.
[23] H. Chen and A. Mandelbaum, "Discrete flow networks: Bottleneck analysis and fluid approximations," *Math. Oper. Res*, vol. 16, no. 2, pp. 408–446, May 1991.
[24] H. Chen and D.D. Yao, *Fundamentals of Queueing Networks: Performance, Asymptotics, and Optimization*, ser. Applications of Mathematics. New York, NY: Springer, 2001, vol. 46.
[25] L. Chen, T. Ho, S. H- Low, M. Chiang & J. C. Doyle, "Optimization based rate control for multicast with network coding." in Proc. IEEE INFOCOM 2007, Ancharage, AK, May 2007.
[26] P.A. Chou, Y. Wu, and K. Jain, "Practical network coding," in *Proc. 41st Annu. Allerton Conf. Communication, Control, and Computing*, Monticello, IL, Oct. 2003.
[27] T.M. Cover and J.A. Thomas, *Elements of Information Theory*. New York, NY: John Wiley & Sons, 1991.
[28] R.L. Cruz and A.V. Santhanam, "Optimal routing, link scheduling and power control in multi-hop wireless networks," in *Proc. IEEE INFOCOM 2003*, vol. 1, San Francisco, CA, Mar./Apr. 2003, pp. 702–711.
[29] I. Csiszár, "Linear codes for sources and source networks: Error exponents, universal coding," *IEEE Trans. Inform. Theory*, vol. 28, no. 4, pp. 585–592, July 1982.
[30] Y. Cui, Y. Xue, and K. Nahrstedt, "Optimal distributed multicast routing using network coding: Theory and applications," *SIGMETRICS Perform. Eval. Rev.*, vol. 32, no. 2, pp. 47–49, Sept. 2004.
[31] A.F. Dana, R. Gowaikar, R. Palanki, B. Hassibi, and M. Effros, "Capacity of wireless erasure networks," *IEEE Trans. Inform. Theory*, vol. 52, no. 3, pp. 789–804, Mar. 2006.
[32] S. Deb, M. Médard, and C. Choute, "Algebraic gossip: A network coding approach to optimal multiple rumor mongering," *IEEE Trans. Inform. Theory*, vol. 52, no. 6, pp. 2486–2507, June 2006.

[33] S. Deb and R. Srikant, "Congestion control for fair resource allocation in networks with multicast flows," *IEEE/ACM Trans. Networking*, vol. 12, no. 2, pp. 274–285, Apr. 2004.

[34] R. Dougherty, C. Freiling, and K. Zeger, "Insufficiency of linear coding in network information flow," *IEEE Trans. Inform. Theory*, vol. 51, no. 8, pp. 2745–2759, Aug. 2005.

[35] ——, "Networks, matroids, and non-Shannon information inequalities," *IEEE Trans. Inform. Theory*, vol. 53, no. 6, pp. 1949–1969, June 2007.

[36] R. Dougherty and K. Zeger, "Nonreversibility and equivalent constructions of multiple-unicast networks," *IEEE Trans. Inform. Theory*, vol. 52, no. 11, pp. 5067–5077, Nov. 2006.

[37] M. Effros, T. Ho, and S. Kim, "A tiling approach to network code design for wireless networks," in *Proc. 2006 IEEE Information Theory Workshop (ITW 2006)*, Punta del Este, Uruguay, Mar. 2006, pp. 62–66.

[38] E. Erez and M. Feder, "Convolutional network codes," in *Proc. 2004 IEEE Int. Symp. Information Theory (ISIT 2004)*, Chicago, IL, June/July 2004, p. 146.

[39] ——, "Convolutional network codes for cyclic networks," in *Proc. WINMEE, RAWNET and NETCOD 2005 Workshops*, Riva del Garda, Italy, Apr. 2005.

[40] A. Eryilmaz and D.S. Lun, "Control for inter-session network coding," in *Proc. 2007 Information Theory and Applications Workshop (ITA 2007)*, San Diego, CA, Jan./Feb. 2007.

[41] M. Feder, D. Ron, and A. Tavory, "Bounds on linear codes for network multicast," Electronic Colloquium on Computational Complexity, Report TR03-033, May 2003.

[42] J. Feldman, T. Malkin, C. Stein, and R.A. Servedio, "On the capacity of secure network coding," in *Proc. 42nd Annu. Allerton Conf. Communication, Control, and Computing*, Monticello, IL, Sept./Oct. 2004.

[43] C. Fragouli and E. Soljanin, "A connection between network coding and convolutional codes," in *Proc. 2004 IEEE Int. Conf. Communications (ICC 2004)*, vol. 2, Paris, France, June 2004, pp. 661–666.

[44] ——, "Information flow decomposition for network coding," *IEEE Trans. Inform. Theory*, vol. 52, no. 3, pp. 829–848, Mar. 2006.

[45] ——, "Network coding fundamentals." *Foundations and Trends in Networking*, vol. 2, no. 1, 2007.

[46] ——, "Network coding application," *Foundations and Trends in Networking*, to appear.

[47] S. Ghez, S. Verdú, and S.C. Schwartz, "Stability properties of slotted Aloha with multipacket reception capability," *IEEE Trans. Automat. Contr.*, vol. 33, no. 7, pp. 640–649, July 1988.

[48] E.N. Gilbert, "A comparison of signaling alphabets," *Bell Syst. Tech. J.*, vol. 31, pp. 504–522, May 1952.

[49] C. Gkantsidis and P.R. Rodriguez, "Network coding for large scale content distribution," in *Proc. IEEE INFOCOM 2005*, vol. 4, Miami, FL, Mar. 2005, pp. 2235–2245.

[50] R. Gowaikar, A.F. Dana, R. Palanki, B. Hassibi, and M. Effros, "On the capacity of

wireless erasure networks," in *Proc. 2004 IEEE Int. Symp. Information Theory (ISIT 2004)*, Chicago, IL, June/July 2004, p. 401.

[51] T.S. Han, "Slepian-Wolf-Cover theorem for networks of channels," *Inf. Control*, vol. 47, pp. 67–83, 1980.

[52] N.J.A. Harvey, R. Kleinberg, C. Nair, and Y. Wu, "A'chicken & egg' network coding problem," in *Proc. 2007 IEEE Int. Symp. Information Theory (ISIT 2007)*, Nice, France, June 2007.

[53] N.J.A. Harvey, D.R. Karger, and K. Murota, "Deterministic network coding by matrix completion," in SODA' 05: *Proc. 16th Annu. ACMSIAM Symp. Discrete Algorithms*, Jan. 2005, pp. 489–498.

[54] N.J.A. Harvey, R. Kleinberg, and A. Rasala Lehman, "On the capacity of information networks," *IEEE Trans. Inform. Theory*, vol. 52, no. 6, pp. 2345–2364, June 2006.

[55] T. Ho, "Networking from a network coding perspective," Ph.D. dissertation, Massachusetts Institute of Technology, May 2004.

[56] T. Ho, Y.-H. Chang, and K.J. Han, "On constructive network coding for multiple unicasts," in *Proc. 44th Annu. Allerton Conf. Communication, Control, and Computing*, Monticello, IL, Sept. 2006, invited paper.

[57] T. Ho, D.R. Karger, M. Médard, and R. Koetter, "Network coding from a network flow perspective," in *Proc. 2003 IEEE Int. Symp. Information Theory (ISIT 2003)*, Yokohama, Japan, June/July 2003, p. 441.

[58] T. Ho, R. Koetter, M.Médard, D.R. Karger, and M. Effros, "The benefits of coding over routing in a randomized setting," in *Proc. 2003 IEEE Int. Symp. Information Theory (ISIT 2003)*, Yokohama, Japan, June/July 2003, p. 442.

[59] T. Ho, B. Leong, R. Koetter, M. Médard, M. Effros, and D.R. Karger, "Byzantine modification detection for multicast networks using randomized network coding," in *Proc. 2004 IEEE Int. Symp. Information Theory (ISIT 2004)*, Chicago, IL, June/July 2004, p. 144.

[60] T. Ho, B. Leong, R. Koetter, and M. Médard, "Distributed asynchronous algorithms for multicast network coding," in *Proceedings of First Workshop on Network Coding, Theory and Applications*, 2005.

[61] T. Ho, M. Médard, and M. Effros, "Network coding for correlated sources," in *Proc. 2004 Conf. Information Sciences and Systems (CISS 2004)*, Princeton, NJ, Mar. 2004, invited paper.

[62] T. Ho, M. Médard, R. Koetter, D.R. Karger, M. Effros, J. Shi, and B. Leong, "A random linear network coding approach to multicast," *IEEE Trans. Inform. Theory*, vol. 52, no. 10, pp. 4413–4430, Oct. 2006.

[63] T. Ho, M. Médard, J. Shi, M. Effros, and D.R. Karger, "On randomized network coding," in *Proc. 41st Annu. Allerton Conf. Communication, Control, and Computing*, Monticello, IL, Oct. 2003.

[64] T. Ho and H. Viswanathan, "Dynamic algorithms for multicast with intra-session network coding," *IEEE Trans. Inform. Theory*, submitted.

[65] ——, "Dynamic algorithms for multicast with intra-session network coding," in *Proc.*

参考文献

43rd Annu. Allerton Conf. Communication, Control, and Computing, Monticello, IL, Sept. 2005.

[66] S. Jaggi, P. Chou, and K. Jain, "Low complexity algebraic network codes," in *Proc. 2003 IEEE Int. Symp. Information Theory (ISIT 2003)*, Yokohama, Japan, June/July 2003, p. 368.

[67] S. Jaggi and M. Langberg, "Resilient network coding in the presence of eavesdropping byzantine adversaries," in *Proc. 2007 IEEE Int. Symp. Information Theory (ISIT 2007)*, Nice, France, June 2007.

[68] S. Jaggi, M. Langberg, T. Ho, and M. Effros, "Correction of adversarial errors in networks," in *Proc. 2005 IEEE International Symposium on Information Theory (ISIT 2005)*, Adelaide, Australia, Sept. 2005, pp. 1455–1459.

[69] S. Jaggi, M. Langberg, S. Katti, T. Ho, D. Katabi, and M. Médard, "Resilient network coding in the presence of byzantine adversaries," in *Proc. IEEE INFOCOM 2007*, Anchorage, AK, May 2007.

[70] S. Jaggi, P. Sanders, P.A. Chou, M. Effros, S. Egner, K. Jain, and L.M.G.M. Tolhuizen, "Polynomial time algorithms for multicast network code construction," *IEEE Trans. Inform. Theory*, vol. 51, no. 6, pp. 1973–1982, June 2005.

[71] ——, "Polynomial time algorithms for multicast network code construction," *IEEE Trans. Inform. Theory*, vol. 51, no. 6, pp. 1973–1982, June 2005.

[72] K. Jain, J. Padhye, V.N. Padmanabhan, and L. Qiu, "Impact of interference on multi-hop wireless network performance," in *MobiCom' 03: Proc. 9th Annu. Int. Conf. Mobile Computing and Networking*, San Diego, CA, 2003, pp. 66–80.

[73] M. Johansson, L. Xiao, and S. Boyd, "Simultaneous routing and power allocation in CDMA wireless data networks," in *Proc. 2003 IEEE Int. Conf. Communications (ICC 2003)*, vol. 1, Anchorage, AK, May 2003, pp. 51–55.

[74] S. Katti, D. Katabi, W. Hu, H. Rahul, and M. Médard, "The importance of being opportunistic: Practical network coding for wireless environments," in *Proc. 43rd Annu. Allerton Conf. Communication, Control, and Computing*, Monticello, IL, Sept. 2005.

[75] S. Katti, H. Rahul, W. Hu, D. Katabi, M. Médard, and J. Crowcroft, "XORs in the air: Practical wireless network coding," *SIGCOMM Comput. Commun. Rev.*, vol. 36, no. 4, pp. 243–254, 2006.

[76] F.P. Kelly, *Reversibility and Stochastic Networks*. Chichester: John Wiley & Sons, 1979.

[77] R. Khalili and K. Salamatian, "On the capacity of erasure relay channel: Multi-relay case," in *Proc. 2005 IEEE Information Theory Workshop (ITW 2005)*, Rotorua, New Zealand, Aug./Sept. 2005.

[78] M. Kim, M. Médard, V. Aggarwal, U.-M. O'Reilly, W. Kim, C.W. Ahn, and M. Effros, "Evolutionary approaches to minimizing network coding resources," in *Proc. IEEE INFOCOM 2007*, Anchorage, AK, May 2007.

[79] M. Kodialam and T. Nandagopal, "Characterizing achievable rates in multi-hop wireless mesh networks with orthogonal channels," *IEEE/ACM Trans. Networking*, vol. 13, no. 4, pp. 868–880, Aug. 2005.

参考文献

[80] R. Koetter, M. Effros, T. Ho, and M. Médard, "Network codes as codes on graphs," in *Proc. 2004 Conf. Information Sciences and Systems (CISS 2004)*, Princeton, NJ, Mar. 2004.

[81] R. Koetter and F.R. Kschischang, "Coding for errors and erasures in random network coding," *IEEE Trans. Inform. Theory*, submitted.

[82] R. Koetter and M. Médard, "An algebraic approach to network coding," *IEEE/ACM Trans. Networking*, vol. 11, no. 5, pp. 782–795, Oct. 2003.

[83] G. Kramer and S.A. Savari, "Progressive d-separating edge set bounds on network coding rates," in *Proc. 2005 IEEE Int. Symp. Information Theory (ISIT 2005)*, Adelaide, Australia, Sept. 2005, pp. 1588–1592.

[84] S.-Y.R. Li and R. W. Yeung, "On convolutional network coding," in *Proc. 2006 IEEE Int. Symp. Information Theory (ISIT 2006)*, Seattle, WA, July 2006, pp. 1743–1747.

[85] S.-Y.R. Li, R.W. Yeung, and N. Cai, "Linear network coding," *IEEE Trans. Inform. Theory*, vol. 49, no. 2, pp. 371–381, Feb. 2003.

[86] Z. Li and B. Li, "Network coding in undirected networks," in *Proc. 2004 Conf. Information Sciences and Systems (CISS 2004)*, Princeton, NJ, Mar. 2004.

[87] ——, "Network coding: The case of multiple unicast sessions," in *Proc. 42nd Annu. Allerton Conf. Communication, Control, and Computing*, Monticello, IL, Sept./Oct. 2004.

[88] ——, "Efficient and distributed computation of maximum multicast rates," in *Proc. IEEE INFOCOM 2005*, vol. 3, Miami, FL, Mar. 2005, pp. 1618–1628.

[89] M. Luby, "LT codes," in *Proc. 34th Annu. IEEE Symp. Foundations of Computer Science*, Vancouver, Canada, Nov. 2002, pp. 271–280.

[90] D.S. Lun, "Efficient operation of coded packet networks," Ph.D. dissertation, Massachusetts Institute of Technology, June 2006.

[91] D.S. Lun, M. Médard, and M. Effros, "On coding for reliable communication over packet networks," in *Proc. 42nd Annu. Allerton Conf. Communication, Control, and Computing*, Monticello, IL, Sept./Oct. 2004, invited paper.

[92] D. S. Lun, M. Médard, T. Ho, and R. Koetter, "Network coding with a cost criterion," in *Proc. 2004 Int. Symp. Information Theory and its Applications (ISITA 2004)*, Parma, Italy, Oct. 2004, pp. 1232–1237.

[93] D. S. Lun, M.Médard, and D.R. Karger, "On the dynamic multicast problem for coded networks," in *Proc. WINMEE, RAWNET and NETCOD 2005 Workshops*, Riva del Garda, Italy, Apr. 2005.

[94] D.S. Lun, M.Médard, and R. Koetter, "Efficient operation of wireless packet networks using network coding," in *Proc. Int. Workshop Convergent Technologies (IWCT) 2005*, Oulu, Finland, June 2005, invited paper.

[95] D.S. Lun, M. Médard, R. Koetter, and M. Effros, "Further results on coding for reliable communication over packet networks," in *Proc. 2005 IEEE Int. Symp. Information Theory (ISIT 2005)*, Adelaide, Australia, Sept. 2005, pp. 1848–1852.

[96] D.S. Lun, P. Pakzad, C. Fragouli, M. Médard, and R. Koetter, "An analysis of finite-memory random linear coding on packet streams," in *Proc. 4th Int. Symp. Modeling

and Optimization in Mobile, Ad Hoc and Wireless Networks (WiOpt '06), Boston, MA, Apr. 2006.

[97] D.S. Lun, N. Ratnakar, R. Koetter, M. Médard, E. Ahmed, and H. Lee, "Achieving minimum-cost multicast: A decentralized approach based on network coding," in *Proc. IEEE INFOCOM 2005*, vol. 3, Miami, FL, Mar. 2005, pp. 1608–1617.

[98] D.S. Lun, N. Ratnakar, M. Médard, R. Koetter, D.R. Karger, T. Ho, E. Ahmed, and F. Zhao, "Minimum-cost multicast over coded packet networks," *IEEE Trans. Inform. Theory*, vol. 52, no. 6, pp. 2608–2623, June 2006.

[99] P. Maymounkov, "Online codes," NYU, Technical Report TR2002-833, Nov. 2002.

[100] P. Maymounkov, N.J.A. Harvey, and D.S. Lun, "Methods for efficient network coding," in *Proc. 44th Annu. Allerton Conf. Communication, Control, and Computing*, Monticello, IL, Sept. 2006.

[101] M. Médard, M. Effros, T. Ho, and D.R. Karger, "On coding for nonmulticast networks," in *Proc. 41st Annu. Allerton Conf. Communication, Control, and Computing*, Monticello, IL, Oct. 2003.

[102] R. Motwani and P. Raghavan, *Randomized Algorithms*. Cambridge: Cambridge University Press, 1995.

[103] M. Neely, E. Modiano, and C. Rohrs, "Dynamic power allocation and routing for time varying wireless networks," *IEEE J. Select. Areas Commun.*, vol. 23, no. 1, pp. 89–103, Jan. 2005.

[104] M.J. Neely, "Dynamic Power Allocation & routing for satellite & wireless networks with time-varying channels." PhD discertation, LIDS, MIT, Cambridge, MA 2003.

[105] M.J. Neely, "Energy optimal control for time-varying wireless networks," *IEEE Trans. Inform. Theory*, vol. 52, no. 7, pp. 2915–2934, July 2006.

[106] G.L. Nemhauser and L.A. Wolsey, *Integer and Combinatorial Optimization*. New York, NY: John Wiley & Sons, 1999.

[107] A. Ouorou, P. Mahey, and J.-P. Vial, "A survey of algorithms for convex multicommodity flow problems," *Manage. Sci.*, vol. 46, no. 1, pp. 126–147, Jan. 2000.

[108] J.G. Oxley, *Matroid Theory*. New York, NY: Oxford University Press, 1992.

[109] P. Pakzad, C. Fragouli, and A. Shokrollahi, "Coding schemes for line networks," in *Proc. 2005 IEEE Int. Symp. Information Theory (ISIT 2005)*, Adelaide, Australia, Sept. 2005, pp. 1853–1857.

[110] J.-S. Park, M. Gerla, D.S. Lun, Y. Yi, and M. Médard, "Codecast: A network-coding-based ad hoc multicast protocol," *IEEE Wireless Commun. Mag.*, vol. 13, no. 5, pp. 76–81, Oct. 2006.

[111] I.C. Paschalidis and Y. Liu, "Large deviations-based asymptotics for inventory control in supply chains," *Oper. Res.*, vol. 51, no. 3, pp. 437–460, May-June 2003.

[112] A. Ramamoorthy, K. Jain, P.A. Chou, and M. Effros, "Separating distributed source coding from network coding," *IEEE Trans. Inform. Theory*, vol. 52, no. 6, pp. 2785–2795, June 2006.

[113] S. Ramanathan, "Multicast tree generation in networks with asymmetric links," *IEEE/ACM Trans. Networking*, vol. 4, no. 4, pp. 558–568, Aug. 1996.

参考文献

[114] A. Rasala Lehman and E. Lehman, "Complexity classification of network information flow problems," in *SODA '04: Proc. 15th Annu. ACM-SIAM Symp. Discrete algorithms*, New Orleans, LA, Jan. 2004, pp. 142–150.

[115] N. Ratnakar, R. Koetter, and T. Ho, "Linear flow equations for network coding in the multiple unicast case," in *Proc. DIMACS Working Group Network Coding*, Piscataway, NJ, Jan. 2005.

[116] N. Ratnakar, D. Traskov, and R. Koetter, "Approaches to network coding for multiple unicasts," in *Proc. 2006 International Zurich Seminar on Communications (IZS 2006)*, Zurich, Switzerland, Feb. 2006, pp. 70–73, invited paper.

[117] S. Riis, "Linear versus non-linear Boolean functions in network flow," in *Proc. 2004 Conf. Information Sciences and Systems (CISS 2004)*, Princeton, NJ, Mar. 2004.

[118] J.R. Roche, R.W. Yeung, and K.P. Hau, "Symmetrical multilevel diversity coding," *IEEE Trans. Inform. Theory*, vol. 43, no. 3, pp. 1059–1064, May 1997.

[119] Y.E. Sagduyu and A. Ephremides, "Crosslayer design and distributed MAC and network coding in wireless ad hoc networks," in *Proc. 2005 IEEE Int. Symp. Information Theory (ISIT 2005)*, Adelaide, Australia, Sept. 2005, pp. 1863–1867.

[120] ——, "Joint scheduling and wireless network coding," in *Proc. WINMEE, RAWNET and NETCOD 2005 Workshops*, Riva del Garda, Italy, Apr. 2005.

[121] P. Sanders, S. Egner, and L. Tolhuizen, "Polynomial time algorithms for network information flow," in *SPAA '03: Proc. 15th Annu. ACM Symp. Parallel Algorithms and Architectures*, San Diego, CA, June 2003, pp. 286–294.

[122] S. Sengupta, S. Rayanchu, and S. Banerjee, "An analysis of wireless network coding for unicast sessions: The case for coding-aware routing," in *Proc. IEEE INFOCOM 2007*, Anchorage, AK, May 2007.

[123] H.D. Sherali and G. Choi, "Recovery of primal solutions when using subgradient optimization methods to solve Lagrangian duals of linear programs," *Oper. Res. Lett.*, vol. 19, pp. 105–113, 1996.

[124] A. Shokrollahi, "Raptor codes," *IEEE Trans. Inform. Theory*, vol. 52, no. 6, pp. 2551–2567, June 2006.

[125] N. Shulman, "Communication over an unknown channel via common broadcasting," Ph.D. dissertation, Tel Aviv University, July 2003.

[126] N. Shulman and M. Feder, "Static broadcasting," in *Proc. 2000 IEEE Int. Symp. Information Theory (ISIT 2000)*, Sorrento, Italy, June 2000, p. 23.

[127] R. Srikant, *The Mathematics of Internet Congestion Control*. Boston, MA: Brikhäuser, 2004.

[128] J. Tan and M. Médard, "Secure network coding with a cost criterion," in *Proc. 4th Int. Symp. Modeling and Optimization in Mobile, Ad Hoc and Wireless Networks (WiOpt '06)*, Boston, MA, Apr. 2006.

[129] L. Tassiulas and A.F. Ephremides, "Stability properties of constrained queueing systems and scheduling policies for maximum throughput in multihop radio networks," *IEEE Trans. Automat. Contr.*, vol. 37, no. 12, pp. 1936–1948, Dec. 1992.

[130] D. Traskov, N. Ratnakar, D.S. Lun, R. Koetter, and M. Médard, "Network coding for

multiple unicasts: An approach based on linear optimization," in *Proc. 2006 IEEE Int. Symp. Information Theory (ISIT 2006)*, Seattle, WA, July 2006, pp. 1758–1762.

[131] J.N. Tsitsiklis, "Decentralized detection," in *Advances in Statistical Signal Processing*. Greenwich, CT: JAI Press, 1993, vol. 2, pp. 297–344.

[132] E.C. van der Meulen, "Three-terminal communication channels," *Adv. Appl. Probab.*, vol. 3, pp. 120–154, 1971.

[133] R.R. Varshamov, "Estimate of the number of signals in error-correcting codes," *Dokl. Acad. Nauk SSSR*, vol. 117, pp. 739–741, 1957.

[134] Y. Wu, "A trellis connectivity analysis of random linear network coding with buffering," in *Proc. 2006 IEEE Int. Symp. Information Theory (ISIT 2006)*, Seattle, WA, July 2006, pp. 768–772.

[135] Y. Wu, M. Chiang, and S.-Y. Kung, "Distributed utility maximization for network coding based multicasting: A critical cut approach," in *Proc. 4th Int. Symp. Modeling and Optimization in Mobile, Ad Hoc and Wireless Networks (WiOpt '06)*, Boston, MA, Apr. 2006.

[136] Y. Wu, P.A. Chou, and S.-Y. Kung, "Information exchange in wireless networks with network coding and physical-layer broadcast," in *Proc. 2005 Conf. Information Sciences and Systems (CISS 2005)*, Baltimore, MD, Mar. 2005.

[137] ——, "Minimum-energy multicast in mobile ad hoc networks using network coding," *IEEE Trans. Commun.*, vol. 53, no. 11, pp. 1906–1918, Nov. 2005.

[138] Y. Wu, P.A. Chou, Q. Zhang, K. Jain, W. Zhu, and S.-Y. Kung, "Network planning in wireless ad hoc networks: A cross-layer approach," *IEEE J. Select. Areas Commun.*, vol. 23, no. 1, pp. 136–150, Jan. 2005.

[139] Y. Xi and E.M. Yeh, "Distributed algorithms for minimum cost multicast with network coding," in *Proc. 43rd Annu. Allerton Conf. Communication, Control, and Computing*, Monticello, IL, Sept. 2005.

[140] ——, "Distributed algorithms for minimum cost multicast with network coding in wireless networks," in *Proc. 4th Int. Symp. Modeling and Optimization in Mobile, Ad Hoc and Wireless Networks (WiOpt '06)*, Boston, MA, Apr. 2006.

[141] L. Xiao, M. Johansson, and S. Boyd, "Simultaneous routing and resource allocation via dual decomposition," *IEEE Trans. Commun.*, vol. 52, no. 7, pp. 1136–1144, July 2004.

[142] X. Yan, R.W. Yeung, and Z. Zhang, "The capacity region for multi-source multi-sink network coding," in *Proc. 2007 IEEE Int. Symp. Information Theory (ISIT 2007)*, Nice, France, June 2007.

[143] R.W. Yeung, "Multilevel diversity coding with distortion," *IEEE Trans. Inform. Theory*, vol. 41, no. 2, pp. 412–422, Mar. 1995.

[144] ——, *A First Course in Information Theory*. New York, NY: Kluwer Academic/Plenum, 2002.

[145] R.W. Yeung and N. Cai, "Network error correction, part I: Basic concepts and upper bounds," *Commun. Inf. Syst.*, vol. 6, no. 1, pp. 19–36, 2006.

[146] R.W. Yeung, S.-Y.R. Li, N. Cai, and Z. Zhang, "Network coding theory: Part I: Single source," *Foundations and Trends in Communications and Information Theory*, vol. 2,

no. 4, 2005.
[147] ——, "Network coding theory: Part II: Multiple sources," *Foundations and Trends in Communications and Information Theory*, vol. 2, no. 5, 2005.
[148] R.W. Yeung and Z. Zhang, "Distributed source coding for satellite communications," *IEEE Trans. Inform. Theory*, vol. 45, no. 4, pp. 1111–1120, May 1999.
[149] ——, "On symmetrical multilevel diversity coding," *IEEE Trans. Inform. Theory*, vol. 45, no. 2, pp. 609–621, Mar. 1999.
[150] F. Zhao, T. Kalker, M. Medard, and K.J. Han, "Signatures for content distribution with network coding," in *Proc. 2007 IEEE Int. Symp. Information Theory (ISIT 2007)*, Nice, France, June 2007.
[151] L. Zosin and S. Khuller, "On directed Steiner trees," in *SODA '02: Proc. 13th Annu. ACM-SIAM Symp. Discrete Algorithms*, San Francisco, CA, Jan. 2002, pp. 59–63.

■索引■

和文索引

【ア行】

アーク（arc）　5, 11
アーク独立（arc-disjoint）　23, 27
圧縮（compression）　46
誤り（error）　6

いくらでも x に近く（arbitrary close to x）
　　　84, 90, 94, 98
一般的線形ネットワークコード（generic linear network code）　159
イデアル（ideal）　60
移動アドホックネットワーク（mobile ad hoc network (MANET)）　15

エンコーディングベクトル（encoding vector）
　　補助（auxiliary）　84
　　広域（global）　35, 82, 161
演算子チャネル（operator channel）　173

【カ行】

可解性（solvability）　18, 22
　　マルチキャスト（multicast）　22
仮想ソースノード（virtual source node）　24, 27
環（ring）　62, 63
完全御都合主義コーディング（Completelyh Opportunistic Coding (COPE)）　74
プロトコル（protocol）　74, 151
緩和（relaxation）　25, 107

逆相乗り（reverse-carpooling）　76
　　自動車相乗り（carpooling）　76

グラフ（graph）　11
グレブナー基底（Gro"bner basis）　61

経路交差シナリオ（path intersection scenario）　74

広域（global）
広域エンコーディングベクトル（encoding vector）　35, 82, 161
広域係数ベクトル（coefficient vector）　174
広域コーディング関数（coding funtion）　156, 161

御都合主義なコーディング（opportunistic coding）　74
コーディングサブグラフ（coding subgraph）　12, 79, 103
コーディングベクトル（coding vector）　35
コーディングベクトル, 広域（coding vector, global）　20, 35
コーディングベクトルによる方法（coding vector approach）　35

【サ行】

最小エントロピー復号（minimum entropy decoding）　44
最大フロー/最小カット（max flow/min cut）　22, 59, 94, 98, 105
　　マルチキャスト（multicast）　24
巡回路/遅延付ネットワーク（networks with cycles/delays）　24
サブグラフ（subgraph）
　　コーディング（coding）　12, 79, 103
　　静的（static）　12
　　時間拡張（time-expanded）　13, 79

198

時間拡張グラフ（time-expanded graph） 39
実現可能（realizable） 41
自動車相乗り（carpooling） 76
　逆相乗り（reverse-carpooling） 76
斜行反射写像定理（oblique reflection mapping theorem） 88
シャノン型情報不等式（Shannon-type information inequalities） 68
縮退（degenerate） 22
主-双対法（primal-dual method） 116
シュタイナー木（Steiner tree）
　整数ギャップ（integrality gap） 25
　最小荷重（minimum weight） 25
　パック（packing） 25
シュタイナー木問題（Steiner tree problem） 107
巡回路のあるネットワーク（cyclic networks） 38
準同型（homomorphic） 153
消失（erasure） 6
消失訂正符号（erasure code） 6
情報交換（information exchange） 74
情報不等式（information inequalities） 68
シングルトン限界（Singleton Bound, generalized） 156

スカラ線形ネットワークコーディング（scalar linear network coding）
　マルチキャスト（multicast） 18
　非マルチキャスト（non-multicast） 60
スループットの効果（throughput advantage）
　マルチキャスト（multicast） 25
　複数ユニキャスト（undirected, multiple unicast） 70

整数ギャップ（integrality gap, Steiner tree） 25
整数[計画]問題（integer [programming] problem） 25
生成（generation） 34

セキュリティ（security） 153
セッション間ネットワークコーディング（inter-session network coding） 14, 59, 131, 150
セッション内ネットワークコーディング（intra-session network coding） 14, 59, 105, 136
線グラフ（line graph） 35, 38
線形[計画]問題（linear [programming] problem） 114
線形ネットワークコード（linear network code）
　一般的（generic） 159

相関のあるソース（correlated sources） 43
ソース過程（source process） 18
ソースコーディングとネットワークコーディングの分離（separation, source and network coding） 46

【タ行】

体（field） 63
台（underlying）
　コード（code） 161
　集合（set）
大域（global）
　エンコーディングベクトル（encoding vector） 35, 82, 161
　係数ベクトル（coefficient vector） 174
　コーディング関数（coding funtion） 156, 161
代数多様体（algebraic variety） 60
多項式時間アルゴリズム（polinomial-time algorithm） 26, 42, 47
畳込み(重畳)符号（convolutional code） 39
遅延無しネットワークコーディング（delay-free network coding） 18
重畳ネットワークコーディング（convolutional network coding） 39

敵対的な誤り（adversarial errors） 15, 153

199

等角実現定理（conformal realization theorem） 95
同時 [確率] 分布（joint [probability] distribution） 43
毒-解毒（poison-antidote） 71
毒-解毒シナリオ（poison-antidote scenario） 71
 無線（wireless） 74

【ナ行】

二部マッチング（bipartite matching） 32
ネットワーク（network）
 スロット付アロハ中継チャネル（slotted Aloha relay） 110
 バタフライ（butterfly） 3
 変形バタフライ（modified butterfly） 4
 変形無線バタフライ（modified wireless butterfly） 4
 無線バタフライ（wireless butterfly） 4
ネットワーク誤り検知（network error detection） 174
ネットワーク誤り訂正（network error correction） 154
 限界（bounds） 154
 コーディングベクトル（coding vector approach） 167
 多項式複雑度（polynomial-complexity） 167
 分散ランダムネットワークコーディング（distributed random network coding） 167
 ベクトル空間による方法（vector space approach） 173

ノード独立（node-disjoint） 57

【ハ行】

ハイパーアーク（hyperarc） 5, 11

ハイパーグラフ（hypergraph） 11
パケットネットワーク（packet networks） 34
バースト性（burstiness） 36
バッチコーディング（batch coding） 36
ハミング限界（Hamming Bound, generalized） 156

非 Fano マトロイド（non-Fano matroid） 63
非シャノン型情報不等式（non-Shannon-type information inequalities） 68
非線形ネットワークコーディング（nonlinear network coding） 63
標数（characteristics） 63

複数商品フロー（multicommodity flow） 135
複数ソースマルチキャスト（multiple-source multicast） 24
複数ユニキャスト（multiple-unicast networks） 70
輻輳制御（congestion control） 11
分割コーディング問題（fractional coding problem formulation） 62
分散（distributed） 46
分散ランダム線形コーディング（distributed random linear coding）
 ベクトル空間による方法（vector space approach） 37, 173
分散ランダム線形ネットワークコーディング（distributed random linear network coding）
 ベクトル線形ネットワークコーディング（vector linear network coding） 43, 62

変換行列（transfer matrix） 21
 行列式多項式（determinant polynomial） 33

ほとんど確実に（almost surely） 81, 89, 93

【マ行】

マトロイド (matroid) 63
マトロイド回路/基底 (matroid circuit/base) 63
マトロイドネットワーク (matroidal network) 63
マルチキャスト (multicast) 3, 10
マルチキャストネットワークコード (multicast network code construction) 26
 多項式時間 (polynomial-time) 26
 ランダム (random) 30
無向ネットワークモデル (undirected network model) 70

【ラ行】

ランク (rank)
 列の数に等しいランク (full column rank) 169
ランダム線形ネットワークコーディング (random linear network coding) 30, 35, 82

リンク (link) 11

劣勾配法 (subgradient method) 115, 120
レート非固定 (rateless) 83
レート非固定運用 (operation) 83
レート非固定コード (codes)
連言正規形 (Conjunctive Normal Form (CNF)) 60

【英数字】

1ホップXORコーディング (one-hop XOR coding) 74

Bellman-Ford アルゴリズム (Bellman-Ford algorithm) 104, 122, 127
Edmonds 行列 (Edmonds matrix) 32

Fano マトロイド (Fano matroid) 63

Gilbert-Varshamov 限界, 一般化された (Gilbert-Varshamov Bound, generalized) 163
Grassmann グラフ (Grassmann graph) 38

q-Johnson 法 (q-Johnson scheme) 38

R-加群 (R-module) 63

Slepian-Wolf (Slepian-Wolf) 43

Vámos (Vámos matroid) 68
Varshamov 限界 (Varshamov Bound)
 一般化 (generalized) 163
 一般的に強化 (strengthened generalized) 165

索引

欧文索引

【A】

adversarial errors（敵対的な誤り） 15, 153
algebraic variety（代数多様体） 60
almost surely（ほとんど確実に） 81, 89, 93
arbitrary close to x（いくらでも x に近く） 84, 90, 94, 98
arc（アーク） 5, 11
arc-disjoint（アーク独立） 23, 27

【B】

batch coding（バッチコーディング） 36
Bellman-Ford algorithm（Bellman-Ford アルゴリズム） 104, 122, 127
bipartite matching（二部マッチング） 32
burstiness（バースト性） 36

【C】

carpooling（自動車相乗り） 76
  reverse-carpooling（逆相乗り） 76
characteristics（標数） 63
coding subgraph（コーディングサブグラフ） 12, 79, 103
coding vector（コーディングベクトル） 35
coding vector, global（コーディングベクトル, 広域） 20, 35
Completely Opportunistic Coding (COPE) protocol（完全御都合主義コーディングプロトコル） 74, 151
compression, distributed（圧縮, 分散） 46
conformal realization theorem（等角実現定理） 95
congestion control（輻輳制御） 11
Conjunctive Normal Form (CNF)（連言正規形） 60
convolutional code（畳込み（重畳）符号） 39
convolutional network coding（重畳ネットワークコーディング） 39
correlated sources（相関のあるソース） 43
cyclic networks（巡回路のあるネットワーク） 38

【D】

degenerate（縮退） 22
delay-free network coding（遅延無しネットワークコーディング） 18
distributed random linear coding（分散ランダム線形コーディング）
  vector space approach（ベクトル空間による方法） 37, 173
distributed random linear network coding（分散ランダム線形ネットワークコーディング）
  coding vector approach（コーディングベクトルによる方法） 35

【E】

Edmonds matrix（Edmonds 行列） 32
encoding vector（エンコーディングベクトル）
  auxiliary（補助） 84
  global（広域） 35, 82, 161
erasure（消失） 6
erasure code（消失訂正符号） 6
error（誤り） 6

【F】

Fano matroid（Fano マトロイド） 63
field（体） 63
fractional coding problem formulation（分割コーディング問題） 62

【G】

generation（生成） 34
generic linear network code（一般的線形ネットワークコード） 159
Gilbert-Varshamov Bound, generalized（一般化された Gilbert-Varshamov

限界) 163
global (広域／大域)
　　coding vector (広域／大域コーディングベクトル) 35, 82, 161
　　coding funtion (広域／大域コーディング関数) 156, 161
　　coefficient vector (広域／大域係数ベクトル) 174
graph (グラフ) 11
Grassmann graph (Grassmann グラフ) 38
Gröbner basis (グレブナー基底) 61

【H】
Hamming Bound, generalized (一般化されたハミング限界) 156
homomorphic (準同型) 153
hyperarc (ハイパーアーク) 5, 11
hypergraph (ハイパーグラフ) 11

【I】
ideal (イデアル) 60
information exchange (情報交換) 74
information inequalities (情報不等式) 68
integer [programming] problem (整数 [計画] 問題) 25
integrality gap, Steiner tree (シュタイナー木による整数ギャップ) 25
inter-session network coding (セッション間ネットワークコーディング) 14, 59, 131, 150
intra-session network coding (セッション内ネットワークコーディング) 14, 59, 105, 136

【J】
joint [probability] distribution (同時 [確率] 分布) 43
q-Johnson scheme (q-Johnson 法) 38

【L】
line graph (線グラフ) 35, 38
linear network code (線形ネットワークコード)
　　generic (一般的) 159
linear [programming] problem (線形 [計画] 問題) 114
link (リンク) 11

【M】
matroid (マトロイド) 63
matroid circuit/base (マトロイド回路/基底) 63
matroidal network (マトロイドネットワーク) 63
max flow/min cut (最大フロー/最小カット) 22, 59, 94, 98, 105
　　multicast (マルチキャスト) 24
　　networks with cycles/delays (巡回路/遅延付ネットワーク) 24
minimum entropy decoding (最小エントロピー復号) 44
mobile ad hoc network (MANET) (移動アドホックネットワーク) 15
multicast (マルチキャスト) 3, 10
multicast network code construction (マルチキャストネットワークコード) 26
　　polynomial-time (多項式時間) 26
　　random (ランダム) 30
multicommodity flow (複数商品フロー) 135
multiple-source multicast (複数ソースマルチキャスト) 24
multiple-unicast networks (複数ユニキャスト) 70

【N】
network (ネットワーク)
　　butterfly (バタフライ) 3

203

modified butterfly（変形バタフライ） 4

modified wireless butterfly（変形無線バタフライ） 4

slotted Aloha relay（スロット付アロハ中継チャネル） 110

wireless butterfly（無線バタフライ） 4

network error correction（ネットワーク誤り訂正） 154

 bounds（限界） 154

 distributed random network coding（分散ランダムネットワークコーディング） 167

  coding vector approach（コーディングベクトル） 167

  vector space approach（ベクトル空間による方法） 173

 polynomial-complexity（多項式複雑度） 167

network error detection（ネットワーク誤り検知） 174

node-disjoint（ノード独立） 57

non-Fano matroid（非 Fano マトロイド） 63

non-Shannon-type information inequalities（非シャノン型情報不等式） 68

nonlinear network coding（非線形ネットワークコーディング） 63

【O】

oblique reflection mapping theorem（斜行反射写像定理） 88

one-hop XOR coding（1 ホップ XOR コーディング） 74

operator channel（演算子チャネル） 173

opportunistic coding（御都合主義なコーディング） 74

Completelyh Opportunistic Coding (COPE)（完全御都合主義コーディング） 74

【P】

packet networks（パケットネットワーク） 34

path intersection scenario（経路交差シナリオ） 74

poison-antidote（毒-解毒） 71

poison-antidote scenario（毒-解毒シナリオ） 71

 wireless（無線） 74

polinomial-time algorithm（多項式時間アルゴリズム） 26, 42, 47

primal-dual method（主-双対法） 116

【R】

rank（ランク）

 full column rank（列の数に等しいランク） 169

random linear network coding（ランダム線形ネットワークコーディング） 30, 35, 82

rateless（レート非固定） 83

 codes（レート非固定コード） 186

 operation（レート非固定運用） 83

realizable（実現可能） 41

relaxation（緩和） 25, 107

ring（環） 62, 63

R-module（R-加群） 63

【S】

scalar linear network coding（スカラ線形ネットワークコーディング）

 multicast（マルチキャスト） 18

 non-multicast（非マルチキャスト） 60

security（セキュリティ） 153

separation, source and network coding（ソースコーディングとネットワークコーディングの分離） 46

Shannon-type information inequalities（シャノン型情報不等式） 68

Singleton Bound, generalized（シングルトン一般化限界）156
Slepian-Wolf（Slepian-Wolf）43
solvability（可解性）18, 22
    multicast（マルチキャスト）22
source process（ソース過程）18
Steiner tree（シュタイナー木）
    integrality gap（整数ギャップ）25
    minimum weight（最小荷重）25
    packing（パック）25
Steiner tree problem（シュタイナー木問題）107
subgraph（サブグラフ）
    coding（コーディング）12, 79, 103
    static（静的）12
    time-expanded（時間拡張）13, 79
subgradient method（劣勾配法）115, 120

【T】

throughput advantage（スループットの効果）
    multicast（マルチキャスト）25
    undirected, multiple unicast（複数ユニキャスト）70
time-expanded graph（時間拡張グラフ）39
transfer matrix（変換行列）21
    determinant polynomial（行列式多項式）33

【U】

underlying（台）
    code（コード）161
    set（集合）
undirected network model（無向ネットワークモデル）70

【V】

Vámos matroid（Vámos）68
Varshamov Bound（Varshamov限界）
    generalized（一般化）163

strengthened generalized（一般的に強化）165
vector linear network coding（ベクトル線形ネットワークコーディング）43, 62
virtual source node（仮想ソースノード）24, 27

【訳者紹介】

河東晴子（かわひがし・はるこ）
　1985 年東京大学工学部電気工学科卒業．同年三菱電機(株)入社．以来，高速通信装置の開発，通信トラヒック・経路設計，ニューラルネットワーク，アドホックネットワーク，防衛ネットワーク，ネットワークコーディングの研究に従事．1991-1992 年カリフォルニア大バークレー校客員研究員．2001 年博士（工学）（東京大学）．
　現在，三菱電機(株)情報技術総合研究所主席技師長．

松田哲史（まつだ・てつし）
　1987 年東京大学大学院（電子工学）修士課程修了．1990-1991 年スタンフォード大客員研究員．
　現在，三菱電機(株)情報技術総合研究所にて通信システム，分散システムの研究開発に従事．

矢野雅嗣（やの・まさつぐ）
　1983 年東京大学工学部機械工学科卒業．同年三菱電機(株)入社．入社以来，パケット交換，フレームリレー，ATM の研究開発ならびに装置開発に従事．2000 年から移動体通信ネットワーク技術ならびにアドホックネットワーク技術の研究開発に従事．
　現在，三菱電機(株)情報技術総合研究所通信部門に所属．
　TTC 表彰「B-ISDN におけるトラヒック管理と品質の標準化に係る功績」(2002)

スビトラーナ・ビエトレンコ (Svitlana Vyetrenko)
　2003 年ウクライナキエフ大学応用数学科卒業．2005 年米アルカンサス大学数学科（情報工学専攻）修士課程卒業．現在，カリフォルニア工科大学応用情報数学科博士課程在籍．トレイシー・ホー助教授指導のもとネットワークコーディングの研究に従事．2008 年 6-8 月，三菱電機(株)情報技術総合研究所にて研修，ネットワークコーディングの有効性評価．

ネットワークコーディング

2010 年 9 月 10 日　第 1 版 1 刷発行　　　ISBN 978-4-501-54830-8 C3004

著　者　トレイシー・ホー,デズモンド・S・ラン
訳　者　河東晴子,松田哲史,矢野雅嗣,スビトラーナ・ビエトレンコ
　　　　©Kawahigashi Haruko, Matsuda Tetsushi, Yano Masatsugu, Svitlana Vyetrenko 2010

発行所　学校法人　東京電機大学　〒101-8457　東京都千代田区神田錦町 2-2
　　　　東京電機大学出版局　Tel. 03-5280-3433(営業) 03-5280-3422(編集)
　　　　　　　　　　　　　　　Fax. 03-5280-3563　振替口座 00160-5-71715
　　　　　　　　　　　　　　　http://www.tdupress.jp/

JCOPY ＜(社)出版者著作権管理機構　委託出版物＞
本書の全部または一部を無断で複写複製（コピー）することは，著作権法上での例外を除いて禁じられています．本書からの複写を希望される場合は，そのつど事前に，(社)出版者著作権管理機構の許諾を得てください．
[連絡先] Tel. 03-3513-6969, Fax. 03-3513-6979, E-mail : info@jcopy.or.jp

印刷：三美印刷(株)　　製本：渡辺製本(株)　　装丁：髙橋壮一
落丁・乱丁本はお取り替えいたします．　　　　Printed in Japan

データ通信図書／ネットワーク技術解説書

センサネットワーク技術
ユビキタス情報環境の構築に向けて
安藤繁他 編著
A5判 244頁
情報通信端末の小型化・低コスト化により，大規模・高解像度の分散計測システム（センサネットワーク）を安価に構築できるようになった。本書では，その基礎技術から応用技術までを解説している。

よくわかる
ワイヤレス通信
田中博・風間宏志 共著
A5判 184頁
主として情報系の学生に向けて，数学や電気電子工学の知識を前提としなくとも学習できるようにまとめた教科書。

ユビキタス時代のアンテナ設計
広帯域，マルチバンド，至近距離通信のための最新技術
根日屋英之・小川真紀 著
A5判 226頁
ユビキタス通信環境を実現するために必要となる，広帯域通信，マルチバンド，至近距離通信に対応したアンテナの設計手法について解説。

スペクトラム拡散技術のすべて
CDMAからIMT-2000，Bluetoothまで
松尾憲一 著
A5判 324頁
数学的な議論を最低限に押さえることにより，無線通信事業に関わる技術者を対象として，できる限り現場感覚で最新通信技術を解説した一冊。

GPS技術入門
坂井丈泰 著
A5判 224頁
カーナビや建設，農林水産，レジャー等社会インフラとして広く活用されるGPSの，その根幹にアル原理や技術的背景を解説。GPSの基礎知識，応用技術，身近な実例をまじえてわかりやすくまとめた。

MIMOワイヤレス通信
E・ビリエリ他 著／風間宏志・杉山隆利 監訳
A5判 392頁
複数のアンテナを組み合わせてデータ送受信の帯域を広げる無線通信技術MIMOに関する高度な研究解説書。ワイヤレス通信関連の研究者・技術者必携。

ワイヤレスブロードバンド技術
IEEE802と4G携帯の展開，OFDMとMIMOの技術
根日屋英之・小川真紀 著
A5判 178頁
無線通信における高速大容量化技術について，その要素技術としてOFDMとMIMO，応用領域として各種無線LANと次世代携帯電話について解説した。

ユビキタス無線工学と微細RFID 第2版
無線ICタグの技術
根日屋英之・植竹古都美 著
A5判 192頁
広く産業分野での応用が期待されている無線ICタグシステム．これを構成する微細RFIDについて，その理論や設計手法を解説した一冊。

ユビキタス無線ディバイス
－ICカード・RFタグ・UWB・ZigBee・可視光通信・技術動向－
根日屋英之・小川真紀 著
A5判 236頁
ユビキタス社会を実現するために必要な至近距離通信用の各種無線ディバイスについて，その特徴や用途から応用システムまでを解説した。

GPSのための実用プログラミング
坂井丈泰 著
A5判 272頁
GPSシステムの開発やその応用領域の拡大を目指す技術者や研究者に向けた実用書。実際に測定を行う計算プログラムを提示して，具体的な処理手順とともに詳しく解説した一冊。